新世纪高职高专建筑装饰技术类系列教材

建筑装饰施工组织与管理

陈守兰 主 编
申琪玉
孙 刚 副主编

科学出版社
北 京

内 容 简 介

本书重点介绍装饰施工组织与管理的全过程。主要内容包括:流水施工的组织、网络计划技术、施工组织总体设计、工程项目管理、招标与投标及合同管理等。

本书可作为高职高专建筑装饰技术专业的教材,亦可作为装饰企业培训教材和相关人员的参考用书。

图书在版编目(CIP)数据

建筑装饰施工组织与管理/陈守兰主编. —北京:科学出版社,2002
(新世纪高职高专建筑装饰技术类系列教材)
ISBN 978-7-03-010227-0

Ⅰ. 建… Ⅱ. 陈… Ⅲ. ①建筑装饰-工程施工-施工组织-高等学校:技术学校-教材②建筑装饰-工程施工-施工管理-高等学校:技术学校-教材 Ⅳ. TU767

中国版本图书馆 CIP 数据核字(2002)第 050501 号

责任编辑:刘宝莉 童安齐 / 责任印制:徐晓晨

科 学 出 版 社出版
北京东黄城根北街 16 号
邮政编码:100717
http://www.sciencep.com
北京虎彩文化传播有限公司 印刷
科学出版社发行 各地新华书店经销
*
2002 年 8 月第 一 版 开本:B5 (720×1000)
2021 年 1 月第十六次印刷 印张:15
字数:292 000
定价:59.00 元

序

改革开放以来，随着我国建筑装饰业的迅速发展，尽快培养建筑装饰专业高素质的设计、施工、管理人才，已成为建筑装饰业健康发展的关键。近年来，一些高等院校、职业技术院校先后开设了建筑装饰技术、室内装饰、装饰装潢等专业，为培养建筑装饰高级应用型人才做出了一定贡献。但是，迄今为止，尚无一套合适的建筑装饰技术类系列教材，从而给该类专业的教学工作带来了许多不便，同时也极大地影响和制约了该类专业教学质量的提高。

基于此，我们组织山东农业大学、南阳理工学院、河北工程技术高等专科学校、大同职业技术学院、山西工程职业技术学院、日照职业技术学院、山东水利职业学院等单位的老师，共同编写了《新世纪高职高专建筑装饰技术类系列教材》。

本套教材有如下特点：

(1)突出装饰设计与表现、施工技术与管理两个专业重点，更适合高职高专的培养目标。

(2)重点介绍建筑装饰新材料、新技术、新工艺、新规范、新成果，融设计体系和工程技术体系于一体，从而形成建筑专业技术与艺术相结合的教学新体系。

(3)内容结构新颖，系统性、实用性强，使学生更容易掌握。

这套教材可作为高职高专建筑装饰技术专业通用教材，亦可作为室内装饰、设计及相近专业的参考教材，还可作为建筑装饰企业岗位培训教材和自学用书。

尽管我们做出了很大努力，但是由于时间仓促，水平和能力所限，本套教材肯定会存在一些不足之处，敬请有关专家、学者和广大读者批评指正。

《新世纪高职高专建筑装饰技术类系列教材》编委会

2002年6月

前　言

本书是《新世纪高职高专建筑装饰技术类系列教材》之一，为适应21世纪建筑装饰业的发展需要，按照培养建筑装饰专业高素质的设计、施工、管理人才的方法和原则，对建筑装饰工程施工组织的基本理论、基本方法，主要管理内容与管理措施做了重点阐述。

本书在编写过程中，坚持理论与实践相结合，目前与将来相结合，融建筑装饰新材料、新工艺、新技术、新规范、新成果于一体，突出了建筑装饰专业施工组织与管理课程的特点，内容体现了先进性、科学性与实用性。通过学习，学生可以掌握装饰施工组织设计与管理的基本原理、内容、方法和步骤，亦可提高组织能力与管理水平。本教材既可以作为高职高专技术院校建筑装饰专业的教材，同时也可以作为装饰企业培训教材和相关人员的学习、参考用书。

参加本书编写的有：南阳理工学院陈守兰（第四、五章），申琪玉（第二、三章），张树珺（第一章）；山东日照技术学院孙刚（第六章），徐锡权（第八章）；山东水利职业学院赵炳峰（第七章）。全书由陈守兰修改定稿。山东农业大学李继业教授担任本书的主审，并提出了许多宝贵意见，在此表示衷心的感谢。

由于编者水平有限，缺点和错误在所难免，敬请读者批评指正。

目　　录

序
前言
第一章　建筑装饰工程施工组织概述 …… 1
1.1　与施工组织有关的概念 …… 1
1.2　建筑装饰工程的概念 …… 8
1.3　施工程序 …… 10
1.4　施工组织设计 …… 12
思考题 …… 15
第二章　流水施工原理 …… 16
2.1　基本概念 …… 16
2.2　主要参数 …… 19
2.3　组织方式 …… 25
思考题 …… 32
习题 …… 32
第三章　网络计划技术 …… 34
3.1　基本概念 …… 34
3.2　双代号网络图 …… 36
3.3　单代号网络图 …… 52
3.4　网络计划的优化 …… 58
思考题 …… 73
习题 …… 73
第四章　建筑装饰工程施工组织总设计 …… 75
4.1　概述 …… 75
4.2　工程概况 …… 77
4.3　施工布署和施工方案 …… 78
4.4　施工准备工作计划 …… 79
4.5　施工总进度计划 …… 79
4.6　各项资源需用量计划 …… 81
4.7　施工总平面图 …… 83
4.8　主要技术经济指标分析 …… 84
思考题 …… 87

第五章　单位装饰工程施工组织设计 …… 88
5.1　概述 …… 88
5.2　工程概况及特点 …… 90
5.3　施工方案的选择 …… 91
5.4　施工进度计划 …… 100
5.5　施工准备工作计划 …… 103
5.6　各项资源需用量计划 …… 105
5.7　施工平面图设计 …… 106
5.8　主要技术组织措施 …… 108
5.9　施工组织设计实例 …… 112
思考题 …… 133
第六章　建筑装饰工程项目管理 …… 134
6.1　基本概念 …… 134
6.2　管理过程和内容 …… 135
6.3　管理组织 …… 138
6.4　技术管理 …… 143
6.5　质量管理 …… 150
6.6　安全管理 …… 158
6.7　环境保护管理 …… 175
思考题 …… 179
第七章　建筑装饰工程招标与投标 …… 181
7.1　概述 …… 181
7.2　招标 …… 184
7.3　投标 …… 193
思考题 …… 198
第八章　建筑装饰工程合同管理 …… 199
8.1　概述 …… 199
8.2　合同的主要内容 …… 204
8.3　合同的谈判与签订 …… 208
8.4　合同的履行 …… 213
8.5　索赔 …… 217
8.6　施工合同示范文本 …… 222
思考题 …… 228
参考文献 …… 229

第一章　建筑装饰工程施工组织概述

本章主要介绍建设项目的概念、特征和类型，现行的建设程序与建筑装饰工程的内容和施工程序，重点论述了装饰工程施工组织设计的概念、作用、分类及编制原则。通过学习，学生可了解并掌握我国的建设程序和施工组织设计的类型，学会根据施工组织设计的编制原则编制装饰工程施工组织设计。

1.1　与施工组织有关的概念

1.1.1　建设项目

1.建设项目的概念

建设项目是投资行为与建设行为相结合的投资项目，投资是项目建设的起点，没有投资就没有建设，反之，没有建设行为，投资的目的就不可能实现，建设的过程就是投资的目的实现的过程，是把投入的货币转换成资产的过程。

建设项目是投资项目中最重要的一类。一个建设项目就是一个固定资产投资项目，固定资产投资项目又包括基本建设项目（新建、扩建）和技术改造项目（以改进技术增加产品品种、提高产品质量、治理"三废"、节约资源为主要目的的项目）。前者属于固定资产外延、扩大再生产的范畴，后者属于固定资产内涵、扩大再生产的范畴，但也有设备更新的简单再生产及包括部分扩大再生产的成分。

总之，建设项目是指需要投入一定量的资本、实物资产，有预期的经济社会目标，在一定的约束条件下，经过研究决策和实施（设计与施工）等一系列程序，形成固定资产的一次性事业。从管理角度讲，一个建设项目应是在一个总体设计及总的范围内，由若干个互相有内在联系的单项工程组成的，建设中实行统一核算、统一管理的建设工程。

2.建设项目的特殊性

建设项目与其他生产活动相比，有它自己的特殊性。掌握这些特殊性，对于正确进行建设项目的管理是非常重要的。建设项目的特殊性主要从它的成果（建筑产品）和其活动过程（建筑施工）这两方面来体现。

（1）建筑产品的特殊性

1）总体性。建筑产品是指各种建筑物或构筑物，是一个完整的固定资产实物体系。不仅建筑的艺术风格、使用功能、结构构造、装饰做法等方面组合成一种复杂的产品，而且工艺设备、采暖通风、供电供水、卫生设备等各类设施融于其中。

2)单件性与一次性。建筑产品与其他工业产品相比不仅体型庞大、结构复杂，而且建造时间、地点、地形地质及水文条件、材料来源、功能标准各不相同，因此，建筑产品存在着千差万别，无一相同的单件性。建筑产品的单件性还表现在生产过程的一次性上，很少有重复，不能像工业产品那样批量生产。

3)固定性。建筑产品在建造过程中直接与地基基础相连，只能在建造地点固定地使用，无法转移。固定性是建筑产品与一般工业产品最大的区别。

(2)建筑产品的生产特点

1)施工工期长。建筑产品的庞大性决定了建筑施工的工期长。建筑产品在建造过程中要投入大量的劳动力和资金，加之，建筑产品的施工环境复杂多变，受自然条件影响大，所以建设周期长，少则几个月，多则几年，造成了大量的人力、物力和资金的长期占用。

2)施工的流动性。建筑产品的固定性决定了建筑施工的流动性。一般工业产品，生产者和生间设备是固定的，产品在生产线上流动。建筑产品则相反，产品是固定的，生产者及生产设备不仅要随着建筑物施工地点的不同而流动，而且还要随着建筑物的施工部位的改变而在不同的空间上流动。

3)生产过程的连续性和协作性。由于建筑产品具有总体性和多样性，这就要求工程建设的各阶段、各工序、各专业、各协作单位间必须按照统一的计划布署有机地组织起来，在时间上不间断，空间上不脱节，使施工有条不紊地顺利进行，如果某个环节的工作中断，就会导致工序停工，以致涉及其他工序。造成人力、物力、财力的积压，使工期拖延，不能按时交工使用。

4)工程建设的复杂性。建筑产品的总体性决定了建筑施工的复杂性。建筑产品多为露天、高空作业，甚至有的是地下作业，因此，工程施工受地形、地质、水文、气象等自然因素以及材料、水电、交通、周边环境等条件影响很大，造成施工的复杂性。

3.建设项目的分类

建设项目可以从不同的角度进行分类，具体的分类有以下几种：

(1)按建设项目的用途分类

按建设项目的用途可分为生产性建设项目与非生产性建设项目。

1)生产性建设项目。生产性建设是指直接用于物质生产或满足物质生产需要的建设项目，包括工业建设、农业建设、农林水利气象建设、邮电运输建设、建筑建设，地质资源勘探建设等。

2)非生产性建设项目一般指用于满足人民物质和文化生活需要的建设项目，包括住宅建设、文教卫生建设、科学实验研究建设、公用事业建设、行政建设等。

(2)按建设项目的建设性质分类

按建设项目的建设性质不同，可分为新建项目、扩建项目、改建项目、迁建项目和恢复项目。

1)新建项目，是指“平地起家”新开始建设的项目，即在原有固定资产为零的基础上投资建设的项目。

2)扩建项目，是指原企事业单位为扩大生产能力或效益而兴建附属原单位的工程项目。

3)改建项目，是指原企事业单位，为了提高生产效率，改进产品质量或改变产品方向，对原有设备工艺流程进行技术改造的项目。

4)拆迁项目，是指原有企事业单位由于改变生产布局或环境保护及其他特殊需要，搬迁到另外地方进行建设的项目。

5)恢复项目，是指企事业单位的固定资产受自然灾害或战争破坏等原因，部分或全部被破坏报废，而后又投资恢复建设的项目。在恢复的同时进行扩建，应视作扩建项目。

(3)按建设项目的建设规模分类

根据项目规模或投资总量大小，把建设项目划分为大型项目，中型项目和小型项目。对于工业建设项目和非工业建设项目的大、中、小型划分标准，国家计委、建设部、财政部均有明确规定。

(4)按建设项目的土建工程性质分类

按建设项目的土建工程性质，可分为房屋建筑工程项目、土建建筑工程项目(包括公路、桥梁、机场、铁道、港口码头、地下建筑、辅助管道、污水处理、水利工程等)、工业建筑工程项目。

4. 建设项目的构成

一个建设项目一般可按单项工程、单位工程、分部工程和分项工程逐级分解，以便于工程管理。

(1)单项工程

单项工程是建设项目的组成部分，具有独立的设计工作，竣工后可以独立发挥生产能力或效益的工程。一个建设项目，可以由一个单项工程组成，也可由若干个单项工程组成。如工业建设项目中的生产车间、实验大楼等，民用建设项目中的教学楼、宿舍楼等，都可以称为一个单项工程。

(2)单位工程

单位工程是单项工程的组成部分，具有单独设计，可以独立施工，但完工后不能独立发挥生产能力或效益的工程。一个单项工程一般由若干个单位工程组成。例如一个生产车间，一般由土建工程、工业管道工程、设备安装工程、电气照明和给水排水等单位工程组成。

(3)分部工程

分部工程是单位工程的组成部分，它是按照建设部位或施工工种的不同来划分的。例如：一幢建筑物的土建工程，按其结构或构造组成，可划分为基础、主体、屋面、装修等分部工程。按其工种工程可划分为土方、砌筑、混凝土、防水、装饰工程等。分部工程是编制建设计划，编制概预算，组织施工，进行成本核算的基本单位，也是检验和评定建筑安装工程质量的基础。

(4)分项工程

分项工程是分部工程的组成部分。例如：砖混结构的基础，可以划分为挖土，混凝土垫层，砖砌基础，填土等分项工程；现浇钢筋混凝土框架结构的主体，可划分为支设模板，绑扎钢筋，浇筑混凝土等分项工程；装修工程可划分为墙面、顶棚粉刷，吊顶安装，地面装修，油漆，电气，卫生洁具安装等。

1.1.2 建设程序

1. 建设程序的概念

工程建设是一项很复杂的工作，它有其特殊性。正是由于建设项目的复杂性和特殊性，要求我们必须按照建设项目发展的内在规律和过程，将建设程序分成若干阶段，这些阶段是有严格的先后次序，不能任意颠倒，必须共同遵守，这个先后次序就是我们通常所说的建设程序。

建设程序是指建设项目从设想、选择、评估、决策、设计、施工到竣工验收，投入生产或使用的整个建设过程中，各项工作必须遵循的先后次序，是建设项目科学决策和顺利进行的重要保证。

2. 建设程序的步骤和内容

建设程序一般分为八个阶段：即项目建议书阶段、可行性研究阶段、设计工作阶段、建设准备阶段、建设实施阶段、生产准备阶段、竣工验收阶段和后评价阶段，其中项目建议书阶段和可行性研究阶段称为“前期工作阶段”或“决策阶段”。

(1)项目建议书阶段

项目建议书是业主向国家提出要求建设某一具体工程项目的建议文件，是建设程序中最初阶段的工作，是投资决策前对拟建项目轮廓的设想，主要是从宏观上来衡量分析项目建设的必要性，是否符合国家长远规划，符合部门、行业和地区规划的要求，是否具备建设条件，是否值得投资。

项目建议书的内容视项目的不同情况而有繁有简。一般应包括以下几个方面：

1)建设项目提出的必要性。

2)产品方案、拟建规模和建设地点的初步设想。

3)资源情况、建设条件、协作关系等的初步设想。

4)投资估算和资金筹措设想。

5)经济效益和社会效益的分析论证。

项目建议书按要求编制完成后，按照建设总规模和限额划分审批权限，报批项目建议书。

(2)可行性研究阶段

项目建议书经批准后，即着手进行可行性研究。可行性研究是对建设项目在技术上是否可行和经济上是否合理进行科学的分析和论证，为项目决策提供依据。我国从 80 年代初将可行性研究正式纳入建设程序和前期工作计划，规定大中型项目，利用外资项目、引进技术和设备进口项目都要进行可行性研究。其他项目有条件的也要进行可行性研究。通过对建设项目在技术上、经济上的合理性进行全面分析和多方案比较，提出评价意见，推荐最佳方案，写出可行性报告。

各类建设项目的可行性研究内容不尽相同，对大中型项目，包括的内容主要有：

1)项目提供的背景必要性、经济意义、依据与范围。

2)建设规模、产品方案、市场预测和确立的依据。

3)技术工艺、主要设备、建设标准。

4)资源、原材料、燃料供应、动力、运输、供水等协作配合条件。

5)建厂条件和厂址方案、环境保护、防震等。

6)劳动定员和人员培训。

7)建设工期和实施进度。

8)投资结算和资金筹措方式。

9)经济效益和社会效益分析。

在可行性研究的基础上编制可行性研究报告，可行性研究报告是确立建设项目、编制设计文件的重要依据，所有的建设项目都要编制可行性研究报告。

被批准后的可行性研究报告是初步设计的依据，不得随意修改和变更。如果在建设规模、产品方案、建设地区、主要协作关系等方面变动以及突破投资控制数时，应经原批准单位复审同意。

按现行规定，大中型和限额以上项目可行性研究报告经批准后项目立项，可根据实际需要设立项目法人，即组织建设单位。对一般改扩建项目不单独设筹建机构，仍由原企业负责建设。

(3)设计工作阶段

可行性研究报告经批准的建设项目，一般由建设单位(业主)通过招标由具备相应资质的设计单位进行设计。

设计是一项综合的复杂的技术工作，设计前和设计中都要进行大量的勘测调查工作。在此基础上，按照批准的可行性研究报告内容和要求进行设计，编制设计文件。

设计是分阶段进行的。对大中型项目，一般采用两阶段设计，即初步设计和施工图设计，对重大项目和技术复杂项目，可根据不同行业的特点和需要，采用三阶段设计，即初步设计、技术设计和施工图设计。

1)初步设计阶段。初步设计是根据可行性研究报告的要求，所做的具体实施方案。目的是为了进一步论证建设项目于指定的地点、时间和投资控制数额内在技术上的可行性和经济上的合理性，解决工程建设中重要的技术和经济问题，确定拟建工程的内容、位置、主要建筑的结构型式。大型复杂的项目，还需要绘制建筑透视图或制作模型，编制施工组织设计和总概算。

2)技术设计。技术设计是在初步设计的基础上，进一步解决初步设计中的重大技术问题，如工艺流程、建筑结构、设备选型及数量确定，同时还包括防火、防震的技术要求等，以使建设项目的设计更具体、更完善，技术经济指标更好。

初步设计由建设单位组织审查后，按国家规定的权限向主管部门申报审批。初步设计文件经批准后，主要内容不得随意修改、变更，如有重要修改、变更，须经原审批机关复审同意。

3)施工图设计。施工图设计是按照初步设计所确定的设计原则、结构方案和控制尺寸，完成建筑、结构、水、电、气、空调、通讯、消防系统等全部施工图纸，以及设计说明书、结构计算书、设计概预算等。

(4)建设准备阶段

建设项目在实施前必须做好各项准备工作，其目的在于为项目施工创造有利的条件，从技术、物资和组织等方面做好必要的准备，使建设项目能连续、均衡、有节奏地进行。搞好建设项目的准备工作，对提高工程质量，降低工程成本，加快施工进度能起到有效的保证作用。

建设项目的准备工作主要内容包括：

1)征地、拆迁工作已基本完成。

2)接通施工用水、电、通讯和道路及场地平整。

3)组织工程地质勘察。

4)必须的生产、生活临时设施满足要求。

5)组织设备、材料订货。

6)施工图纸已准备齐全。

7)组织建设监理和主体工程招标、投标，择优选定监理单位和施工承建单位。需要指出的是：在建设项目准备工作开始前，建设单位(项目法人或业主)的代理机构，向主管部门办理报建手续。工程项目进行报建登记后，方可组织施工准备工作。

(5)建设实施阶段

建设项目经批准开工建设，项目便进入了建设实施阶段。这是项目决策的实施、建成投产发挥投资效益的关键环节。建设实施阶段是建设程序中时间最长、工作量最大、资源消耗最多的阶段，是对工程全过程进行组织与管理的重要阶段。施工过程中应按设计要求和施工规范，对建设项目的质量、进度、投资、安全、协作配合等进行指挥、控制和协调，以达到竣工标准要求。

在建设实施阶段，执行工程备案制，要按照“政府监督、项目法人或业主负责，社会监理、企业保证”的要求，建立健全质量保证体系，确保工程质量。

建设实施阶段是根据设计图纸进行建筑、安装施工。建筑施工是建设程序中的重要环节。要做到计划、设计、施工三个环节的互相衔接，投资、工程内容、施工图纸、设备材料、施工力量五个方面的确切落实，以保证建设计划的全面完成。施工前要认真做好图纸会审，编制施工图预算和施工组织设计，明确投资、进度、质量的控制要求；施工中严格按照施工图施工，如需要变更，应征得设计单位同意。要遵循合理的施工程序和顺序，严格执行施工验收规范，按照质量检验评定标准进行工程质量验收，实行工程备案制，以确保工程质量。对质量不合格的工程要及时采取措施，不留隐患。施工单位必须按合同规定的内容全面完成施工任务。达到竣工标准要求，经过验收后，移交给建设单位。

(6)生产准备阶段

生产准备是项目投产前所要进行的重要工作，是衔接建设和生产的桥梁，是建设阶段转入生产经营的必要条件，建设单位(业主)应适时组成专门机构做好生产准备工作。

生产准备根据工程类型的不同要求来确定，一般应包括以下几方面：

1)生产组织准备。建立生产经营的管理机构及相应的管理制度。

2)招收并培训生产人员。按照生产运营的要求，配备生产管理人员，并通过培训提高人员的综合素质，使其能满足运营的要求。

3)生产技术准备。主要包括技术咨询的汇总、运营技术方案的制定、岗位操作规程制定和新技术的培训。

4)生产物资准备。主要是落实投产运营所需要的原材料、协作产品，燃料、水、电等供应及运输条件的准备。

5)及时作好产品销售合同协议的签订，以提高生产经营效益。

(7)竣工验收阶段

建设项目按批准的设计文件和工程合同所规定的内容全部施工完成并满足质量要求后，要及时组织验收，这是投资成果转入生产或使用的标志，是全面考核建设成果、检验设计和施工质量的重要环节，是一项严肃认真、细致的技术工作。竣工验收合格的项目，即可转入生产或使用。

对于规模较大、技术复杂的建设项目，可组织有关人员首先进行初步验收，不合格的工程不予验收；有遗留问题的项目，必须提出具体处理意见，指定责任人限期整改，符合设计要求后重新组织验收。

(8)后评价阶段

建设项目的后评价阶段，是我国建设程序中新增加的一项内容。建设项目竣工投产或使用后，经过1～2年的生产运营，对其目标、执行过程、效益和影响进行系统地、客观地分析，并以此确定目标是否达到，检验项目是否合理和有效。总之，后评价是指建设项目已实施完成并且发挥一定效益时所进行的评价。

项目后评价的主要内容包括以下几方面：

1)目标评价。目标评价是通过项目实际产生的经济技术指标与项目审批决策时所确定的目标进行比较，检查项目是否达到了预期的目标，从而判断项目是否成功。

2)效益评价。效益评价是对项目投资、国民经济效益、技术进步、可行性研究深度等进行评价。

3)影响评价。影响评价是对项目于周边地区在经济、环境和社会三方面所产生的作用和影响进行评价。

4)项目过程评价。项目的过程评价是根据项目的结果和作用，对项目周期的各个环节进行回顾和检查，即对项目的立项、勘测设计、施工建设管理、竣工投产、生产运营等全过程进行评价。

1.2 建筑装饰工程的概念

1.2.1 建筑装饰的含义

在建筑学中，建筑装饰和装修一般不易截然划分开。通常建筑装修是指为了满足建筑物使用功能的要求，在主体结构工程以外进行的装潢和修饰，如门、窗、栏杆、楼梯、隔断装潢，墙柱、梁、顶棚、地面、楼梯等表面的修饰。建筑装饰是为了满足视觉要求对建筑进行的艺术加工，如在建筑物内外加设的绘画、雕塑等。

在工程施工中，人们习惯把装饰和装修两者统称为装饰工程，把在建筑设计中随土建工程一起施工的一般装修，称为“粗装修”；而把有专业装饰设计，在后期施工的专业装饰以及给排水、电器照明、采暖、通风、空调等部件的装饰，称为“精装饰”。随着科学技术的进步和专业分工的发展，近年来精装饰与装修分离，在建筑业中逐步形成一个新的专业，即建筑装饰工程专业。

1.2.2 建筑装饰工程的内容

建筑装饰工程的内容广泛多样，按建筑装饰行业习惯，建筑装饰工程一般包括下列主要内容：

(1)楼地面饰面工程

楼地面饰面主要包括地砖、石材、塑料地板、水磨石地面、木地板、地毯饰面以及特殊构造地面等。

(2)墙、柱面工程

墙、柱面饰面主要包括：天然石材饰面、人造石材饰面、金属板墙、柱面、玻璃饰面，玻璃幕墙，复合涂层墙柱，裱贴壁纸墙柱，木饰面墙柱，装饰布饰面墙柱及特殊性能墙柱面等。

(3)吊顶工程

按骨架和面层不同分类。骨架包括:轻钢龙骨、木龙骨、铝合金龙骨、复合材料龙骨等;面层包括:石膏板、木胶合板、矿棉板、吸音板、花纹装饰板、铝合金板条、塑料扣板等。

(4)门窗工程

门按材料不同可分为木门、钢木门、塑钢门、铝合金门、不锈钢门、装饰铝板门、彩板组合门、防火门、防火卷帘门等;按制作形式不同可分为推拉门、平开门、转门、自动门、弹簧门等。窗按材料不同可分为木窗、铝合金窗、钢窗(实腹、空腹)、塑钢窗、彩板窗;按开关方式可分为平开窗、推拉窗、固定窗、上下翻窗等。按窗玻璃形式不同可分为:净片玻璃窗、毛玻璃窗、花纹玻璃窗、有色玻璃窗,以及单、双层、钢化、防火、热反射、镭射中空玻璃窗等。

(5)装饰屋面工程

装饰屋面主要包括:锥体采光顶棚,圆拱采光顶棚,彩色玻璃钢屋面,彩色镁质轻质板屋面,中空玻璃、夹丝玻璃,夹胶玻璃、钢化玻璃顶棚,有机玻璃屋面及镀锌铁皮屋面等。

(6)楼梯及楼梯扶手工程

按栏板材料分:玻璃栏板、有机玻璃栏板、镶贴面板栏板、方钢立柱、铸铁花饰立柱、不锈钢管立柱等。

按扶手材料分:不锈钢扶手、铝合金扶手、木扶手、黄铜扶手、塑钢扶手、柚木扶手等。

(7)细部装饰工程

细部装饰工程包括的内容比较多而繁杂,这里仅列举其中的一部分。不锈钢花饰、铜花饰、木收口条、吊顶木封边条,铝合金风口、木风口、卫生间镶镜,不锈钢浴巾杆、毛巾杆,卫生间洗手盆、花岗石台座,嵌墙壁柜、柚木窗台板、花岗石窗台板、铝合金窗台板,塑料踢脚板、柚木踢脚板、地砖踢脚板,水泥砂浆表面涂漆踢脚板等。

(8)各种配件

主要包括:窗帘盒、窗帘轨、窗帘、暖气罩、挂镜线、门窗套,门牌、招牌、烟感探测器、消防喷淋头、音响广播器材、舞厅灯光器材等。

(9)灯具

主要包括:普通照明灯具,如日光灯、筒灯等,装饰灯具如吊灯、花纹吊灯、吸顶灯、壁灯、台灯、座地灯、床头灯以及各种指示灯如出口灯、安全灯等。

(10)家具

家具可分为:固定的和移动的柜、橱、台、床、桌、椅、凳、茶几、沙发等。

(11)外装饰工程

外装饰工程仅包括玻璃幕墙和复合铝板外墙面。周边环境工程有时也列入装饰工程范围内。

1.3 施工程序

建筑装饰工程施工是一项十分复杂的生产活动,施工过程中需要按照一定的程序来进行。与土建工程一样,建筑装饰施工程序一般包括四个步骤,即承接任务、签订合同,施工准备,组织施工,工程竣工验收、交付使用。

1.3.1 承接施工任务、签订合同

1. 承接施工任务

建筑装饰工程施工任务的承接方式,同土建工程一样有两种:一是通过招标投标承接,二是由建设单位(业主)向预先选择的几家有承包能力的施工企业发出招标邀请。目前,以前者为最普遍,它有利于建筑装饰行业的竞争与发展,有利于施工单位技术水平的提高,改善管理体制,提高企业素质。

2. 签订施工合同

承接施工任务后,建设单位(业主)与施工单位(或土建分包与装饰分包单位)应根据《经济合同法》和《建筑装饰工程施工合同》的有关规定及要求签订施工合同。施工合同应规定承包的内容、要求、工期、质量、造价及材料供应等,明确合同双方应承担的义务和职责以及应完成的施工准备工作。施工合同经双方法人代表签字后具有法律效力,必须共同遵守。

1.3.2 施工准备

施工合同签订后,施工单位应全面展开施工准备工作。施工准备包括开工前的计划准备和现场准备。

1. 开工前的计划准备

开工前的计划准备是确保装饰任务顺利进行的重要环节。要做好计划准备,首先对所承接工程进行摸底,详细了解工程概况、规模、工程特点、工期要求及现场的施工条件,以便统筹安排。同时,要根据工程规模,确定装饰队伍,组织技术力量,组建管理班子,编制切实可行的施工组织设计。

2. 开工前的现场准备

开工前的现场准备主要是为了后面的全面施工作好准备,其内容很多也很繁杂,主要应做好以下三方面的工作:

(1)技术准备

建筑装饰工程施工的技术准备主要包括熟悉和审查施工图纸,收集资料,编制

施工组织设计，编制施工预算等。

1）熟悉和审查图纸。施工单位在接到施工任务后，首先要组织人员熟悉施工图纸，了解设计意图，掌握工程特点，进行设计交底，组织图纸会审，提出设计与施工中的具体要求，对各专业图纸中若有错漏、碰缺，可在会审时提出予以解决，并做好记录。

2）收集资料。根据装饰施工图纸要求，对现场进行调查，了解建筑物主体的施工质量、空间特点等，以制定切实可行的施工组织设计。

3）编制切实可行的施工组织设计。施工组织设计是指导装饰工程进行施工准备和组织施工的基本技术经济文件，是施工准备和组织施工的主要依据。施工单位在工程开工前，根据工程规模、特点、施工期限及工程所在区域的自然条件，技术经济条件等因素进行编制，并报有关部门批准。

4）编制工程预算。根据施工图纸和国家或地方有关部门编制的装饰预算定额，进行施工预算编制。它是控制工程成本支出与工程消耗的依据。根据施工预算中分部分项的工程量及定额工料用量，对各装饰班组下达施工任务，以便实行限额领料及班组核算。从而实现降低工程成本和提高管理水平的目的。

（2）施工条件及物资准备

1）施工条件准备。搭设临时设施，如仓库、加工棚，办公用房、职工宿舍等。施工用水、电等各项作业条件的准备以及装饰工程施工的测量及定位放线，设置的永久性坐标与参照点等。

2）物资准备。装饰工程涉及的工种较多，所需的材料、机具品种也相应多。因此，在开工前，要全面落实各种资源的供应，同时，根据工程量大小，工期的长短，合理安排劳动力和各种物资机具供应，以确保装饰施工顺利进行。

3）场地清理。为保证装饰施工如期开工，施工前应清除场地内的障碍物，建筑物内的垃圾、粉尘。设置污水排放沟池等，为文明施工、环保施工创造一个良好的条件。

4）组织好施工力量。调整和健全施工组织机构及各类分工，对于特殊工种，要作好技术培训和安全教育。

1.3.3 组织施工

在作好现场充分施工准备的基础上，在具备开工条件的前提下可向建设单位（业主）提交开工报告，提出开工申请，在征得建设单位及有关部门的批准后，即可开工。施工过程中应严格按照《建筑工程施工质量验收统一标准》(GB50300-2001)及《建筑装饰装修工程质量验收规范》(GB50210-2001)进行检查与验收，以确保装饰质量达到部颁标准，满足用户要求。

1.3.4 竣工验收、交付使用

竣工验收是施工的最后阶段，在竣工验收前，施工单位内部应先进行预验收，检查各分部分项工程的装饰质量，整理各项交工验收的技术经济资料，由建设单位(业主)或委托监理单位组织竣工验收，经有关部门验收合格后办理验收签证书，即可交付使用。如验收不符合有关规定的标准，必须采取措施进行整改，达到所规定的标准，方可交付使用。

1.4 施工组织设计

1.4.1 施工组织设计的基本概念

建筑装饰工程施工组织设计是规划和指导整个装饰工程从工程投标、签订承包合同，施工准备到施工过程以及竣工交验的一个综合性技术经济文件。

建筑装饰工程除具有一般建筑工程的特点外，还具有工期短，质量严，工序多，材料品种复杂，与其他专业交叉多等特点。在施工之前应根据工程的具体施工项目，进行全面的调查了解，搜集有关资料，掌握工程性质和施工要求，从人力、资金、材料、机具、施工方法和现场的施工环境等因素上进行科学合理地布署，在一定的时间和空间内实现有组织、有计划、有秩序的施工，以期在整个施工过程中，达到耗工少、工期短、质量高、成本低、建设单位(业主)满意的效果。这就是建筑装饰施工组织设计的根本任务。

1.4.2 施工组织设计的作用

建筑装饰工程施工组织设计的作用是对施工全过程进行科学管理提供的重要手段，是沟通设计和装饰施工之间的桥梁。它既要充分体现装饰工程设计和使用功能要求、又要符合建筑装饰施工的客观规律，对施工的全过程起到战略布署和战术安排的作用。

建筑装饰工程施工组织设计是施工准备工作的重要组成部分，是编制施工预算和施工计划的重要依据，是装饰施工企业进行技术经济管理工作的基础。因此，编制好工程施工组织设计，按科学规律组织施工、建立正常的施工程序，有计划地开展各项施工作业，对于及时做好各项施工准备工作，保证劳动力和各项资源的正常供应，对于协调各施工队、组之间，各工种之间，各种资源之间及空间布置与时间的相互关系；保证施工顺利进行，按期按量、保质完成装饰施工任务，取得好的经济效益、社会效益等都将起到重要的积极作用。

1.4.3 施工组织设计编制的原则

1. 认真贯彻执行国家的基本建设方针、政策

在编制建筑装饰工程施工组织设计时应充分考虑国家有关的方针政策，严格按基本建设程序办事，严格执行建筑装饰装修管理规定，认真执行建筑装饰工程及相关专业的有关规范、规程。遵守施工合同。

2. 合理安排装饰施工程序和顺序

对装饰工程规模大，施工工期长的工程，必须遵守一定的程序和顺序，合理安排，分期分段进行装饰施工，以期早日发挥投资的经济效益。装饰施工程序和顺序反映装饰施工的客观规律要求，交叉搭接则体现争取时间的主观性，在组织施工时，必须合理的安排装修施工程序和顺序，避免不必要的重复、返工、窝工，以加快施工进度，缩短工期。

3. 采用先进的技术、科学地选择施工方案

在装饰工程施工中，采用先进的施工技术是提高劳动生产率、提高工程质量、加快施工进度、降低工程成本的重要手段。在选择施工方案时，要积极采用新工艺、新技术、新材料、新设备，结合装饰工程的特点，满足装饰设计效果，符合施工验收规范及操作规程要求，使技术的先进性、适用性、经济性有机地结合在一起。

4. 用流水施工和网络计划技术安排进度计划

采用流水方法组织施工，以保证装饰工程施工连续、均衡、有节奏地进行。合理地使用人力、物力和财力，以减少各项资源的浪费，在编制建筑装饰工程施工组织设计时可选用横道图或网络技术，合理安排工序搭接和必要的技术间歇，作好人力、物力的综合平衡。

5. 坚持质量第一、重视施工安全

编写建筑装饰工程施工组织设计应贯彻“百年大计，质量第一”和“预防为主”的方针，编写过程中，以我国现行有关建筑装饰施工验收规范及操作规程为依据，使施工质量符合质量检验评定标准。从人、机、料、法规和环境方面制定保证质量的措施，预防和控制影响装饰质量的各种因素，确保装饰工程达到预定目标。

编制建筑装饰工程施工组织设计应重视施工过程中的安全，建立健全各项安全管理制度，尤其是装饰施工的安全用电、防火措施，应作为重点对待。

1.4.4 施工组织设计的分类

建筑装饰工程施工组织设计根据设计阶段和编制对象的不同可分为三大类，即建筑装饰工程施工组织总设计，单位装饰工程施工组织设计和分部（分项）装饰工程作业设计。

1. 建筑装饰工程施工组织总设计

建筑装饰工程施工组织总设计是以民用建筑群以及结构复杂、技术要求高、建设工期长、施工难度大的大型公共建筑和高层建筑的装饰施工为对象而编制的。当有了批准的扩大初步设计或方案设计以后，一般以总承包单位为主，由建设单位、设计与分包单位共同编制。它是对整个建筑装饰工程在组织施工中的统一规划和总的战略布署，并作为修建全工地大型临设工程编制年(季)度施工计划及编制单位装饰工程施工组织设计的依据。

2. 单位装饰工程施工组织设计

单位装饰工程施工组织设计是以单位装饰工程，即一座公共建筑，一栋高级公寓或一个合同内所含装饰项目作为施工组织对象而编制的。在有了施工图设计并会审后，由直接组织施工的基层单位编制。用于指导该装饰工程的施工并作为编制季、月、旬施工计划的依据。

3. 分部(分项)装饰工程作业设计

分部(分项)建筑装饰作业设计是以某些特殊工程结构复杂、施工难度大以及采用新工艺、新技术、新材料或缺乏施工经验的分部(分项)装饰施工为对象编制的，它直接指导现场施工，并作为编制月、旬作业计划的依据。

1.4.5 施工组织设计的编制与实施

1. 施工组织设计的编制

为使施工组织设计更好地起到组织和指导装饰施工的作用，在编制内容上必须简明扼要，突出重点，在编制方法上必须紧密结合现场施工实际情况，不断调整、补充并严格按照施工组织设计组织装饰施工。

要编制出高质量的装饰施工组织设计，编制时，必须注意以下几个问题：

1)在编制施工组织设计时，对施工现场的具体情况，要进行充分的调查了解，进行仔细的推敲研究。召开基层人员参加的技术交流会，请建设单位、设计单位，进行设计交底，根据合同工期与技术条件，发动现场各专业技术人员和工人提意见，定措施，并进行反复讨论，提出初稿，最后由承担施工的项目经理、技术负责人参加审定，以保证施工组织设计的顺利实施。

2)对装饰内容多而复杂、施工难度大及采用新材料、新技术、新工艺的项目，应组织专业性的讨论和必要的专题考察，并邀请有经验的专业技术人员和技术工人参加，使编制的内容符合实际，便于执行。

3)在编制过程中，还要充分发挥其他职能部门(如设备、材料、预算、劳资、行政)的作用，吸收他们参与编制或参加审定会议，以求编制的施工组织设计更全面、更完善。这里需要指出的是，装饰施工组织设计，牵扯的专业多，施工工种多，在编制时千万不能追求形式，主次不分，脱离实际，起不到真正的指导、督促作用，那样就失去了编制的实际意义。

2.施工组织设计的实施

施工组织设计已经批准,即成为装饰施工准备和组织整个施工活动的指导性文件,必须严肃对待,认真贯彻实施。

在实施过程中,要做好以下几项工作:

(1)做好施工组织设计的交底工作

在装饰工程正式开工前,要组织召开各级生产、技术会议,详细讲解其内容要求,施工关键,技术难点和保证措施,以及各专业配合协调措施,要求相关部门制定具体的实施计划和技术细则。

(2)制定各项规章制度

大量的工程实践说明,制定严格、科学、健全的规章制度,施工组织设计才能顺利实施,才能建立正常的施工秩序,才能确保装饰质量和经济效益。

(3)推行技术经济承包责任制

全面实施施工组织设计的重要措施之一,就是把技术经济责任制同企业职工的经济利益挂起钩来,以便相互监督,相互约束,以利于调动干部职工的积极性。在工程中推行节约材料奖、技术进步奖、文明施工奖、工期提前奖和优良工程综合奖。

(4)统筹安排、综合平衡

根据施工组织设计的要求,工程开工后,及时做好人力、物力和财力的统筹安排,使装饰施工能保持均衡、有节奏地进行,在具体实施中,要通过月、旬作业计划,及时分析各种不均衡因素,综合多方面的施工条件,不断进行各专业、各工种间的综合平衡,进一步完善和调整施工组织文件,真正做到装饰工程施工的节奏性、均衡性和连续性。

思　考　题

1.1　什么是建设项目?如何进行分类?

1.2　建筑产品的生产特点是什么?

1.3　我国的建设程序一般分为哪几个阶段?

1.4　建筑装饰工程的内容主要包括哪些方面?

1.5　建筑装饰工程施工组织设计的作用是什么?如何分类?

1.6　建筑装饰工程施工组织设计编制应遵循哪些原则?

1.7　在实施建筑装饰工程施工组织设计过程中应做好哪些工作?

第二章　流水施工原理

本章主要讲述流水施工的概念及其组织条件、表达方式和技术经济效果；流水施工的主要参数及其确定的原则和方法；重点讲述流水施工的组织方式，即等节奏流水施工、异节奏流水施工和非节奏流水施工，讲述如何根据流水节拍的特征来组织不同节奏专业流水的具体方法和步骤，并列举相应例题，便于进一步加深理解和应用。

2.1　基本概念

2.1.1　流水施工的基本概念

流水施工是组织施工的一种科学方法，它能使施工过程具有连续性、均衡性和节奏性，能合理地组织施工，取得较好的经济效益，所以在建筑装饰工程施工组织中被广泛采用。

流水施工是将建筑物划分为几个装饰施工段，组织若干个班组（或工序），按照一定的装饰施工顺序，一定的时间间隔，依次从一个施工段转移到另一个施工段，使同一施工过程的施工班组保持连续、均衡地进行，不同的装饰施工过程尽可能平行搭接施工。

2.1.2　组织流水施工的条件

1. 划分施工段

根据组织流水施工的需要，将每个装饰施工过程尽可能地划分为劳动量大致相等的施工段。

2. 划分施工过程

把建筑物的整个装修过程分解为若干个装饰施工过程，每个装饰施工过程分别由固定的专业施工班组负责完成。

3. 组织独立的施工班组

在一个流水分部中，每个施工过程尽可能组织独立的施工班组，这样可使每个施工班组按施工顺序，依次地、连续地、均衡地从一个施工段转移到另一个施工段，重复地完成同类任务。

4. 主要施工过程必须连续、均衡地施工

主要施工过程是指工程量较大、作业时间较长的施工过程。对于主要施工过程必须连续、均衡地施工；对其他次要施工过程，可考虑与相邻的施工过程合并。如不能合并，为缩短工期，可安排间断施工。

5. 不同施工过程尽可能组织平行搭接施工

不同施工过程之间的关系，关键是工作时间上有搭接和工作空间上有搭接。在有工作面的条件下，除必要的技术和组织间歇时间外，应尽可能组织平行搭接施工。

2.1.3 流水施工的表达方式

流水施工的表达方式主要有横道图和网络图(见第三章)，横道图是装饰工程中常用的表达方式，它具有绘制简单，直观清晰，形象易懂，使用方便等优点。横道图根据绘制方法又分为水平指示图表和垂直指示图表。

1. 水平指示图表

水平指示图表的横坐标表示持续时间，纵坐标表示施工过程或专业工作队编号，带有编号的圆圈表示施工段的编号。它是利用时间坐标上横线条的长度和位置来反映工程中各施工过程的相互关系和施工进度。在图的下方，还可以画出单位时间所需要的资源曲线，它是根据横道图中各施工过程的单位时间某资源的需要量叠加而成，用以表示某资源需要量在时间上的动态变化。水平指示图表如图 2.1 所示。

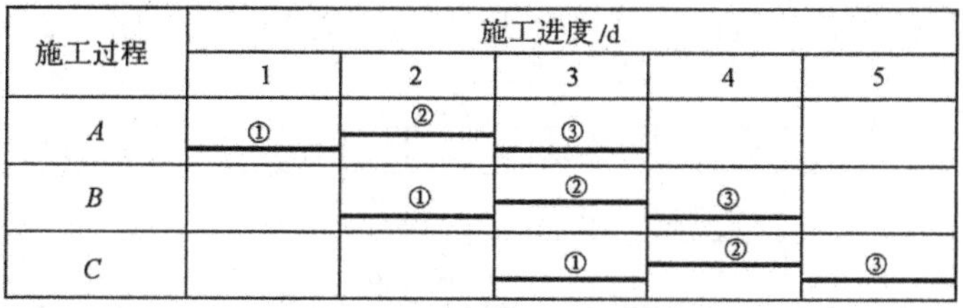

施工过程	施工进度 /d				
	1	2	3	4	5
A	①	②	③		
B		①	②	③	
C			①	②	③

图 2.1　水平指示图表

2. 垂直指示图表

垂直指示图表的横坐标表示持续时间，纵坐标表示施工段的编号，斜向指示线

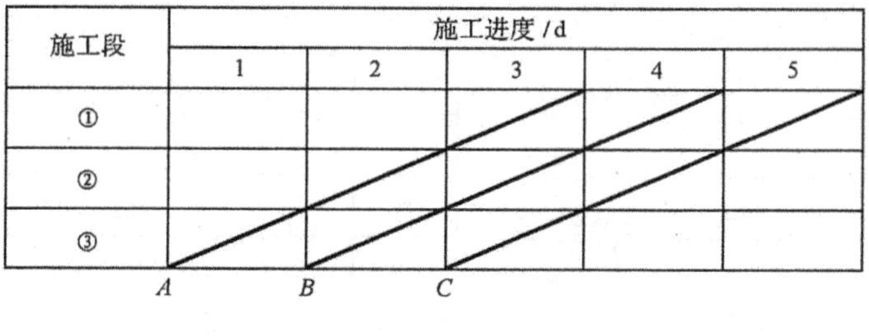

施工段	施工进度 /d				
	1	2	3	4	5
①					
②					
③					

A　*B*　*C*

图 2.2　垂直指示图表

段的代号表示施工过程或专业工作队的编号。

垂直指示图表能直观地反映出在一个施工段或工程对象中各施工过程的先后顺序和配合关系。斜线的斜率能形象地反映各施工过程进行的快慢。垂直指示图表如图 2.2 所示。

2.1.4 流水施工的技术经济效果

为了进一步说明装饰工程中采用流水施工的优越性,可将流水施工同其他施工方式进行比较。组织施工时,除了流水施工这种方式外还可采用依次施工、平行施工。现以 3 幢同类型房屋的装饰工程为例,分别采用三种施工方式进行效果分析。

1. 依次施工

依次施工是各施工段或施工过程依次开工,依次完成的一种施工组织方式。将 3 幢房屋的装饰工程组织依次施工,其施工进度安排如图 2.3(a)所示。

依次施工的优点是单位时间内投入的劳动力和物资较少,施工现场管理简单,但专业工作队的工作有间歇性,工地物资的消耗也有间段性,工期拉得很长。它适用于工作面有限、规模小的工程。

2. 平行施工

平行施工是全部工程任务的各施工段同时开工,同时完成的一种施工组织方式。将 3 幢房屋的装饰工程组织平行施工,其施工进度安排如图 2.3(b)所示。从图

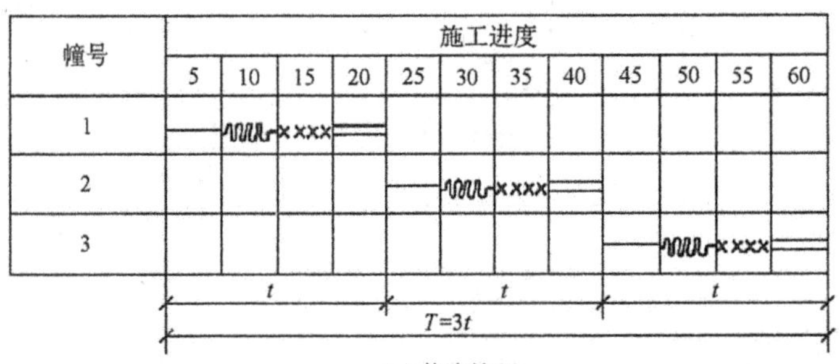

(a) 依次施工

幢号	施工进度			
	5	10	15	20
1				
2				
3				

T=1t

(b) 平行施工

幢号	施工进度					
	5	10	15	20	25	30
1						
2						
3						

t<T<3t

(c) 流水施工

图 2.3 依次、平行和流水施工方法的比较

2.3(b)可知，完成3幢房屋的装饰工程所需时间等于完成一幢房屋装饰工程的时间。

平行施工的优点是工期短，能充分利用工作面。但专业工作队数目成倍增加，现场临时设施增加，劳动力及物资资源消耗相对集中，因而会给施工带来不良的经济效果。这种方法一般适用于工期要求紧和大规模的建筑群。

3.流水施工

流水施工是将若干幢房屋装饰的施工陆续开工，陆续竣工，也就是进行搭接施工。将3幢房屋的装饰工程组织流水施工，其施工进度安排如图2.3(c)所示。

从图中可以看出，流水施工综合了依次施工和平行施工的优点，消除了它们的缺点，流水意即连续。用流水施工的方法组织施工，一是同一工作队在各施工段上依次连续地工作，即时间连续；二是同一施工对象上不同工作队依次连续地工作，即空间连续。流水施工的实质是充分利用时间和空间，从而缩短了工期，增加了劳动力和物资需要量供应的均衡性，提高了劳动生产率，降低了工程成本。

4.流水施工的技术经济效果

流水施工是组织施工的一种科学方法。它的最大优点是施工生产的连续性和均衡性。流水施工的技术经济效果主要表现在以下几个方面：

(1)节省时间，缩短施工工期

流水施工科学地安排施工进度，使各施工过程在保证连续施工的条件下最大限度地实现搭接施工，从而减少了因组织不善而造成的停工、窝工损失，合理地利用了施工的时间和空间，有效地缩短了施工工期，相对于依次施工来说，流水施工可以缩短1/3～1/2工期。

(2)实现均衡、有节奏地施工

相对于平行施工来说，流水施工投入的人力、财力、物力较为均衡，各专业班组都能保持连续生产，而且作业时间具有一定的规律性。这种规律对组织装饰施工十分有利，并能带来良好的工作秩序，取得可观的经济效益。

(3)提高劳动生产率

流水施工使专业班组能连续作业，资源得以均衡利用。而且专业化的施工为工人提高技术熟练程度及改进操作方法和生产工具创造了有利的条件，大大地提高了劳动生产率(一般可提高30%～50%)，相应地降低了成本，节省了资金，同时也有利于提高工程质量和安全生产。

2.2 主要参数

流水施工参数是指组织流水施工时，为了表示各施工过程在时间和空间上的相互依存关系，引入一些描述施工进度计划图特征和各种数量关系的参数。

流水施工参数，按其性质的不同，一般可分为工艺参数、空间参数和时间参数三种。

只有对流水施工的主要参数进行认真的、有针对性的、有预见性的研究与分析计算，才能较好地组织流水施工作业。

2.2.1 工艺参数

1. 施工过程数 n

施工过程数是指一组流水的施工过程个数，以符号“n”表示。

在组织建筑装饰工程流水施工时，首先应将施工对象划分成若干个施工过程。施工过程划分的数目多少和粗细程度，一般与下列因素有关：

(1)施工计划的性质和作用

对于长期计划及建筑群体、规模大、工期长的工程施工控制性进度计划，其施工过程划分可以粗一些，综合性大一些。对于中小型单位工程及工期不长的工程施工实施性计划，其施工过程划分可以细一些，具体一些，一般可划分至分项工程，对于月度作业性计划，有些施工过程还可以分解为工序，如刮腻子、油漆等。

(2)施工方案

不同的施工方案，其施工顺序和方法也不相同，如框架主体结构采用的模板不同，其施工过程划分数目就不相同。

(3)工程量的大小与劳动力的组织

施工过程的划分与施工班组及施工习惯有一定的关系。例如，安装玻璃、油漆的施工，可以将它们合并为一个施工过程即玻璃油漆施工过程，它的施工班组就作为一个混合班组，也可以将它们分为两个施工过程，即玻璃安装施工过程和油漆施工过程，这时它们的施工班组为单一工种的施工班组。

同时，施工过程的划分还与工程量的大小有关。对于工程量小的施工过程，当组织流水施工有困难时，可以与其他施工过程相合并。例如，地面工程，如果垫层的工程量较小，可以与混凝土面层相结合，合并为一个施工过程，这样就可以使各个施工过程的工程量大致相等，便于组织流水施工。

(4)施工的内容和范围

施工过程的划分与其工作内容和范围有关。例如，直接在施工现场与工程对象上进行的施工过程，可以划入流水施工过程，而场外的施工内容(如零配件的加工)可以不划入流水施工过程。

流水施工的每一施工过程如果各由一个专业施工班组施工，则施工过程数 n 与专业施工班组数相等，否则，两者不相等。

对装饰施工工期影响最大的或对整个流水施工起决定性作用的装饰施工过程

称为主导施工过程。在划分施工过程之后,应先找出主导施工过程,以便抓住流水施工的关键环节。

装饰施工过程可分为三类:即为制造装饰成品、半成品而进行的制备类施工过程、把材料和制品运至工地仓库或转运至装饰施工现场的运输类施工过程、在施工过程中占主要地位的装饰安装施工类施工过程。

2. 流水强度 V

每一装饰施工过程在单位时间内所能完成的工程量叫流水强度。根据施工过程的主导因素不同,可以将施工过程分为机械施工过程和手工操作施工过程两种。

(1)机械施工过程的流水强度的计算公式

$$V = \sum_{i=1}^{x} R_i S_i \tag{2.1}$$

式中:V——某施工过程的流水强度;

R_i——某种施工机械台数;

S_i——该种施工机械台班生产率;

x——用于同一施工过程的主导施工机械的种数。

(2)手工操作施工过程的流水强度的计算公式

$$V = RS \tag{2.2}$$

式中:V——某施工过程的流水强度;

R——每一工作队工人人数(R 应小于工作面上允许容纳的最多人数);

S——每一工人的每班产量定额。

2.2.2 空间参数

1. 施工段数 m

在组织流水施工时,通常把装饰施工对象划分为劳动量相等或大致相等的若干段称为施工流水段,简称流水段或施工段。每一个施工段在某一段时间内,只能供一个施工过程的工作队使用。

划分施工段的目的,是为了组织流水施工,保证不同的施工班组能在不同的施工段上同时进行施工,从而使各施工班组按照一定的时间间隔从一个施工段转移到另一个施工段进行连续施工。这样,既能消除等待、停歇现象,又互不干扰,同时又缩短了工期。

施工段的划分有两种情况:一种是施工段为固定的,一种是施工段为不固定的。在施工段固定的情况下,所有施工过程都采用同样的施工段;同样,施工段的分界对所有施工过程都是固定不变的。在施工段不固定的情况下,对不同的施工过程要分别规定出一种施工段划分方法,施工段的分界对于不同的施工过程是不同的。在通常情况下,固定的施工段便于组织流水施工,应用较广,而不固定的施工段则较少采用。

划分施工段的基本要求：

1)施工段的数目及分界要合理。施工段数目划分过少，会引起劳动力、机械、材料供应的过分集中，有时会造成供应不足的现象。若划分过多，则会增加施工持续总时间，而且工作面不能充分利用。划分施工段应保证结构不受施工缝的影响，施工段的分界要同施工对象的结构界限相一致。尽可能利用单元、伸缩缝、沉降缝等自然分界线。

2)各施工段上所消耗的劳动量相等或大致相等(相差宜在15%之内)，以保证各施工班组施工的连续性和均衡性。

3)划分的施工段必须为后面的施工提供足够的工作面。

4)尽量使主导施工过程的工作队能连续施工。由于各施工过程的工程量不同，所需最小工作面不同，以及施工工艺上的不同要求等原因，如要求所有工作队都连续工作，所有施工段上都连续有工作队在工作，有时往往是不可能的，则应组织主导施工过程能连续施工。例如：在锅炉和附属设备及管道安装过程中，应以锅炉安装为主导施工过程来划分施工段，组织施工。

5)当组织流水施工对象有层间关系时，应使各工作队能够连续施工。即各施工过程的工作队做完第一段，能立即转入第二段；做完第一层的最后一段，能立即转入第二层的第一段。因此每层最少施工段数目 m 应大于或等于其施工过程数 n，即 $m \geq n$。

当 $m=n$ 时，工作队连续施工，施工段上始终有施工班组，工作面能充分利用，无停歇现象，也不会产生工人窝工现象，比较理想。

当 $m>n$ 时，工作队仍能连续施工，虽然有停歇的工作面，但不一定是不利的，有时还是必要的，如利用停歇的时间做养护、备料、弹线等工作。

当 $m<n$ 时，工作队不能连续施工会出现窝工，这对一个建筑物的装饰施工组织流水施工是不适宜的。

2. 工作面 A

工作面又称工作前线，是指在施工对象上可能安置的操作工人的人数或布置施工机械的地段，工作面反映施工过程在空间上布置的可能性。

对于某些装饰工程，在施工一开始就已经在整个长度或宽度上形成了工作面，这种工作面称为“完整的工作面”(如外墙饰面工程)；对于有些工程的工作面是随着施工过程的进展逐步(逐层、逐段)形成的，这样的工作面叫做“部分的工作面”(如内墙粉刷等)。但是，不论在哪一个工作面上，通常前一施工过程的结束，就为后面的施工过程提供了工作面。

在确定一个施工过程必要的工作面时，不但要考虑前一施工过程为这一施工过程可能提供的工作面的大小，还必须要遵守施工规范和安全技术的有关规定。因此，工作面的形成，直接影响到流水施工。

2.2.3 时间参数

1. 流水节拍 t

流水节拍是指从事某一装饰施工过程的专业施工班组，在一个施工段上施工作业的持续时间，用 t 表示。它与投入该施工过程的劳动力、机械设备和材料供应的集中程度有关。流水节拍决定着装饰施工速度和装饰施工的节奏性，有两种确定方法，一种是根据工期要求来确定，另一种是根据现场投入的资源来确定。

当按可能投入的资源确定流水节拍时，用下式计算，但必须满足最小工作面要求。

$$t = \frac{Q}{RSN} = \frac{P}{RN} \tag{2.3}$$

式中：t——某装饰施工过程在某施工段上的流水节拍；

Q——某装饰施工过程在某施工段上的工程量；

R——专业班组的人数或机械台班数；

S——某专业工种或机械产量定额；

N——某专业班组或机械的工作班次；

P——某装饰施工过程在某施工段上的劳动量。

当按工期要求确定流水节拍时，首先根据工期要求确定出流水节拍，再按上式计算所需要的工人人数（或机械台班），然后检查劳动力，机械是否满足需要。

当施工段数确定之后，流水节拍的长短对总工期有一定的影响，流水节拍长则相应的工期也长。因此，流水节拍越短越好，但实际上由于工作面的限制，流水节拍也有一定的限制，流水节拍的确定应充分考虑劳动力，材料和施工机械供应的可能性，以及劳动组织和工作面使用的合理性。

确定流水节拍应考虑的因素：

1)施工班组人数要适宜，既要满足最小劳动组合人数的要求，又要满足最小工作面的要求。

所谓最小劳动组合，是指某一施工过程进行正常施工所必需的最低限度的班组人数及其合理组合。如模板安装就要按技工和普工的最少人数及合理比例组成施工班组，人数过少或比例不当都将引起劳动生产率的下降。

最小工作面是指施工班组为保证安全生产和有效地操作所必需的工作面。它决定了最高限度可安排多少工人。不能为了缩短工期而无限地增加人数，否则将造成工作面的不足而产生窝工。

2)工作班制要恰当。工作班制的确定要视工期的要求而定。当工期不紧迫，工艺上又无连续施工要求时，可采用一班制；当组织流水施工时为了给第二天连续施工创造条件，某些施工过程可考虑在夜班进行，即采用二班制；当工期较紧或工艺上要求连续施工,或为了提高施工中机械的使用率时,某些项目可考虑三班制施工。

3)以主导装饰施工过程流水节拍为依据,确定其他装饰施工过程的流水节拍。主导装饰施工过程的流水节拍应是各装饰施工过程流水节拍的最大值,应尽可能地有节奏,以便组织节奏流水。

4)流水节拍的确定,应考虑到机械设备的实际负荷能力和可能提供的机械设备的数量。也要考虑机械设备操作安全和质量要求。

5)流水节拍一般取整数,必要时可保留 0.5 天(台班)的小数值。

2.流水步距 K

流水步距是指流水施工过程中,相邻的两个专业班组,在保持其工艺先后顺序、满足连续施工要求和时间上最大搭接的条件下,相继投入流水施工的时间差,即时间间隔,用 K 表示。

流水步距的大小,反映着流水作业的紧凑程度,对工期起着很大的影响。在流水段不变的条件下,流水步距越大,工期越长;流水步距越小,则工期越短。

流水步距的数目取决于参加流水施工的施工过程数。如果施工过程为 n 个,则流水步距的总数为 $n-1$ 个。

确定流水步距的原则是:

1)始终保持两个相邻施工过程的先后工艺顺序。

2)保持主要施工过程的连续、均衡。

3)做到前后两个施工过程施工时间的最大搭接。

3.技术间歇时间 Z

在流水施工过程中,由于施工工艺的要求,某施工过程在某施工段上必须停歇的时间间隔称为技术间歇时间。例如:混凝土浇筑后,必须经过必要的养护时间,才能进行下一道工序;门窗底漆涂刷后,必须经过必要的干燥时间,才能涂刷面漆等等,这些都是施工工艺要求的等待时间,都属技术间歇时间。

综上所述,流水施工的主要参数说明了流水施工过程的工艺关系,反映了它们在时间和空间的开展情况。它们的相互关系可集中反映在施工工期的计算式中。某一个工程项目的流水施工工期等于各流水步距之和加上最后投入施工的施工班组的流水节拍之和,即

$$T = \sum K_{i,i+1} + \sum Z + T_n \tag{2.4}$$

式中:$\sum K_{i,i+1}$——所有流水步距之和;

T_n——最后一个施工过程在各施工段上的流水节拍之和;

$\sum Z$——所有技术间歇时间之和。

公式(2.4)适用于任何节奏专业流水施工的工期计算。式中既包含了主要流水

施工参数，也充分反映了这些参数之间的联系和制约关系，熟练地掌握这些关系是组织流水施工的基础。

根据以上流水施工参数的概念，可以把流水施工的组织要点归纳如下：

1)将拟建工程(如一个单位工程，或分部分项工程)的全部施工活动，划分组合为若干施工过程，每一施工过程交给按专业分工组成的施工班组或混合施工班组来完成。施工班组的人数要考虑每个工人所需要的最小工作面和流水施工组织的需要。

2)将拟建工程每层的平面上划分为若干施工段，每个施工段在同一时间内，只供一个施工班组开展作业。

3)确定各施工班组在每段的作业时间，并使其连续均衡。

4)按照各施工过程的先后排列顺序，确定相邻施工过程之间的流水步距，并使其在连续作业的条件下，最大限度地搭接起来，形成分部工程施工的专业流水组。

5)搭接各分部工程的流水组，组成单位工程流水施工。

6)绘制流水施工进度计划。

2.3 组织方式

流水施工的组织方式根据流水施工节拍特征的不同，可分为等节奏流水、异节奏流水和非节奏流水。

2.3.1 等节奏流水施工的组织方式

等节奏流水亦称全等节拍流水，是指各个施工过程的流水节拍均为常数的一种流水施工方式。即同一施工过程在各施工段上的流水节拍都相等，并且不同施工过程之间的流水节拍也相等的一种流水施工方式，这是最理想的流水施工组织方式。

等节奏流水施工组织方式能保证专业班组的工作连续、有节奏，可以实现均衡施工，能最理想地达到组织流水施工作业的目的。

1. 等节奏流水施工的建立步骤

(1)确定流水节拍

同一施工过程流水节拍相等，不同施工过程流水节拍也相等，即 $t_1=t_2=t_3=\cdots t_{n-1}=t_n=t=$ 常数，要做到这一点必须使各施工段上的工程量基本相等。

(2)确定流水步距

各施工过程之间的流水步距相等，且等于流水节拍，即 $K=t$。

(3)确定流水工期

由公式(2.4)计算：

$$T = \sum K_{i,i+1} + T_n$$

$$\sum K_{i,i+1} = (n-1)k, T_n = mt$$

所以

$$T = (n-1)k + mt = (n-1)t + mt = (m+n-1)t \tag{2.5}$$

式中：T——某工程流水施工工期；

$K_{i,i+1}$——第 i 个施工过程和第 $i+1$ 个施工过程的流水步距；

$\sum K_{i,i+1}$——所有流水步距之和；

T_n——最后一个施工过程在各施工段上的流水节拍之和。

(4)当有技术间歇时间 Z 和搭接时间 C 的情况下，等节奏流水施工的工期计算公式为：

$$T = (m+n-1)t - \sum C + \sum Z \tag{2.6}$$

式中：$\sum C$——所有搭接时间之和；

$\sum Z$——所有间歇时间之和。

例 1 某分部工程有 A、B、C、D 四个施工过程，每个施工过程分为五个施工段，流水节拍均为 3 天，试组织全等节拍流水施工。

解 (1)计算工期

因为

$$m = 5, n = 4, t = 3\text{d}$$

所以

$$T = (m+n-1)t = (5+4-1) \times 3 = 24\text{d}$$

(2)用横道图绘制流水进度计划，如图 2.4 所示。

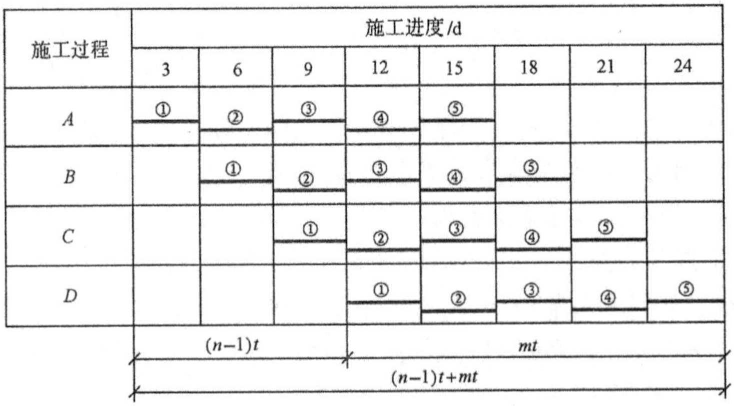

施工过程	施工进度/d							
	3	6	9	12	15	18	21	24
A	①	②	③	④	⑤			
B		①	②	③	④	⑤		
C			①	②	③	④	⑤	
D				①	②	③	④	⑤
	$(n-1)t$			mt				
	$(n-1)t+mt$							

图 2.4 某分部工程无间歇流水施工进度计划

例 2 某分部工程划分为 A、B、C、D、E 五个施工过程，四个施工段，流水节拍均为 4 天，其中 A 和 D 施工过程各有 2 天的技术间歇，C 和 B，D 和 C 施工过程各有 2 天的搭接，试组织全等节拍流水施工。

解 (1)计算工期

因为

$$m = 4, n = 5, t = 4\text{d}, \sum C = 4\text{d}, \sum Z = 4\text{d}$$

所以

$$T = (m + n - 1)t + \sum Z - \sum C = (4 + 5 - 1) \times 4 + 4 - 4 = 32\text{d}$$

(2)用横道图绘制流水进度计划，如图 2.5 所示。

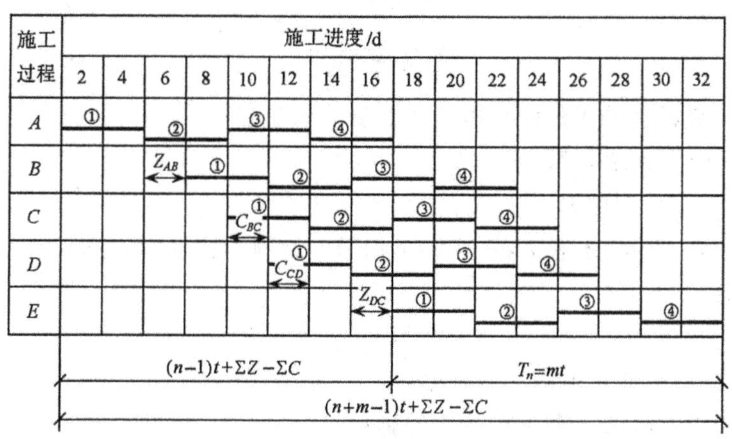

图 2.5 某分部工程有间歇流水施工进度计划

2. 等节奏流水施工方式的适用范围

等节奏流水施工比较适用于分部工程流水，不适用于单位工程，特别是大型的建筑群，因为等节奏流水施工虽然是一种比较理想的流水施工方式，它能保证专业班组的工作连续，工作面充分利用，实现均衡施工，但由于它要求所划分的各分部、分项工程都采用相同的流水节拍，这对一个单位工程或建筑群来说，往往十分困难，不容易达到，因此，实际应用范围不是很广泛。

2.3.2 异节奏流水施工的组织方式

异节奏流水施工是指同一施工过程在各个施工段上的流水节拍相等，不同施工过程之间的流水节拍不一定相等的流水施工方式。根据各个施工过程的流水节拍是否为其中最小流水节拍的整数倍又分为成倍节拍流水施工和一般异节奏流水施工。

1. 成倍节拍流水施工

在组织流水施工时，如果各装饰施工过程在每个施工段上的流水节拍均为其中最小流水节拍的整数倍，为了加快流水施工速度，可按倍数关系确定相应的专业施工队数目，即构成了成倍节拍流水施工。它的特点是：所有专业施工队都能连续施工，而且都实现了最大限度地合理搭接，大大缩短了工期。

成倍节拍流水施工的建立步骤：

(1)确定专业施工队数目 N

每个装饰施工过程所需专业施工队数目 b_i 由下式确定：

$$b_i = \frac{t_i}{t_{\min}} \tag{2.7}$$

式中：t_i——某装饰施工过程的流水节拍；

$t_{\min}$——所有装饰施工过程的流水节拍的最小值。

成倍节拍流水施工的专业施工队总数 N 为

$$N = \sum_{i=1}^{n} b_i \tag{2.8}$$

式中：b_i——某装饰施工过程所需的专业施工队数目；

N——施工班组总数。

(2)确定流水步距 K_b

对于成倍节拍流水施工，任何两个相邻专业施工班组间的流水步距，均等于最小流水节拍，即

$$k_b = t_{\min} \tag{2.9}$$

(3)确定流水施工工期

成倍节拍流水的工期可按下式计算：

$$T = (m + N - 1)k_b - \sum C + \sum Z \tag{2.10}$$

例 3　某分部工程有 A、B、C、D 四个施工过程，施工段数为 6 个，流水节拍分别为 $t_a=2\text{d}$，$t_b=6\text{d}$，$t_c=4\text{d}$，$t_d=2\text{d}$，试组织成倍节拍流水施工。

解　(1)计算工期：

因为

$$t_{\min} = 2\text{d}$$

所以

$$k_b = t_{\min} = 2\text{d}$$

因为

$$b_a = \frac{t_a}{t_{\min}} = \frac{2}{2} = 1(\text{个}) \qquad b_b = \frac{t_b}{t_{\min}} = \frac{6}{2} = 3(\text{个})$$

$$b_c = \frac{t_c}{t_{\min}} = \frac{4}{2} = 2(\text{个}) \qquad b_d = \frac{t_d}{t_{\min}} = \frac{2}{2} = 1(\text{个})$$

所以专业施工队总数 $N=\sum_{i=1}^{4} b_i=1+3+2+1=7(\text{个})$，有

$$T = (m + N - 1)k_b - \sum C + \sum Z = (6 + 7 - 1) \times 2 - 0 + 0 = 24\text{d}$$

(2)绘制流水施工进度计划如图 2.6 所示。

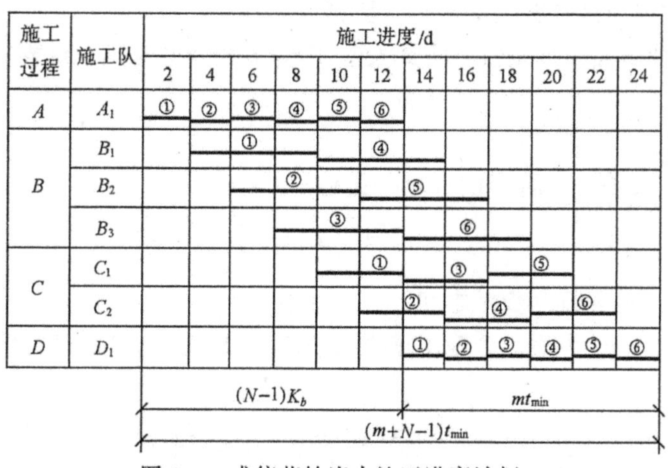

图 2.6　成倍节拍流水施工进度计划

2. 一般异节奏流水施工

在异节奏流水施工中，如果各施工过程之间的流水节拍没有成倍的规律，称为一般异节奏流水施工，其计算方法可参照无节奏流水施工的计算方法。

3. 异节奏流水施工方式的适用范围

成倍节拍流水施工方式比较适用于线型工程(如道路、管道等)的施工。一般异节奏流水施工方式适用于分部和单位工程流水施工，它允许不同施工过程采用不同的流水节拍，因此，在进度安排上比等节奏流水灵活，实际应用范围较广泛。

2.3.3　无节奏流水施工的组织方式

无节奏流水施工亦称分别流水法施工，是指同一施工过程流水节拍不完全相等，不同施工过程流水节拍也不完全相等的流水施工方式。当各施工段的工程量不等，各施工班组生产效率各有差异，并且不可能组织全等节拍或成倍节拍流水时，则可组织无节奏流水施工。其特点是：各施工班组依次在各施工段上可以连续施工，但各施工段上并不经常都有施工班组工作，因为无节奏流水施工中，各工序之间不像组织节拍流水那样有一定的时间约束，所以在进度安排上比较灵活。

无节奏流水作业的实质是：各专业施工班组连续流水作业，流水步距经计算确定，使工作班组之间在一个施工段内互不干扰，或前后工作班组之间工作紧紧衔接。因此，组织无节奏流水作业的关键在于计算流水步距。

1. 无节奏流水施工的建立步骤

(1)确定流水步距 $K_{i,i+1}$

流水步距按“累加数列错位相减取大差”的方法计算，即：

第一步，将每个施工过程的流水节拍逐段累加，形成累加数列；

第二步，错位相减，即将前一施工过程流水节拍的累加数列与后一施工过程流水节拍的累加数列错位相减，得到一组差数。

第三步，找出上一步差数中的最大值，即为该相邻两个施工过程之间的流水步距。

(2)确定流水施工工期

非节奏流水施工工期 T 的计算公式是

$$T=\sum K_{i,i+1}+T_n-\sum C+\sum Z \tag{2.11}$$

式中：$\sum K_{i,i+1}$——流水步距之和；

T_n——最后一个施工过程在各施工段上的流水节拍之和。

其他符号同前。

例 4 某工程由 A、B、C 三个施工过程组成，施工顺序为 $A\rightarrow B\rightarrow C$。$\sum C=0$，各施工段的流水节拍如表 2.1。试组织非节奏流水施工。

表 2.1

施工过程 \ 流水节拍/d \ 施工段	①	②	③	④	⑤	⑥
A	3	3	2	2	2	2
B	4	2	3	2	2	3
C	2	2	3	3	3	2

解 (1)确定流水步距

按“累加数列错位相减取大差”的方法，A 施工过程的累加数列为：3，6，8，10，12，14；B 施工过程的累加数列为：4，6，9，11，13，16。将 A、B 两组数列错位相减得第三组数列：

$$\begin{array}{r}
3\quad 6\quad 8\quad 10\quad 12\quad 14\qquad\quad \\
(-)\qquad\quad 4\quad 6\quad 9\quad 11\quad 13\quad 16 \\
\hline
\boxed{3}\quad 2\quad 2\quad 1\quad 1\quad 1\quad -16
\end{array}$$

第三组数列中的最大值即为 A、B 两个施工过程间的流水步距，即 $K_{A-B}=3$，同理求得 $K_{B-C}=5$。

(2)确定流水施工工期

$$T=\sum K_{i,i+1}+T_n=(3+5)+(2+2+3+3+3+2)=23\text{d}$$

(3)绘制流水施工进度计划如图 2.7 所示。

例 5 某工程由 A、B、C、D 四个施工过程组成。施工顺序依次为 $A\rightarrow B\rightarrow C\rightarrow D$，各施工过程本身在各段的流水节拍依次为 $t_A=1\text{d}$，$t_B=2\text{d}$，$t_C=2\text{d}$，$t_D=1\text{d}$。在劳动力相对固定的条件下，试组织流水施工。

解 本例从流水节拍特征分析，可组织成倍节拍流水。只是无劳动力可增加，

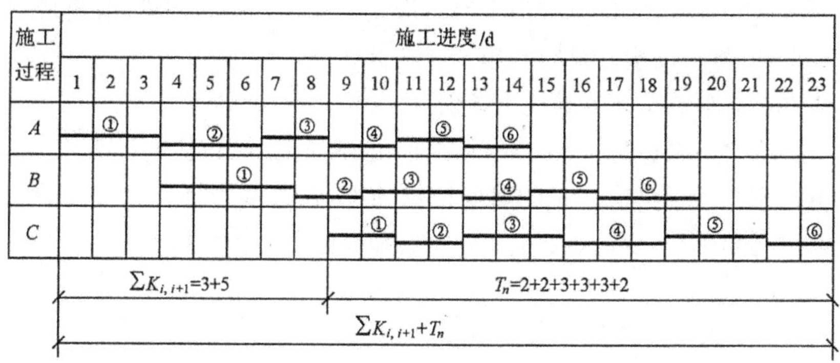

图 2.7 非节奏流水施工进度计划

因此无法做到等步距。为了使施工队组连续作业，按非节奏流水作业组织流水步距。

取施工段数等于施工过程数：$m=n=4$。

A 数列：	1	2	3	4	
B 数列：（−）		2	4	6	8
第三数列：	1	0	−1	−2	−8

取最大差值为 1，即 $k_{A,B}=1$。

同理可求得 $k_{B,C}=2, k_{C,D}=5$

$$T=\sum K_{i,i+1}+T_n=(1+2+5)+(1+1+1+1)=12\text{d}$$

绘制施工进度计划如图 2.8 所示。

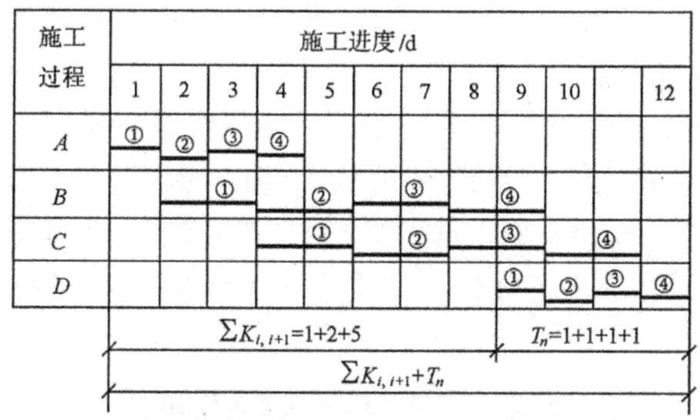

图 2.8 成倍节拍组织非节奏专业流水施工进度计划

从图 2.8 可知，虽然在同一施工段上不同施工过程的时间不尽相同，但有互为整倍数关系。如果不组织多个同工种施工队完成同一施工过程任务，必然是用非节奏专业流水的组织形式，流水步距不等。如果以缩短作业时间长的施工过程达到等步距要求，就要检查工作面是否满足要求；如果延长作业时间短的施工过程，工期则延长。

因此，确定流水施工的组织形式时，既要分析流水节拍的特征，还要考虑工期要求和具体施工条件。任何流水施工组织形式只是一种组织手段，最终目的是要达到工程质量好、施工安全、工期短、施工成本低。

2. 非节奏流水施工方式的适用范围

非节奏流水施工适用于各种不同结构性质和规模的工程施工组织。由于它不像有节奏流水施工那样有一定的时间规律约束，在进度安排上比较灵活、自由，适用于分部工程和单位工程及大型建筑群的流水施工，是流水施工中应用最广泛的一种方式。

思 考 题

2.1 什么是流水施工？其特点是什么？

2.2 流水施工的技术经济效果有哪些？

2.3 组织流水施工的条件有哪些？

2.4 流水施工的主要参数有哪些？如何确定这些参数？

2.5 流水施工按节奏特征不同可分为哪几种方式？它们有哪些组织方法和步骤？

习 题

2.1 某工程有 A、B、C、D 四个施工过程，每个施工过程划分四个施工段。设 $t_A=2\text{d}$，$t_B=4\text{d}$，$t_C=2\text{d}$，$t_D=1\text{d}$。试分别计算依次施工，平行施工及流水施工的工期，并绘出施工进度计划。

2.2 已知某工程分为五个施工过程，分五段组织施工，流水节拍均为 2d，在第二个施工过程结束后有 1 天的技术间歇。试组织流水施工。

2.3 某分部工程，已知施工过程数 $n=4$，施工段数 $m=4$，各施工过程在各施工段上的流水节拍如表 2.2 所示，并且在施工过程 C 和 D 之间有技术间歇 2 天。试组织流水施工。

表 2.2 各施工过程的流水节拍(d)

施工过程	施工段			
	①	②	③	④
A	3	3	3	3
B	2	2	2	2
C	4	4	4	4
D	2	2	2	2

2.4 试根据表 2.3 的数据,组织流水施工。

表 2.3 各施工过程的流水节拍(d)

施工过程	施工段					
	①	②	③	④	⑤	⑥
A	2	1	3	4	5	5
B	2	2	4	3	4	4
C	3	2	4	3	4	4
D	4	3	3	2	5	4

第三章　网络计划技术

本章重点讲述网络计划的基本概念、双代号网络图及单代号网络图的绘制及时间参数的计算和网络计划的优化。通过本章的学习，使学生能够掌握网络计划的编制和时间参数的计算并对网络计划的优化有一定的了解。

3.1　基本概念

3.1.1　网络计划的产生与发展

在20世纪50年代中期以来，为适应生产发展和科技进步的需要，国外陆续采用一些用网络图形表达的计划管理新方法，由于这些方法都是建立在网络图的基础上，所以国际上把这种方法统称为“网络计划技术”。

网络计划技术可以明确表示各项工作的先后顺序和相互关系，具有严密的逻辑性，主要矛盾突出，有利于计划的调整、优化、控制和电子计算机的应用。因此，网络计划技术在工业、国防、邮电、运输、建筑工程等计划研究中，都得到了广泛的应用。

在建筑施工中，应用网络计划主要编制建筑安装企业的生产计划和施工进度计划，并对其进行优化，调整和控制，以达到缩短工期，提高工效降低成本，增加经济效益的目的，其基本原理是：首先确定施工工序组成，掌握各施工工序的先后顺序及搭接关系，再确定每道工序所需时间，绘制成网络图，以此来表达施工进度计划中各施工过程先后顺序的逻辑关系；然后分析各施工过程在网络图中的地位，通过计算找出关键线路，接着按选定的目标不断改善进度计划，选择优化方案并付诸实施；最后在执行过程中进行有效的控制，监督和调整。

我国自1965年开始应用网络计划技术，经过多年的实践和应用，至今已得到不断的扩大和发展。为了使网络计划技术在工程计划编制与控制的实际应用中遵循统一的技术规定，做到概念正确，计算原则一致和表达方式统一，以保证计划管理的科学性、规范性，国家建设部于1992年颁发了行业标准《工程网络计划技术规程》(JGJ/T1001-91)，并于1999年颁发了重新修订的行业标准《工程网络计划技术规程》(JGJ/T121-99)。

3.1.2　网络计划技术的性质和特点

网络计划技术是使计划安排合理化的科学手段。网络计划应在确定技术方案与组织方案、按需要粗细划分工作、确定工作之间的逻辑关系及各工作的持续时间的基础上进行编制。计划的先进性、现实性和有效性最终取决于计划安排方案是否合理。网络计划技术只能对计划安排，起条理化的作用，并不能从根本上决定计划的质量和效果。也就是说，在计划的技术、组织方案先进合理的前提下，应用网络计划技术，可促进计划目标的实现，不用，则可能造成计划编制和执行过程的混乱而达不到计划目标。反之，若计划的技术、组织方案失当，即使应用网络计划技术，由于缺乏良好的前提，对计划目标的实现也无能为力，所以如果网络计划初步方案不能满足预定的计划目标，应从原技术、组织方案的修正着手，在新的基础上方能对计划作出有效的调整。

进度计划既可用横道图表示，也可用网络图表示，横道图与网络图在性质上是一致的。横道图是在第一次世界大战期间，美国人亨利·甘特创造的，国外称作甘特图。这种计划图表是竖向列出项目的名称，在横向用水平线条在时间坐标上表示各项工作的起止时间和延续时间，从而表达出一项工作的全面计划安排，这种图形叫横道图，利用这种图形表示计划安排的方法叫横道计划法。其优点是：直观清晰、形象、易懂、使用方便。其缺点是：不能全面反映整个施工活动中各工序之间的联系和相互依赖与制约的关系，不能明确地反映出计划中哪些是关键工序和可以灵活使用的时间，从而使管理人员抓不住工作重点，发现不了计划中的潜力，不能有效地缩短工期。网络计划是用网络图表达任务构成，工作顺序并加注工作时间参数的进度计划。网络计划技术的最大特点正好表现在克服了横道计划法的缺点。它从工程的整体出发，统筹安排，明确反映了施工过程中所有工序之间的逻辑关系，把计划变成了一个有机的整体；同时突出了应抓住的关键工序，显示了其他各工序可以灵活机动使用的时间，从而使管理人员胸有全局，知道如何去安排使用人力、材料和机械，知道缩短工期的关键所在。其缺点是：流水作业情况不能在计划上全部反映出来，不能直接在网络图上计算劳动力，材料和施工机具等资源需要量。

3.1.3 网络计划的分类

网络图是由箭线和节点组成的，用来表示工作流程的有向，有序网状图形。

网络计划是用网络图表达任务构成、工作顺序并加注工作时间参数的进度计划。

1.按绘制网络图的代号不同分类

1)双代号网络计划：是以双代号网络图表示的计划，双代号网络图是以箭线及其两端节点的编号表示工作的网络图。

2)单代号网络计划：是以单代号网络图表示的计划。单代号网络图是以节点及其编号表示工作，以箭线表示工作之间逻辑关系的网络图。

2.按肯定与非肯定不同分类

1)肯定型网络计划：是指各工作数量、各工作之间的逻辑关系及各工作的持续时间都肯定的网络计划。

2)非肯定型网络计划:是指各工作数量、各工作之间的逻辑关系及各工作的持续时间三者之中有一项及其以上不肯定的网络计划。

3.按目标的多少不同分类

1)单目标网络计划:是指只有一个终点节点的网络计划。

2)多目标网络计划:是指有二个及其以上终点节点的网络计划。

4.按网络计划所包含的范围分类

1)局部网络计划:是指以一个建筑物或构筑物中的一部分,或以一个分部工程为对象编制的网络计划。

2)单位工程网络计划:是指以一个单位或单体工程为对象编制的网络计划。

3)综合网络计划:是指以一个单项工程或一个建设项目为对象编制的网络计划。

5.其他网络计划

1)时标网络计划:是指以时间坐标为尺度编制的网络计划,它的最主要特点是计划时间直观,直接显示时差。

2)搭接网络计划:是指前后工作之间有多种逻辑关系的肯定型网络计划,其主要特点是可以表示各种搭接关系。

3.2 双代号网络图

3.2.1 双代号网络图的构成

双代号网络图是由工作、节点和线路三个基本要素构成。

1.工作

工作也称工序、活动或过程。是指计划任务按需要粗细程度划分而成的、消耗时间或同时也消耗资源的一个子项目或子任务。它用一条箭线和两端节点来表示,箭线表示工作,工作的名称标在箭线的上方,完成该工作所需的时间标在箭线的下方,箭尾表示工作的开始,箭头表示工作的结束,节点中的两个号码代表这项工作。由于是两个节点号码表示一项工作,故称为双代号表示法,如图 3.1 所示。由双代号表示法绘制的网络图称为双代号网络图,如图 3.2 所示。

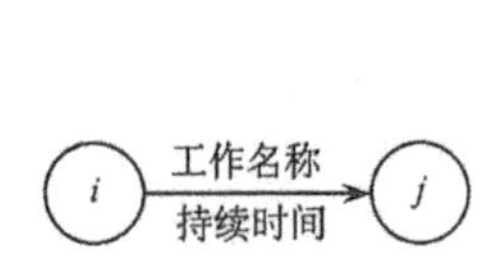

图 3.1 双代号表示法

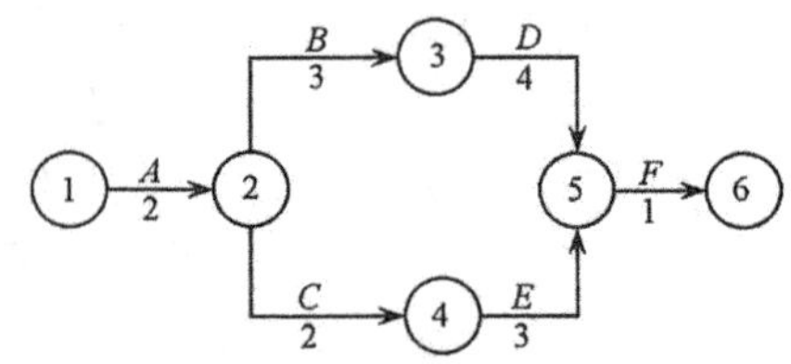

图 3.2 双代号网络图

工作通常分为三种：既消耗时间又消耗资源的工作(如铺地砖)；只消耗时间而不消耗资源的工作(如油漆干燥)；既不消耗时间也不消耗资源的工作。在工程实际中，前两项工作是实际存在的，称为实工作，用实箭杆表示；后一种是人为虚设的，只表示相邻工作之间的逻辑关系，称为虚工作，一般不标注名称，持续时间为零，或用虚箭杆表示，如图 3.3 所示。

图 3.3　虚工作表示法

双代号网络图中的某一工作和其他工作的相互关系可分为三类：紧前工作，紧后工作和平行工作。凡是紧排在本工作之前的工作称为本工作的紧前工作，紧排在本工作之后的工作称为本工作的紧后工作。

2. 节点

节点是网络图中箭线端部的圆圈或其他形状的封闭图形。在双代号网络图中，它表示工作之间的逻辑关系，反映前后工作交接过程的出现，表示前面工作的结束和后面工作的开始瞬间。

网络图中的节点有起点节点，中间节点和终点节点。网络图中的第一个节点为起点节点，表示一项任务的开始，最后一个节点是终点节点，表示一项任务的结束；其余节点都为中间节点，既是前面工作的结束节点，又是后面工作的开始节点，如图 3.4 所示。在网络图中指向某个节点的箭线称为内向箭线，从某个节点引出的箭线称为外向箭线。

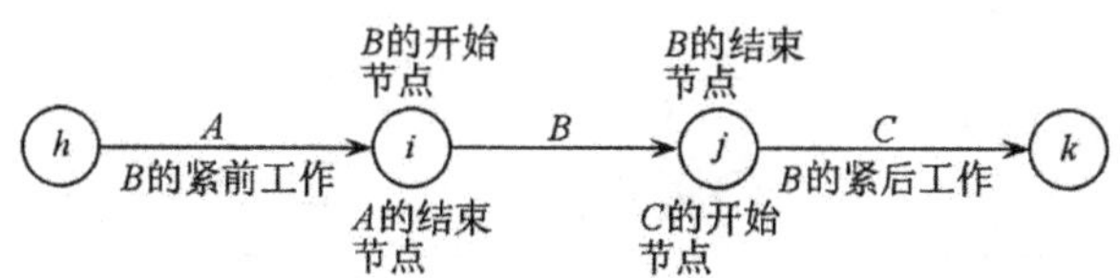

图 3.4　节点示意图

双代号网络图中节点的重要特点在于它的瞬时性。它只表示工作开始或结束的瞬间，节点本身既不占用时间，也不消耗资源。一个节点的表现时刻，就是以该节点为结束节点的所有工作结束的时刻，也意味着以该节点为开始节点的所有工作开始的时刻。节点的这一特性，使节点具有控制工作进度的作用。

3. 线路

网络图中从起点节点开始，沿箭头方向顺序通过一系列箭线与节点，最后到达终点节点的通路称为线路。线路上各工作持续时间之和，称为该线路的长度，网络图中最长的线路称为关键线路，位于线路上的工作称为关键关系。关键工作没有机动时间，这些工作完成的快慢直接影响整个工程项目的计划工期。关键工作常用粗箭线或双线表示，以突出其重要性。

关键线路不是一成不变的，在一定的条件下，关键线路和非关键线路可以互相转化。关键线路在网络图中不只一条，可能会有几条关键线路，即这几条关键线路的工作持续时间相等。

3.2.2 双代号网络图的绘制

正确绘制双代号网络图是网络计划技术应用的关键，绘制时必须正确表示各种逻辑关系，遵守绘图的基本原则并且要选择适当的网络图排列方式。

1. 网络图的逻辑关系

网络图的逻辑关系是指网络图中工作之间相互制约或依赖的关系。逻辑关系包括工艺逻辑关系和组织逻辑关系。工艺逻辑关系是由施工工艺所决定的，各个施工过程之间客观存在的先后顺序关系。对于一个具体的工程项目来说，当确定了施工方法以后，各个施工过程的先后顺序一般是固定的，有的是绝对不能颠倒的。组织逻辑关系是施工组织安排中，考虑劳动力、机具、材料及工期等的影响，在各施工过程之间主观上安排的施工顺序关系。这种关系不受施工工艺的限制，不是由工程性质本身决定的，而是在保证工作质量，安全和工期等的前提下，可以人为安排的顺序关系。

在网络图中，各施工过程之间有多种逻辑关系。在绘制网络图时，必须正确地反映各施工过程之间的逻辑关系，表 3.1 列举了几种常见的逻辑关系表示方法。

表 3.1 网络图中各工作逻辑关系表示方法

序号	工作间的逻辑关系	网络图上的表示方法		说　明
		双　代　号	单　代　号	
1	*A*、*B* 两项工作，依次进行施工	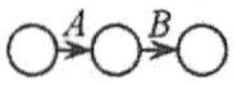 A B	 A B	*B* 依赖 *A*，*A* 约束 *B*
2	*A*、*B*、*C* 三项工作，同时开始施工	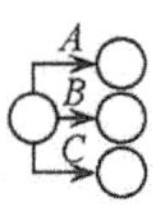 A B C	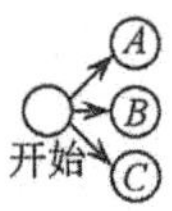 开始 A B C	*A*、*B*、*C* 三项工作为平行，施工方式
3	*A*、*B*、*C* 三项工作，同时结束施工	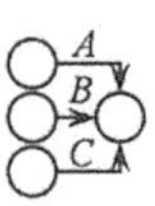 A B C	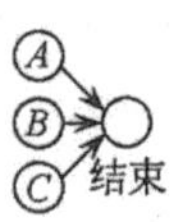 A B C 结束	*A*、*B*、*C* 三项工作为平行施工方式
4	*A*、*B*、*C* 三项工作，只有 *A* 完成之后，*B*、*C* 才能开始	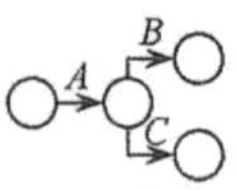 A B C	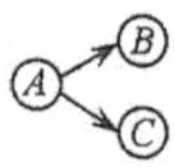 A B C	*A* 工作制约 *B*、*C* 工作的开始；*B*、*C* 工作为平行施工方式

续表

序号	工作间的逻辑关系	网络图上的表示方法		说　明
		双　代　号	单　代　号	
5	A、B、C三项工作，C工作只能在A、B完成之后开始	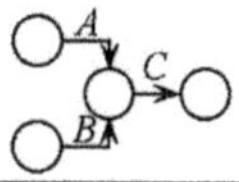	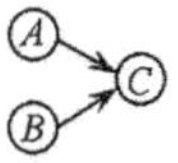	C工作依赖于A、B工作；A，B工作为平行施工方式
6	A、B、C、D四项工作，当A、B完成之后，C、D才能开始	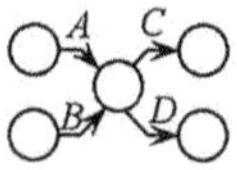	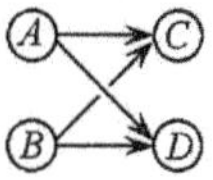	双代号表示法是以中间事件ⓘ把四项工作间的逻辑关系表达出来
7	A、B、C、D四项工作；A完成以后，C才能开始，A、B完成之后，D才能开始	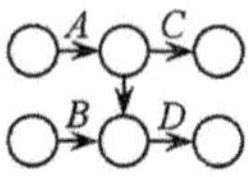	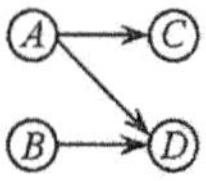	A制约C、D的开始，B只制约D的开始；A、D之间引入了虚工作
8	A、B、C、D、E五项工作；A、B完成之后，D才能开始；B、C完成之后，E才能开始	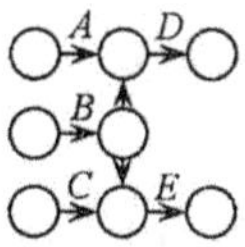	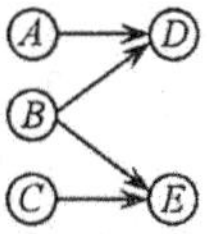	D依赖A、B的完成，E依赖B、C的完成；双代号表示法以虚工作表达A、B、C之间上述逻辑关系
9	A、B、C、D、E五项工作；A、B、C完成之后，D才能开始；B、C完成之后，E才能开始	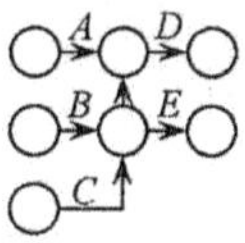	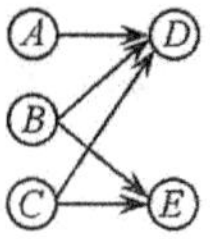	A、B、C制约D的开始；B、C制约E的开始；双代号表示法以虚工作表达上述逻辑关系
10	A、B两项工作，按三个施工段进行流水施工	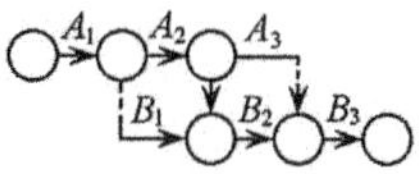	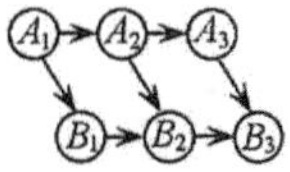	按工种建立两个专业工作队；分别在三个施工段上进行流水作业；双代号表示法以虚工作表达工种间的关系

2.双代号网络图的绘制原则

网络图除了正确反映工作之间的各种逻辑关系外，还须遵循以下原则：

1)一项工作只能用惟一的一条箭杆表示，任何箭杆必须从一个节点开始到另一个节点结束；一项工作全部完成后，紧接它后面的工作才能开始，不得从一条箭杆的中间引出另一条箭杆。如图3.5(a)，工作A与B的表达是错误的，正确的表达应如图3.5(b)中所示。

2)一个网络图中，只允许有一个起点节点和一个终点，如图3.6(a)出现了①、③两个起点节点，出现⑥、⑦两个终点节点都是错误的。

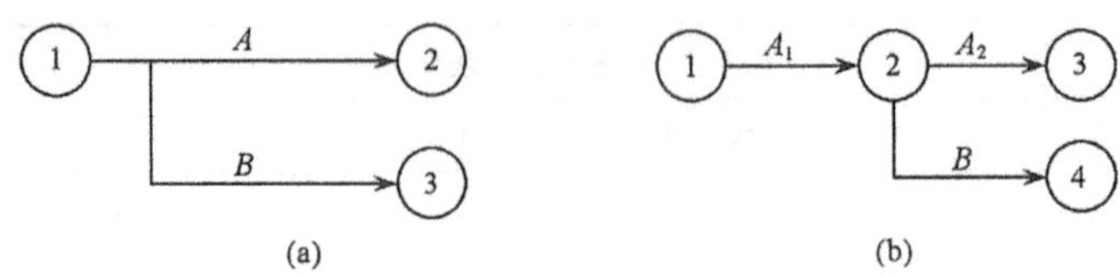

图 3.5

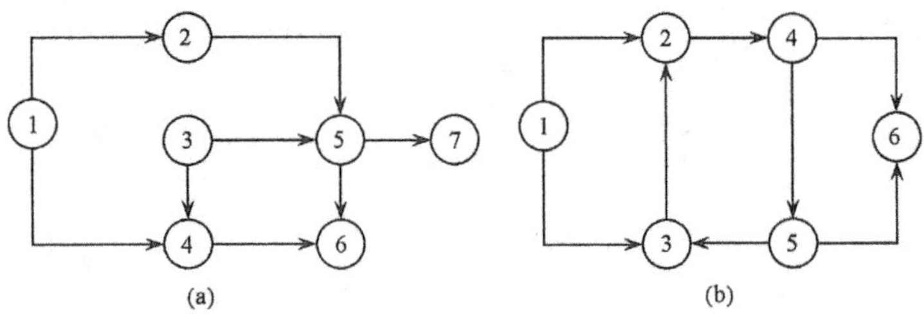

图 3.6

3)网络图中不允许出现循环线路。如图 3.6(b)中工作②→④→⑤→③→②形成了循环回路,它所表达的逻辑关系是错误的。

4)网络图中不允许出现有双向箭头或无箭头的工作。如图 3.7(a)中的箭线是错误的。因为施工网络图是一种有向图,沿箭头的方向循序前进,所以一根箭线只能有一个箭头,另外,网络图中应尽量避免使用反向箭线,如图 3.7(b)中②→③,因为反向箭线容易发生错误,造成循环回路。

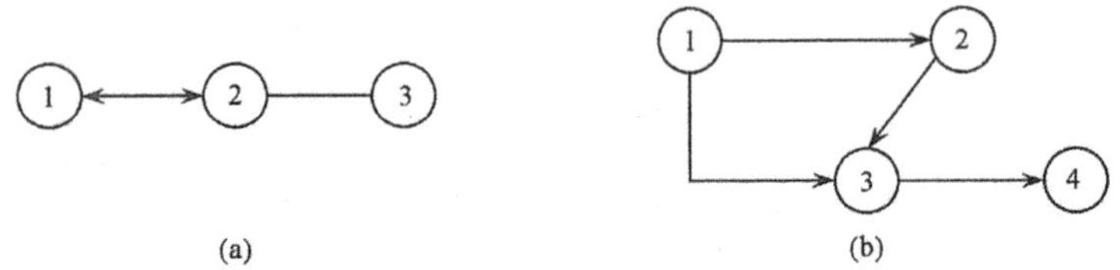

图 3.7

5)一个网络图中,不允许出现同样编号的节点或箭线。在图 3.8(a)中两个工作 A、B 均用①→②代号表示是错误的,正确的表达应为图 3.8(b)所示。此外,箭

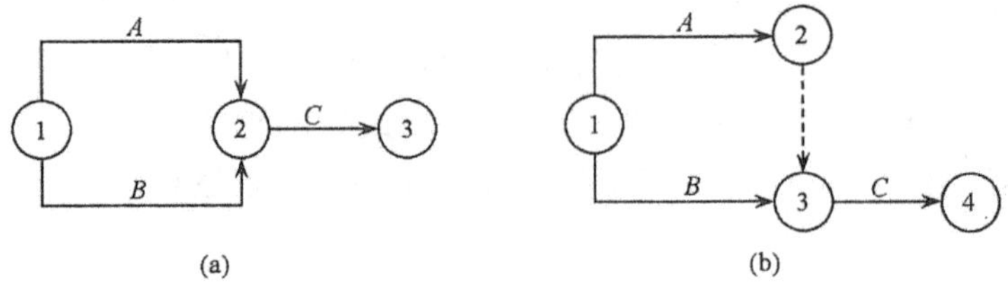

图 3.8

尾的编号要小于箭头的编号，编号不可重复，可连续编号或跳号。

6)同一个网络图中，同一项工作不能出现两次。如图3.9(a)中活动C中出现了两次是不允许的，应引进虚工作表达成图3.9(b)所示。

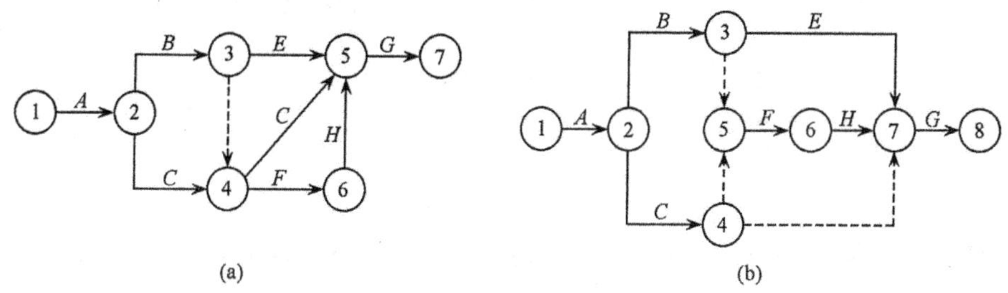

图3.9

7)网络图中，不允许出现没有箭尾节点的箭线和没有箭头节点的箭线，如图3.10(a)、(b)所示的均是错误的。

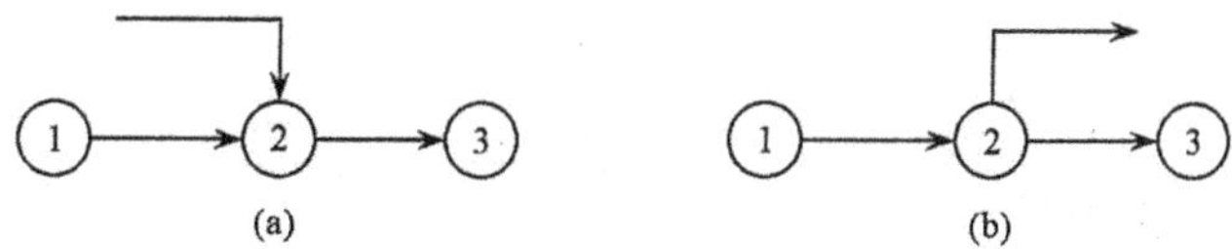

图3.10

8)网络图中尽量避免交叉箭线，当无法避免时，应采用过桥法，断线法或指向法表示，如图3.11(a)、(b)、(c)所示。

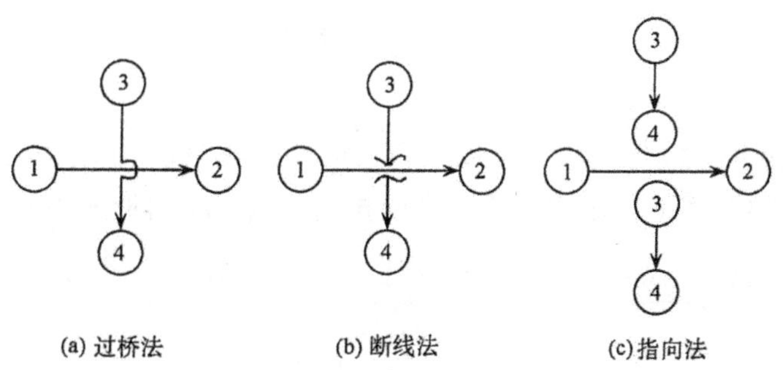

图3.11　箭线交叉的表示方法

9)当网络图的起点节点有多条外向箭线或终点节点有多条内向箭线时，为使图形简洁，可应用母线法绘制。如图3.12所示。

3. *网络图的排列方式*

在绘制网络图的实际应用中，我们都要求网络图按一定的次序组织排列，使其条理清晰、形象直观。主要有以下几种：

(1)按施工过程排列

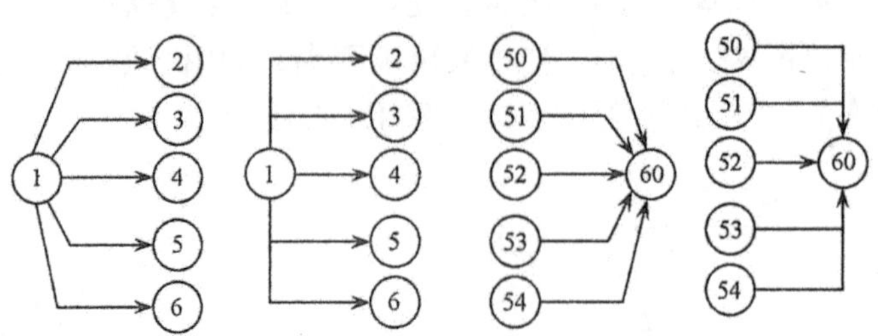

图 3.12 母线法绘图

按施工过程排列是根据施工顺序把各施工过程按垂直方向排列，把施工段按水平方向排列。例如，某水磨石地面工程分为水泥砂浆找平层、镶玻璃分格条、铺抹水泥石子浆面层、磨平磨光浆面等四个施工过程，若按三个施工段组织流水施工，其网络图的排列形式如图 3.13 所示。

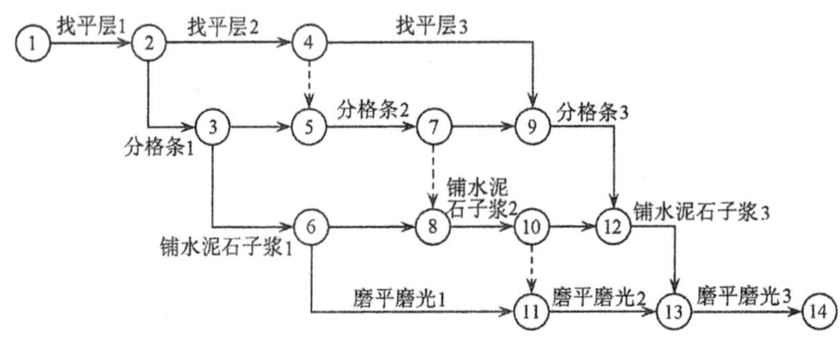

图 3.13 按施工过程排列

(2)按施工段排列

按施工段排列正好与按施工过程排列相反，它是把同一施工段上的各施工过程按水平方向排列，而施工段则按垂直方向排列。其网络图形式如图 3.14 所示。

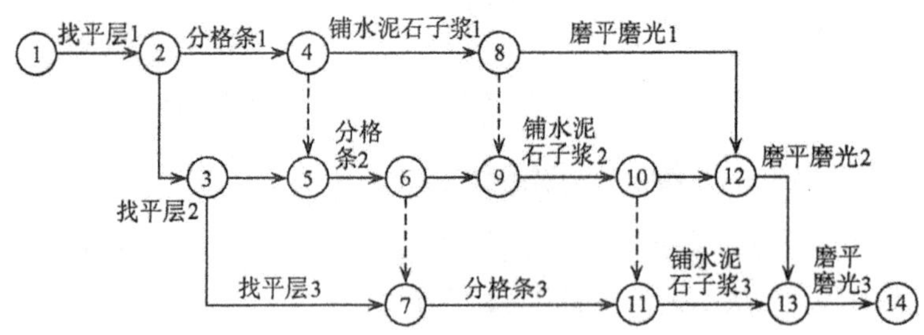

图 3.14 按施工段排列

(3)按楼层排列

如图 3.15 所示，是一个五层内装饰工程的施工组织网络图，整个施工分四个施工过程，而这四个施工过程是按自上而下的顺序组织施工的。

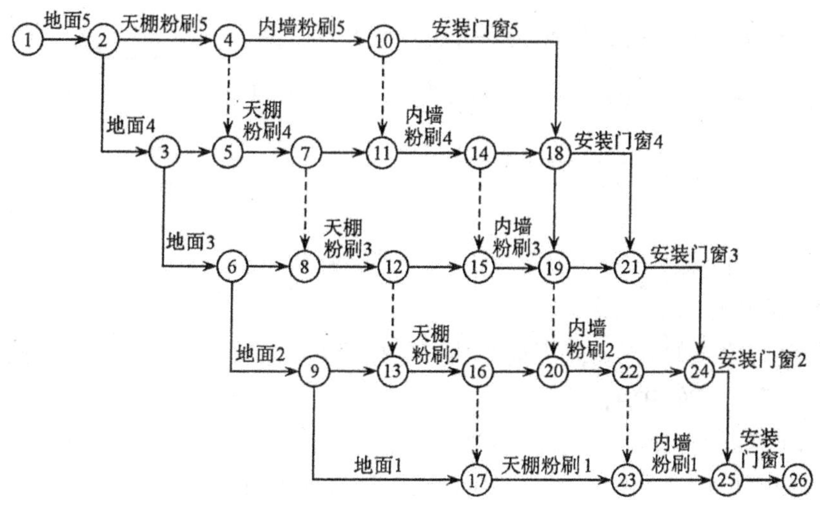

图 3.15　按楼层排列

(4)按工程中幢号排列

如图 3.16 所示的施工网络计划的排列方式，它的主要特点是沿水平方向是同一幢号的各个施工过程，一般用于群体工程的施工网络图的绘制。

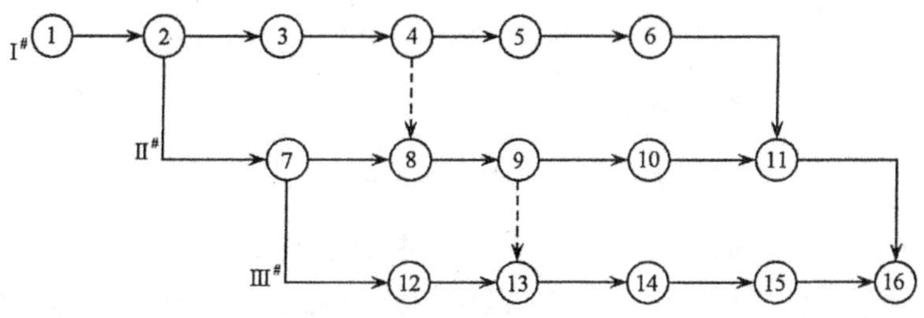

图 3.16　按幢号排列

总之，网络计划的排列方式有多种，以上所列四种是常采用的形式。在实际工作中，可以根据工程特点和施工组织安排，采取多种多样的有条理、有层次的排列方式。

4. 绘制网络图应注意的问题

(1)层次分明，重点突出

绘制网络图时，首先遵循网络图的绘制原则绘出一张符合工艺和组织逻辑关系的网络草图，然后检查，整理出一幅条理清楚、层次分明、重点突出的网络计划图。

(2)构图形式要简洁、易懂

绘制网络图时，箭线应以水平线为主，竖线为辅，如图 3.17(a)，应尽量避免用曲线。图 3.17(b)中②→⑥应避免使用。

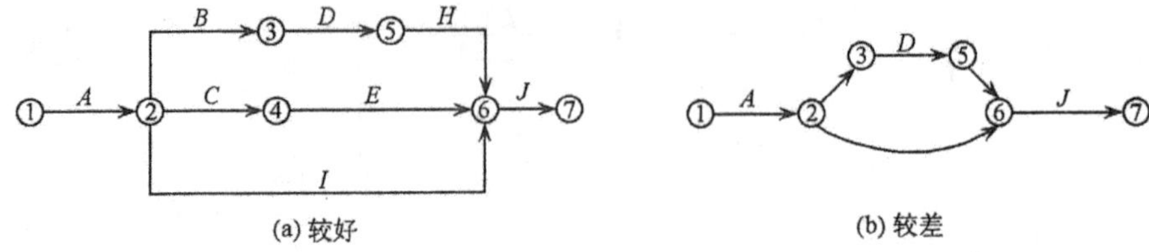

图 3.17 构图形式

(3)正确应用虚箭线

绘制网络图时,正确应用虚箭线可以使网络图中逻辑关系更加明确、清楚,它起到“断”和“连”的作用。

用虚箭线切断逻辑关系:如图 3.18(a)所示的 A、B 工作的紧后工作是 C、D 工作,如果要切断 A 工作与 D 工作的关系,就需增加虚箭线,增加节点,如图 3.18(b)所示。

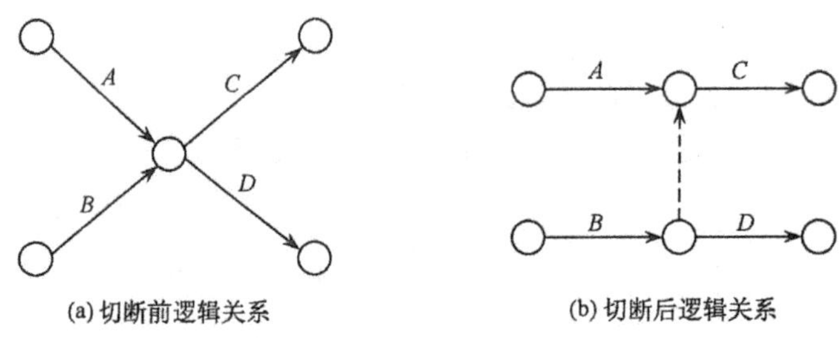

图 3.18 用虚箭线切断逻辑关系

用虚箭线连接逻辑关系:如图 3.19(a)中 B 工作的紧前工作是 A 工作,D 工作的紧前工作是 C 工作。若 D 工作的紧前工作不仅有 C 工作而且还有 A 工作,那么连接 A 与 D 的关系就要使用虚箭线,如图 3.19(b)所示。

网络图中应避免使用不必要的虚箭线,如图 3.19(a)中⑤→⑥,④→⑥是多余虚箭线,正确的画法应如图 3.19(b)所示。

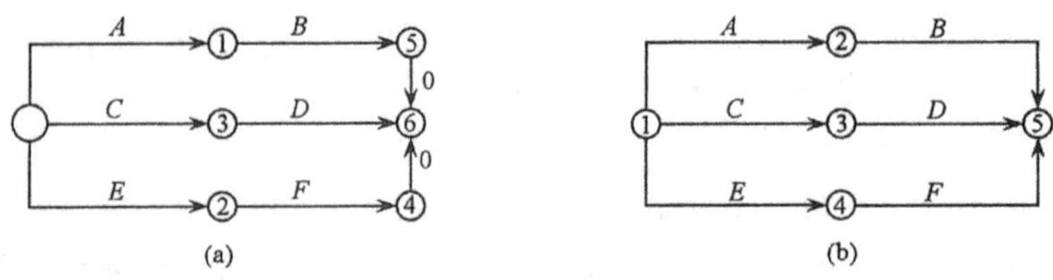

图 3.19 虚箭线的正确应用

例如:根据表 3.2 中各工作的逻辑关系,绘制双代号网络图如图 3.20 所示。

表 3.2　某分部工程各工作的逻辑关系

工作名称	A	B	C	D	E	F	G	H
紧前工作	—	A	B	B	B	C、D	C、E	F、G
紧后工作	B	C、D、E	F、G	F	G	H	H	—

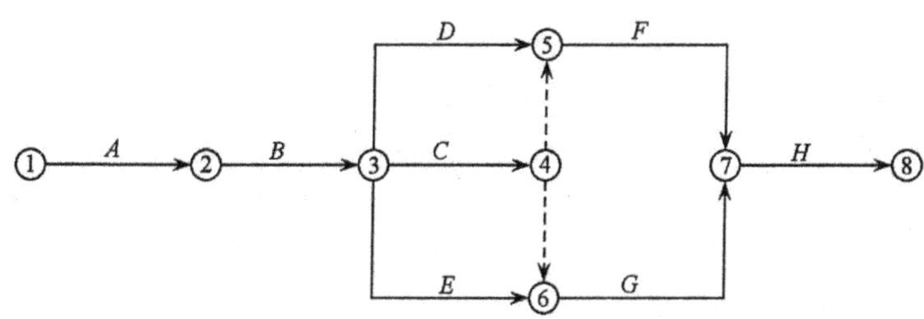

图 3.20　某分部工程双代号网络图

3.2.3　双代号网络图时间参数的计算

网络计划的时间参数是确定工程项目计划工期和关键工作的基础，也是确定非关键工作机动时间和进行网络计划优化、科学合理对工程进行计划管理的依据。

双代号网络图时间参数计算的内容主要包括：各项工作的最早开始时间，最迟开始时间、最早完成时间、最迟完成时间、节点的最早时间、节点的最迟时间、工作的总时差及工作的自由时差。网络图时间参数的计算有许多方法，一般常用的有分析计算法，图上计算法，表上计算法、矩阵计算法和电算法。

1. 常用符号

D_{i-j}——工作 i-j 的持续时间；

EF_{i-j}——工作 i-j 的最早完成时间；

ES_{i-j}——工作 i-j 的最早开始时间；

LF_{i-j}——在总工期已确定的情况下，工作 i-j 的最迟完成时间；

LS_{i-j}——在总工期已确定的情况下，工作 i-j 的最迟开始时间；

ET_i——节点 i 的最早时间；

LT_i——节点 i 的最迟时间；

TF_{i-j}——工作 i-j 的总时差；

FF_{i-j}——工作 i-j 的自由时差。

2. 按工作计算法计算时间参数

在计算各种时间参数时，为了与数字坐标轴的规定一致，规定无论是工作的开始时间或完成时间，都一律以时间单位的终了时刻为准。例如坐标上某工作的开始时间为第 6 天，指的是第 6 个工作日的下班时间，也即第 7 个工作日的上班时间，计算中均规定网络计划的起始工作从第 0 天开始，实现上指的是在第一个工作日的上班时间开始。

按工作计算法计算时间参数应在确定各项工作的持续时间之后进行。虚工作必须视同工作进行计算，其持续时间为零。按工作计算法计算时间参数，其计算结果应标注在箭线之上如图3.21所示。现以图3.22所示的网络图为例进行时间参数的计算。

ES_{i-j}	LS_{i-j}	TF_{i-j}
EF_{i-j}	LF_{i-j}	FF_{i-j}

i —工作名称/持续时间→ j

注：当为虚工作时，图中的箭线为虚箭线

图3.21 按工作计算法的标注内容

(1)工作最早开始时间的计算

一项工作的最早开始时间(Earliest Start Time)指各紧前工作全部完成后，本工作有可能开始的最早时刻，以缩写字母ES_{i-j}表示，i-j为工作的节点代号。工作i-j的最早开始时间的计算应符合下列规定：

1)工作i-j的最早开始时间ES_{i-j}，应从网络计划的起点节点开始顺着箭线方向依次逐项计算；

2)以起点节点i为箭尾节点的工作i-j，当未规定其最早开始时间ES_{i-j}时，其值应等于零，即：

$$ES_{i-j} = 0 \quad (i = 1) \tag{3.1}$$

3)当工作i-j只有一项紧前工作h-i时，其最早开始时间ES_{i-j}应为：

$$ES_{i-j} = ES_{h-i} + D_{h-i} \tag{3.2}$$

4)当工作i-j有多个紧前工作时，其最早开始时间ES_{i-j}应为：

$$ES_{i-j} = \max\{ES_{h-i} + D_{h-i}\} \tag{3.3}$$

式中：ES_{h-i}——工作i-j的各项紧前工作h-i的最早开始时间；

D_{h-i}——工作i-j的各项紧前工作h-i的持续时间。

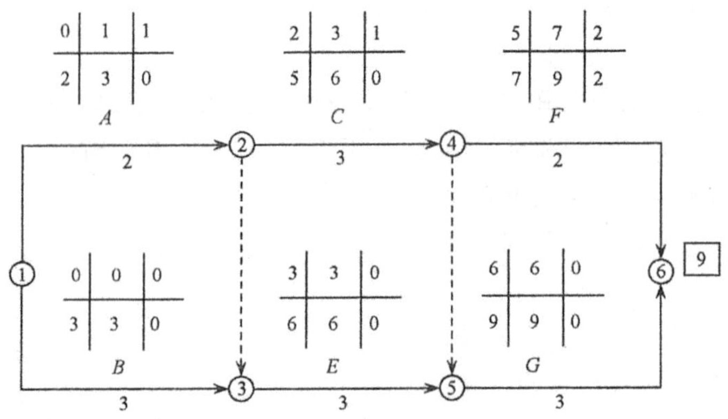

图3.22 双代号网络图工作计算法示例

按式(3.1)、(3.2)、(3.3)计算图3.22所示网络图中各项工作的最早开始时间，计算结果如下：

$ES_{1-2}=0$；　　$ES_{1-3}=0$；

$ES_{2-3}=ES_{1-2}+D_{1-2}=0+2=2$；　$ES_{2-4}=ES_{1-2}+D_{1-2}=0+2=2$；

$ES_{3-5}=\max\{ES_{1-3}+D_{1-3},ES_{2-3}+D_{2-3}\}=\max\{0+3,2+0\}=3$；

$ES_{4-5}=ES_{2-4}+D_{2-4}=2+3=5$；　$ES_{4-6}=ES_{2-4}+D_{2-4}=2+3=5$；

$ES_{5-6}=\max\{ES_{3-5}+D_{3-5},ES_{4-5}+D_{4-5}\}=\max\{3+3,5+0\}=6$。

(2)工作最早完成时间的计算

一项工作最早完成时间(Earliest Finish Time)指各紧前工作全部完成后，本工作有可能完成的最早时刻，以缩写字母 EF_{i-j}表示，i-j 为工作的节点代号。工作 i-j 的最早完成时间 EF_{i-j}应按下式计算：

$$EF_{i-j}=ES_{i-j}+D_{i-j} \tag{3.4}$$

按公式(3.4)计算图 3.22 所示网络图中各项工作的最早完成时间，计算结果如下：

$EF_{1-2}=ES_{1-2}+D_{1-2}=0+2=2$；　$EF_{1-3}=ES_{1-3}+D_{1-3}=0+3=3$；

$EF_{2-3}=ES_{2-3}+D_{2-3}=2+0=2$；　$EF_{2-4}=ES_{2-4}+D_{2-4}=2+3=5$；

$EF_{3-5}=ES_{3-5}+D_{3-5}=3+3=6$；　$EF_{4-5}=ES_{4-5}+D_{4-5}=5+0=5$；

$EF_{4-6}=ES_{4-6}+D_{4-6}=5+2=7$；　$EF_{5-6}=ES_{5-6}+D_{5-6}=6+3=9$。

(3)网络计划的计算工期和计划工期的计算

网络计划的计算工期是根据时间参数计算所得到的工期，等于网络计划中以终点节点为结束节点的各工作最早完成时间的最大值，用 T_c 表示。应按下式计算：

$$T_c=\max\{EF_{i-n}\} \tag{3.5}$$

式中：EF_{i-n}——以终点节点($j=n$)为箭头节点的工作 i-n 的最早完成时间。

按公式(3.5)图 3.22 所示网络图的计算工期为

$$T_c=\max\{EF_{4-6},EF_{5-6}\}=\max\{7,9\}=9$$

此数用方框标注于图 3.22 的终点节点 6 的右侧。

网络计划的计划工期是根据要求工期和计算工期所确定的作为实施目标的工期，用 T_p 表示。网络计划的计划工期 T_p 的计算应按下列情况分别确定：

1)当已规定了要求工期 T_r 时：

$$T_p\leqslant T_r \tag{3.6}$$

式中：T_r——要求工期，是指任务委托人所提出的指令性工期。

2)当未规定要求工期时：

$$T_p=T_c \tag{3.7}$$

由于图 3.22 未规定要求工期，故其计划工期取计算工期，即：

$$T_p=T_c=9$$

(4)工作最迟完成时间的计算

工作的最迟完成时间(Lastest Finish Time)指在不影响整个任务按期完成的前提下，本工作必须完成的最迟时间，以缩写字母 LF_{i-j}表示，i-j 为工作的节点代号。工作最迟完成时间的计算应符合下列规定：

1)工作 i-j 的最迟完成时间 LF_{i-j}应从网络计划的终点节点开始，逆着箭线方向依次逐项计算。

2)以终点节点($j=n$)为箭头节点的工作的最迟完成时间 LF_{i-n}应按网络计划的计划工期 T_p 确定，即：

$$LF_{i-n}=T_p \tag{3.8}$$

3)其他工作 i-j 的最迟完成时间 LF_{i-j}应为

$$LF_{i-j}=\min\{LF_{j-k}-D_{j-k}\} \tag{3.9}$$

式中：LF_{j-k}——工作 i-j 的各项紧后工作 j-k 的最迟完成时间；

D_{j-k}——工作 i-j 的各项紧后工作 j-k 的持续时间。

按公式(3.8)、(3.9)计算图 3.22 所示网络图中各项工作的最迟完成时间，计算结果如下：

$LF_{4-6}=T_p=9$；　　$LF_{5-6}=T_p=9$；

$LF_{4-5}=LF_{5-6}-D_{5-6}=9-3=6$；$LF_{3-5}=LF_{5-6}-D_{5-6}=9-3=6$；

$LF_{2-4}=\min\{LF_{4-6}-D_{4-6},LF_{4-5}-D_{4-5}\}=\min\{9-2,6-0\}=6$；

$LF_{2-3}=LF_{3-5}-D_{3-5}=6-3=3$；$LF_{1-3}=LF_{3-5}-D_{3-5}=6-3=3$；

$LF_{1-2}=\min\{LF_{2-4}-D_{2-4},LF_{2-3}-D_{2-3}\}=\min\{6-3,3-0\}=3$

(5)工作最迟开始时间的计算

工作最迟开始时间(Latest Start Time)指在不影响整个任务按期完成的前提下，工作必须开始的最迟时刻，以缩写字母 LS_{i-j}表示，i-j 为工作的节点代号。工作 i-j 的最迟开始时间按下式计算：

$$LS_{i-j}=LF_{i-j}-D_{i-j} \tag{3.10}$$

按公式(3.10)计算图 3.22 所示网络图中各项工作的最迟开始时间，计算结果如下：

$LS_{1-2}=LF_{1-2}-D_{1-2}=3-2=1$；　$LS_{1-3}=LF_{1-3}-D_{1-3}=3-3=0$；

$LS_{2-3}=LF_{2-3}-D_{2-3}=3-0=3$；　$LS_{2-4}=LF_{2-4}-D_{2-4}=6-3=3$；

$LS_{3-5}=LF_{3-5}-D_{3-5}=6-3=3$；　$LS_{4-5}=LF_{4-5}-D_{4-5}=6-0=6$；

$LS_{4-6}=LF_{4-6}-D_{4-6}=9-2=7$；　$LS_{5-6}=LF_{5-6}-D_{5-6}=9-3=6$

(6)工作总时差的计算

工作总时差(Total Float)是指在不影响工期的前提下，本工作可以利用的机动时间，以缩写字母 TF_{i-j}表示，i-j 为工作的节点代号。

根据工作总时差的定义可知，一项工作 i-j 的工作总时差等于该工作的最迟开始时间与其最早开始时间之差，或等于该工作的最迟完成时间与其最早完成时间之差，即

$$TF_{i-j}=LS_{i-j}-ES_{i-j} \tag{3.11}$$

或

$$TF_{i-j} = LF_{i-j} - EF_{i-j} \tag{3.12}$$

根据以上两个公式，图 3.22 所示网络图中各项工作的总时差计算如下：

$TF_{1-2} = LS_{1-2} - ES_{1-2} = 1 - 0 = 1$； $TF_{1-3} = LS_{1-3} - ES_{1-3} = 0 - 0 = 0$；

$TF_{2-3} = LS_{2-3} - ES_{2-3} = 3 - 2 = 1$； $TF_{2-4} = LS_{2-4} - ES_{2-4} = 3 - 2 = 1$；

$TF_{3-5} = LS_{3-5} - ES_{3-5} = 3 - 3 = 0$； $TF_{4-5} = LS_{4-5} - ES_{4-5} = 6 - 5 = 1$；

$TF_{4-6} = LS_{4-6} - ES_{4-6} = 7 - 5 = 2$； $TF_{5-6} = LS_{5-6} - ES_{5-6} = 6 - 6 = 0$

工作总时差具有以下性质：

1)总时差为零的工作为关键工作。

2)如果总时差为零，自由时差一定等于零。

3)总时差不但属于本项工作，且与前后工作均有联系，它为一条线路所共有。

(7)工作自由时差的计算

一项工作的自由时差(Free Float)指在不影响其紧后工作最早开始时间的前提下，本工作可以利用的机动时间，用缩写字母 FF_{i-j}表示，i-j 为工作的节点编号。

工作 i-j 的自由时差 FF_{i-j}的计算应符合下列规定：

1)当工作 i-j 有紧后工作 j-k 时，其自由时差应为：

$$FF_{i-j} = ES_{j-k} - ES_{i-j} - D_{i-j} = ES_{j-k} - EF_{i-j} \tag{3.13}$$

式中：ES_{j-k}——工作 i-j 的紧后工作 j-k 的最早开始时间。

2)以终点节点($j=n$)为箭头节点的工作，其自由时差 FF_{i-j}应按网络计划的计划工期 T_p 确定，即

$$FF_{i-n} = T_p - ES_{i-n} - D_{i-n} = T_p - EF_{i-n} \tag{3.14}$$

按公式(3.13)、(3.14)计算图 3.22 所示网络图中各项工作的自由时差，计算结果如下：

$FF_{1-2} = ES_{2-4} - EF_{1-2} = 2 - 2 = 0$； $FF_{1-3} = ES_{3-5} - EF_{1-3} = 3 - 3 = 0$；

$FF_{2-3} = ES_{3-5} - EF_{2-3} = 3 - 2 = 1$； $FF_{2-4} = ES_{4-6} - EF_{2-4} = 5 - 5 = 0$；

$FF_{3-5} = ES_{5-6} - EF_{3-5} = 6 - 6 = 0$； $FF_{4-5} = ES_{5-6} - EF_{4-5} = 6 - 5 = 1$；

$FF_{4-6} = T_p - EF_{4-6} = 9 - 7 = 2$； $FF_{5-6} = T_p - EF_{5-6} = 9 - 9 = 0$

从图 3.22 网络图时间参数的计算可以看出，一个网络计划中，工作总时差与自由时差存在如下关系：

$$TF_{i-j} = \min\{TF_{j-k}\} + FF_{i-j} \tag{3.15}$$

工作自由时差的特点：

1)自由时差小于或等于总时差。

2)以关键线路上的节点为结束节点的工作，其自由时差与总时差相等。

3)使用自由时差对后续工作没有影响，后续工作仍可按其最早开始时间开始。

3.按节点计算法计算时间参数

双代号网络图的节点计算法是以节点为研究对象。节点时间参数只有节点最早时间和节点最迟时间两个参数。在工程实际进度控制中,节点作为工作之间的连接点非常重要,所以有时要计算节点时间参数。

按节点计算法计算时间参数,其计算结果应标注在节点之上如图 3.23 所示。

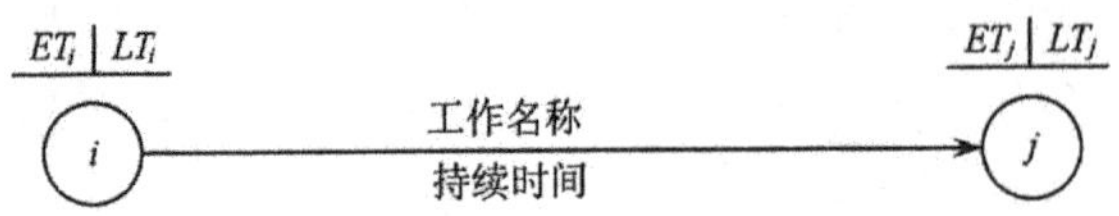

图 3.23 按节点计算法的标注内容

现以图 3.22 所示的网络图为例进行节点时间参数的计算,计算结果如图 3.24 所示。

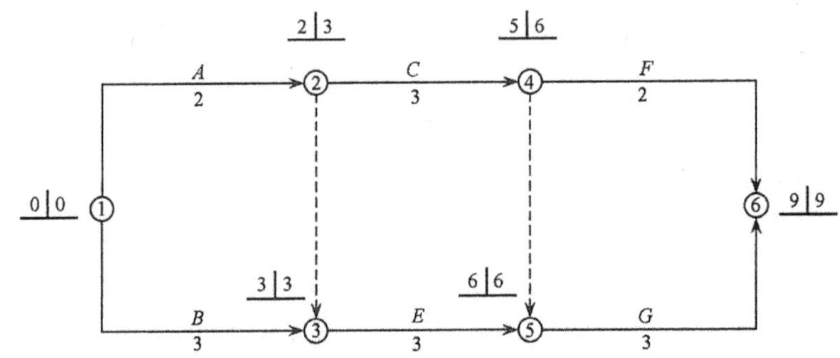

图 3.24 节点计算法示例

(1)节点最早时间计算

节点最早时间是指双代号网络计划中,以该节点为开始节点的各项工作的最早开始时间。

节点最早时间的计算应符合下列规定:

1)节点 i 的最早时间 ET_i 应从网络计划的起点节点开始,顺着箭线方向依次逐项计算。

2)起点节点 i 如未规定最早时间 ET_i 时,其值应等于零,即

$$ET_i = 0 \quad (i = 1) \tag{3.16}$$

3)当节点 j 只有一条内向箭线时,最早时间 ET_j 应为

$$ET_j = ET_i + D_{i-j} \tag{3.17}$$

4)当节点 j 有多条内向箭线时,其最早时间 ET_j 应为

$$ET_j = \max\{ET_i + D_{i-j}\} \tag{3.18}$$

按以上公式计算图 3.24 所示网络图中节点的最早时间,计算结果如下:

$$ET_1 = 0; \quad ET_2 = ET_1 + D_{1-2} = 0 + 2 = 2;$$

$ET_3 = \max\{ET_1 + D_{1-3}, ET_2 + D_{2-3}\} = \max\{0 + 3, 2 + 0\} = 3;$

$ET_4 = ET_2 + D_{2-4} = 2 + 3 = 5;$

$ET_5 = \max\{ET_3 + D_{3-5}, ET_4 + D_{4-5}\} = \max\{3 + 3, 5 + 0\} = 6;$

$ET_6 = \max\{ET_4 + D_{4-6}, ET_5 + D_{5-6}\} = \max\{5 + 2, 6 + 3\} = 9$

(2)网络计划的计算工期和计划工期

网络计划的计算工期 T_c 按下式计算：

$$T_c = ET_n \tag{3.19}$$

式中：ET_n——终点节点 n 的最早时间。

本例中：$T_c = ET_6 = 9$。

网络计划的计划工期 T_p 的确定与工作计算法相同。本例中的计划工期为

$$T_p = T_c = 9$$

(3)节点最迟时间的计算

节点最迟时间指双代号网络计划中，以该节点为完成节点的各项工作的最迟完成时间。

节点最迟时间的计算应符合下列规定：

1)节点 i 的最迟时间 LT_i 应从网络计划的终点节点开始，逆着箭线的方向依次逐项计算。

2)终点节点 n 的最迟时间 LT_n 应按网络计划的计划工期 T_p 确定，即

$$LT_n = T_p \tag{3.20}$$

3)其他节点的最迟时间 LT_i 应为

$$LT_i = \min\{LT_j - D_{i-j}\} \tag{3.21}$$

式中：LT_j——工作 i-j 的箭头节点 j 的最迟时间。

按以上公式计算图 3.24 所示网络图中节点的最迟时间，计算结果如下：

$LT_6 = T_p = 9;\quad LT_5 = LT_6 - D_{5-6} = 9 - 3 = 6;$

$LT_4 = \min\{LT_6 - D_{4-6}, LT_5 - D_{4-5}\} = \min\{9 - 2, 6 - 0\} = 6;$

$LT_3 = LT_5 - D_{3-5} = 6 - 3 = 3;$

$LT_2 = \min\{LT_4 - D_{2-4}, LT_3 - D_{2-3}\} = \min\{6 - 3, 3 - 0\} = 3;$

$LT_1 = \min\{LT_2 - D_{1-2}, LT_3 - D_{1-3}\} = \min\{3 - 2, 3 - 3\} = 0$

4. 工作时间参数与节点时间参数的换算

工作时间参数与节点时间参数可以进行互相换算，换算公式如下：

$ES_{i-j} = ET_i;\qquad EF_{i-j} = ES_{i-j} + D_{i-j};$

$LF_{i-j} = LT_j;\qquad LS_{i-j} = LF_{i-j} - D_{i-j};$

$TF_{i-j} = LT_j - ET_i - D_{i-j};\qquad FF_{i-j} = ET_j - ET_i - D_{i-j}$

5. 双代号网络计划关键工作和关键线路的确定

(1)关键工作的确定

关键工作指网络计划中总时差为零的工作。

根据关键工作的定义，图 3.22 网络计划中的最小总时差为零，故关键工作为1-3、3-5、5-6。

关键工作的时间参数具有下列特征：

$$ES_{i-j}=LS_{i-j};\quad EF_{i-j}=LF_{i-j};\quad TF_{i-j}=FF_{i-j}=0。$$

(2)关键线路的确定

自始至终全部由关键工作组成的线路或线路上总的工作持续时间最长的线路应为关键线路。该线路在网络图上应用粗线，双线或彩色线标注。

图 3.22 所示网络计划中的关键线路是 1-3-5-6。

关键线路的特点：

1)关键线路上的工作总时差和自由时差均等于零。

2)关键线路是从网络计划开始节点至结束节点之间持续时间最长的线路。

3)关键线路在网络计划中不只一条，有时存在两条以上。

4)关键线路以外的工作称为非关键工作，如果使用了总时差，就转化为关键工作。

5)在非关键线路延长的时间超过它的总时差时，就转化为关键线路。关键线路就变成了非关键线路。

3.3 单代号网络图

单代号网络图是网络计划的另一种表示方法，它是一种用节点表示工作，用箭线表示工作之间的逻辑关系的网络图。

3.3.1 单代号网络图的构成

单代号网络图是由节点、箭线、线路三个基本要素构成，如图 3.25 所示。

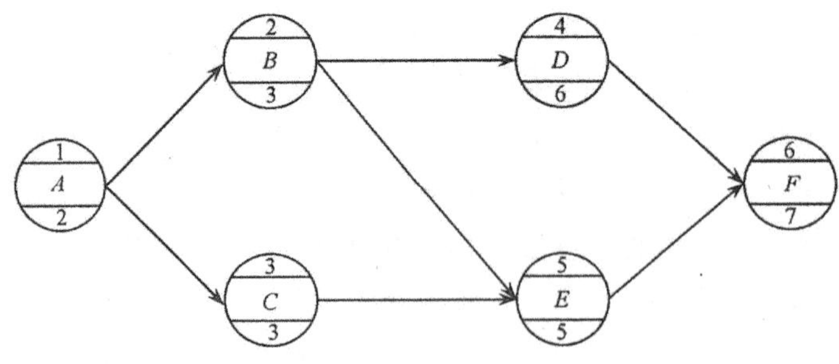

图 3.25 单代号网络图

1. 节点

单代号网络图中每一个节点表示一项工作，宜用圆圈或矩形表示，节点所表示的工作名称、持续时间和工作代号等应标注在节点内，如图 3.26 所示。

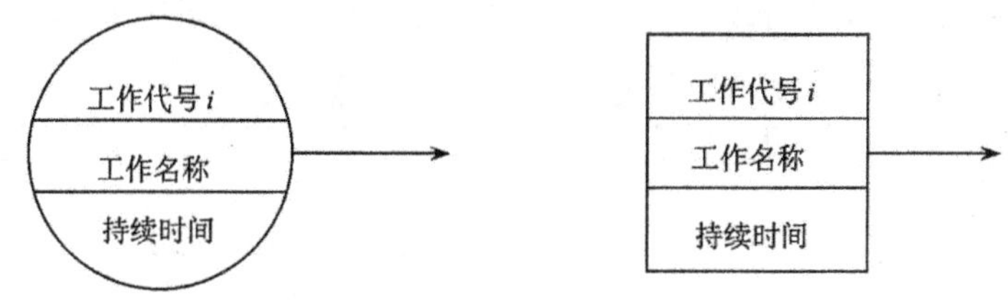

图 3.26　单代号网络图工作的表示方法

单代号网络图中的节点必须编号。编号标注在节点内，其号码可间断，但严禁重复，箭线的箭尾节点编号应小于箭头节点编号。一项工作必须有惟一的一个节点及相应的一个编号表示，这就是单代号网络图的由来。

2. 箭线

单代号网络图中，箭线表示紧邻工作之间的逻辑关系。箭线应画成水平直接、折线或斜线。箭线水平投影的方向应自左向右，表示工作的进行方向，在单代号网络图中只有实箭线而无虚箭线。

3. 线路

单代号网络图的线路同双代号网络图的线路的含义是相同。单代号网络图中，各条线路应用该线路上的节点编号自小到大依次表述。

3.3.2　单代号网络图的绘制

1. 单代号网络图的绘图规则

1)单代号网络图必须正确表达已定的逻辑关系。

2)单代号网络图中，严禁出现循环回路。

3)单代号网络图中，严禁出现双向箭头或无箭头的连线。

4)单代号网络图中，严禁出现没有箭尾节点的箭线和没有箭头节点的箭线。

5)绘制网络图时，箭线不宜交叉。当交叉不可避免时，可采用过桥法或指向法绘制。

6)单代号网络图只应有一个起点节点和一个终点节点；当网络图中有多项起点节点或多项终点节点时，应在网络图的两端分别设置一项虚工作，作为该网络图的起点节点(S_t)和终点节点(F_n)。

以上都是以单目标单代号网络图的情况来说明其绘图规则，单代号网络图工作逻辑关系的表示方法见表 3.1 所示。

2. 单代号网络图的绘制步骤

1)分析各工作的先后顺序。

2)确定各工作的节点编号及其位置。

3)根据各工作的先后顺序、节点编号及节点位置,绘制成网络图。

例如:根据表3.3中各工作的逻辑关系,绘制单代号网络图如图3.27所示。

表3.3 某分部工程各工作的逻辑关系

工作名称	持续时间	紧前工作	紧后工作
A	2	——	BC
B	3	A	D
C	2	A	DE
D	1	B、C	F
E	2	C	F
F	1	D、E	——

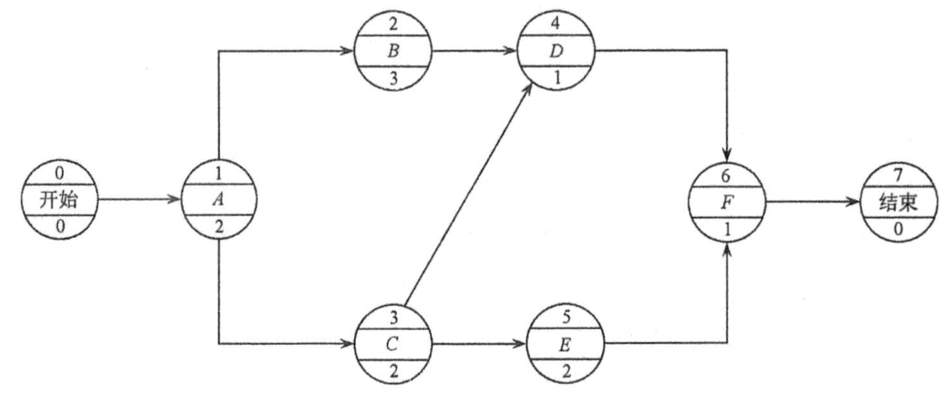

图3.27 某分部工程单代号网络图

3.3.3 单代号网络图时间参数的计算

单代号网络图时间参数的计算内容包括:各项工作的最早开始时间、最迟开始时间、最早结束时间、最迟结束时间、工作的总时差及工作的自由时差。

1.常用符号

D_i——工作 i 的持续时间;

EF_i——工作 i 的最早完成时间;

ES_i——工作 i 的最早开始时间;

LF_i——在总工期已确定的情况下,工作 i 的最迟完成时间;

LS_i——在总工期已确定的情况下,工作 i 的最迟开始时间;

TF_i——工作 i 的总时差;

FF_i——工作 i 的自由时差;

$LAG_{i,j}$——工作 i 和工作 j 之间的时间间隔。

以上参数在单代号网络图中的标注形式，如图 3.28 所示。

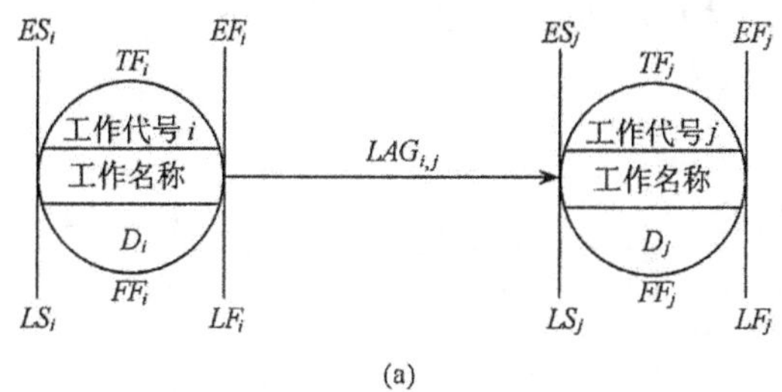

(a)

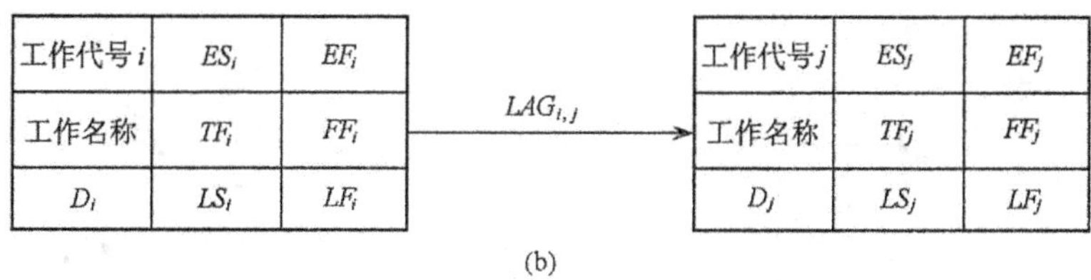

(b)

图 3.28　单代号网络计划时间参数的标注形式

2. 各种时间参数的计算

(1)工作最早时间的计算

工作最早时间包括最早开始时间和最早完成时间。其计算应符合下列规定：

1)工作 i 的最早开始时间 ES_i 应从网络图的起点节点开始，顺着箭线方向依次逐项计算。

2)当起点节点 i 的最早开始时间 ES_i 无规定时，其值应等于零，即

$$ES_i = 0 \quad (i = 1) \tag{3.22}$$

3)工作 i 最早完成时间等于工作的最早开始时间加该工作的持续时间，即

$$EF_i = ES_i + D_i \tag{3.23}$$

4)其他工作最早开始时间 ES_i 应等于其紧前工作最早完成时间的最大值，即

$$ES_i = \max\{EF_h\} \tag{3.24}$$

式中：EF_h——工作 i 的紧前工作的最早完成时间。

应用上述公式计算图 3.25 所示单代号网络图的最早时间，计算结果标注在图 3.29 上。

$$ES_1 = 0; \qquad EF_1 = ES_1 + D_1 = 0 + 2 = 2;$$
$$ES_2 = EF_1 = 2; \quad EF_2 = ES_2 + D_2 = 2 + 3 = 5;$$
$$ES_3 = EF_1 = 2; \quad EF_3 = ES_3 + D_3 = 2 + 3 = 5;$$
$$ES_4 = EF_3 = 5; \quad EF_4 = ES_4 + D_4 = 5 + 6 = 11;$$
$$ES_5 = \max\{EF_2, EF_3\} = \max\{5, 5\} = 5;$$
$$EF_5 = ES_5 + D_5 = 5 + 5 = 10;$$

$$ES_6 = \max\{EF_4, EF_5\} = \max\{11, 10\} = 11;$$
$$EF_6 = ES_6 + D_6 = 11 + 7 = 18$$

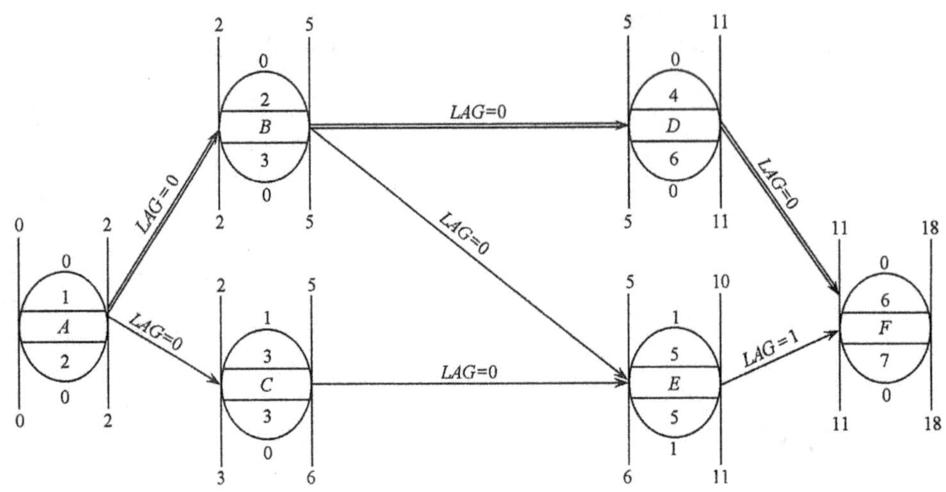

图 3.29　单代号网络图计算示例

(2)网络计划计算工期和计划工期的计算

网络计划计算工期应按下式计算：

$$T_c = EF_n \tag{3.25}$$

式中：EF_n——终点节点 n 的最早完成时间。

网络计划的计划工期 T_p 的计算与双代号网络图相同，即

当规定了要求工期 T_r 时：

$$T_p \leqslant T_r \tag{3.26}$$

当未规定要求工期时：

$$T_p = T_c \tag{3.27}$$

本例中　$T_c = EF_6 = 18$，则

$$T_p = T_c = 18$$

(3)时间间隔的计算

在单代号网络图中，相邻两工作之间存在时间间隔，常用 $LAG_{i,j}$表示，它表示工作 i 的最早完成时间 EF_i 与其紧后工作 j 的最早开始时间 ES_j 之间的时间间隔，其计算应符合下列规定：

1)当终点节点为虚拟节点时，其时间间隔应为

$$LAG_{i,n} = T_p - EF_i \tag{3.28}$$

2)其他节点之间的时间间隔应为

$$LAG_{i,j} = ES_j - EF_i \tag{3.29}$$

本例中：

$LAG_{1,2} = ES_2 - EF_1 = 2 - 2 = 0$； $LAG_{1,3} = ES_3 - EF_1 = 2 - 2 = 0$；
$LAG_{2,4} = ES_4 - EF_2 = 5 - 5 = 0$； $LAG_{2,5} = ES_5 - EF_2 = 5 - 5 = 0$；
$LAG_{3,5} = ES_5 - EF_3 = 5 - 5 = 0$； $LAG_{4,6} = ES_6 - EF_4 = 11 - 11 = 0$；
$LAG_{5,6} = ES_6 - EF_5 = 11 - 10 = 1$

(4)工作最迟时间的计算

工作最迟时间包括最迟开始时间和最迟完成时间，其计算应符合下列规定：

1)工作 i 的最迟完成时间 LF_i 应从网络计划的终点节点开始，逆着箭线方向依次逐项计算。

2)终点节点所代表的工作 n 的最迟完成时间 LF_n，应按网络计划的计划工期 T_p 确定，即：

$$LF_n = T_p \tag{3.30}$$

3)其他工作 i 的最迟完成时间 LF_i 应为

$$LF_i = \min\{LS_j\} \tag{3.31}$$

4)工作 i 的最迟开始时间 LS_i 应按下式计算：

$$LS_i = LF_i - D_i \tag{3.32}$$

本例中：

$LF_6 = LF_n = T_p = 18$； $LS_6 = LF_6 - D_6 = 18 - 7 = 11$；
$LF_4 = LS_6 = 11$； $LS_4 = LF_4 - D_4 = 11 - 6 = 5$；
$LF_5 = LS_6 = 11$； $LS_6 = LF_5 - D_5 = 11 - 5 = 6$；
$LF_3 = LS_5 = 6$； $LS_3 = LF_3 - D_3 = 6 - 3 = 3$；
$LF_2 = \min\{LS_4, LS_5\} = \min\{5, 6\} = 5$； $LS_2 = LF_2 - D_2 = 5 - 3 = 2$；
$LF_1 = \min\{LS_2, LS_3\} = \{2, 3\} = 2$； $LS_1 = LF_1 - D_1 = 2 - 2 = 0$

(5) 工作总时差的计算

工作总时差的计算方法有以下两种：

第一种方法是根据工作总时差的定义，类似于双代号网络图的计算，其计算公式为

$$TF_i = LS_i - ES_i = LF_i - EF_i \tag{3.33}$$

本例中：

$TF_1 = LS_1 - ES_1 = 0 - 0 = 0$； $TF_2 = LS_2 - ES_2 = 2 - 2 = 0$；
$TF_3 = LS_3 - ES_3 = 3 - 2 = 1$； $TF_4 = LS_4 - ES_4 = 5 - 5 = 0$；
$TF_5 = LS_5 - ES_5 = 6 - 5 = 1$； $TF_6 = LS_6 - ES_6 = 11 - 11 = 0$

第二种方法是从网络计划的终点节点开始，逆着箭线方向依次逐项计算。计算应符合下列规定：

1)终点节点所代表工作 n 的总时差 TF_n 值应为

$$TF_n = T_p - EF_n \tag{3.34}$$

2)其他工作 i 的总时差 TF_i 应为

$$TF_i = \min\{TF_j + LAG_{i,j}\} \tag{3.35}$$

本例中：

$TF_6 = T_p - EF_n = 18 - 18 = 0$； $TF_5 = TF_6 + LAG_{5,6} = 0 + 1 = 1$；

$TF_4 = TF_6 + LAG_{4,6} = 0 + 0 = 0$； $TF_3 = TF_5 + LAG_{3,5} = 1 + 0 = 1$；

$TF_2 = \min\{TF_4 + LAG_{2,4}, TF_5 + LAG_{2,5}\} = \min\{0 + 0, 1 + 0\} = 0$；

$TF_1 = \min\{TF_2 + LAG_{1,2}, TF_3 + LAG_{1,3}\} = \min\{0 + 0, 1 + 0\} = 0$

(6) 工作自由时差的计算

工作 i 的自由差 FF_i 的计算应符合下列规定：

1)终点节点所代表工作 n 的自由差 FF_n 应为

$$FF_n = T_p - EF_n \tag{3.36}$$

2)其他工作 i 的自由时差 FF_i 应为

$$FF_i = \min\{LAG_{i,j}\} \tag{3.37}$$

本例中：

$FF_6 = T_p - EF_6 = 18 - 18 = 0$；

$FF_1 = \min\{LAG_{1,2}, LAG_{1,3}\} = \min\{0,0\} = 0$；

$FF_2 = \min\{LAG_{2,4}, LAG_{2,5}\} = \min\{0,0\} = 0$； $FF_3 = LAG_{3,5} = 0$；

$FF_4 = LAG_{4,6} = 0$； $FF_5 = LAG_{5,6} = 1$

3.单代号网络计划关键工作和关键线路的确定

同双代号网络图一样，在单代号网络图中，总时差为零的工作就是关键工作。从起点节点开始到终点节点均为关键工作，且所有工作的时间间隔均为零的线路为关键线路。关键线络在网络图上应用粗线，双线或彩色线标注。

图 3.29 所示单代号网络图中，关键工作为 A、B、D、F，关键线路为 A-B-D-F，也可用节点编号表示 1-2-4-6。

3.4 网络计划的优化

网络计划的优化是在满足既定约束条件下，按选定目标，通过不断改进网络计划寻求满意方案。其目的是通过依次改善网络计划，使工程按期完工，并在现有资源的限制条件下，均衡合理地使用各种资源以较小的消耗取得最大的经济效益。

网络计划的优化目标，应按计划任务的需要和条件选定，包括工期目标，费用目标，资源目标。优化只是相对的，不可能做到绝对优化。在一定优化原理的指导下优化的方法可以是多种多样。

网络计划一般用于大中型工程的计划，其施工过程和节点较多，要优化时，需进行大量繁琐的计算，因此要真正实现网络计划的优化，有效地指导实际工程，必须借助电子计算机。下面简单介绍几种常用的优化原理和方法。

3.4.1 工期优化

工期优化就是当计算工期不满足要求工期时，通过压缩或延长关键工作的持续时间来满足工期要求。

网络计划的初步方案的总工期，即网络计划的计算工期(计划工期)，也就是关键线路的持续时间。计算工期可能小于或等于要求工期，或可能大于要求工期。

当计算工期小于要求工期不多或两者相等时，一般可不必调整。

当计算工期小于要求工期较多时，必须进行调整。调整的方法：首先延长个别关键工作的持续时间(相应地减小这些工作的资源供应速度)，相应变化非关键工作时差，然后重新计算各工作的时间参数，如此重复进行直到满足要求工期为止。

例如：某双代号网络计划如图 3.30 所示，若要求工期为 28d，试对该网络计划进行调整优化。

该网络计划的关键线路为 1-2-3-4-5，总工期为 23d，比要求工期少 5d，故可增加关键线路时间 5d，将工作 3-4 的时间由 8d 调整为 10d，工作 4-5 的时间由 3d 调整为 6d，绘制调整后的网络计划，重新计算各工作的时间参数，如图 3.31 所示，关键线路仍为 1-2-3-4-5，计算工期 $T_c=28\text{d}=T_r$，满足要求。

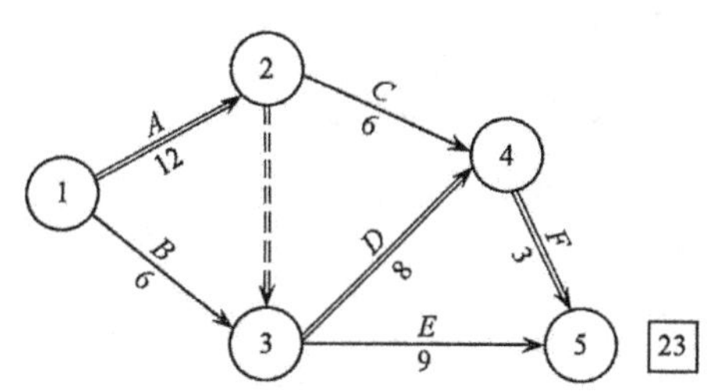

图 3.30 调整前的网络计划

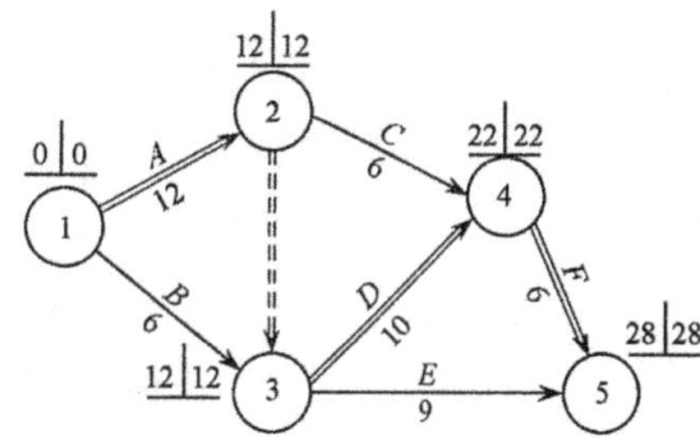

图 3.31 调整后的网络计划

当计算工期大于要求工期时，应通过压缩关键工作的持续时间，使之满足工期要求。

优化步骤如下：

1) 计算并找出初始网络计划的计算工期，关键线路及关键工作。

2) 按要求工期计算应缩短的时间 ΔT：

$$\Delta T = T_c - T_r \tag{3.38}$$

3) 确定各关键工作能缩短的持续时间。

选择应缩短持续时间的关键工作宜考虑下列因素：

1)缩短持续时间对质量和安全影响不大的工作；

2)有充足备用资源的工作；

3)缩短持续时间所需增加的费用最少的工作。

4)将应优先缩短的关键工作压缩至最短时间，并找出关键线路，若被压缩的工作变成了非关键工作，则应将其持续时间延长，使之仍为关键工作。

5)若计算工期满足要求工期的要求，则优化完成，否则，应重复以上步骤，直到满足工期的要求，或工期已不能再缩短为止。

6)当所有关键工作的持续时间都已达到其能缩短的极限，而工期仍不能满足要求时，则应对计划的原技术方案、组织方案进行修改，对计划作出调整。经反复修改方案和调整计划均不能达到要求工期时，应对要求工期重新审定。

例如：已知网络计划如图 3.32 所示。图中箭线上面括号外数字为工作正常持续时间，括号内数字为工作最短持续时间，假定上级指令性工期为 100d，试对其进行工期优化。

优化步骤如下：

(1)确定关键线路和计算工期

用工作正常持续时间计算节点的最早时间和最迟时间如图 3.32 所示。其中关键线路为 1-3-4-6，用双箭线表示，计算工期为 160d。

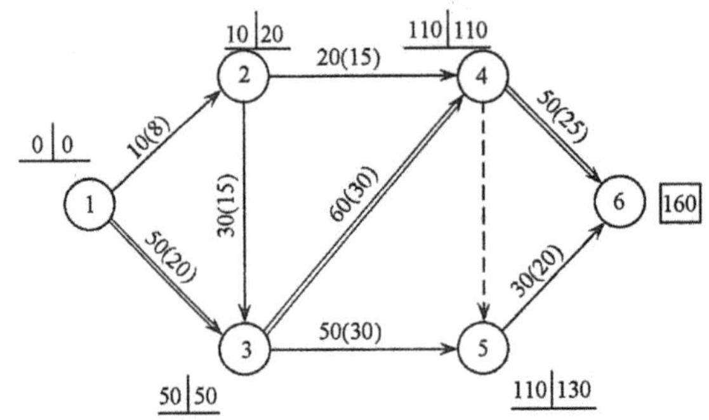

图 3.32 初始网络计划

(2)计算需缩短的工期 ΔT

$$\Delta T = T_c - T_r = 160 - 100 = 60\text{d}$$

(3)选择关键工作，进行工期优化

由图 3.32 所示，关键工作 1-3 可缩短 30d，3-4 可缩短 30d，4-6 可缩短 25d，共计可缩短 85d，由于缩短 4-6 工作，增加劳动力较多，所以只考虑缩短 1-3 和 3-4 工作，用最短持续时间代替正常工作时间重新计算网络计算工期，如图 3.33 所示，经计算确定关键线路为 1-2-3-4-6 和 1-2-3-5-6 两条，计算工期为 120 天，与要求工期相比，尚需要压缩 20d，与初始网络计划相比，工作 1-3 变成了非关键工作，将工作 1-3 的持续时间由 20d 松弛至 40d，使之仍为关键工作，如图 3.34 所示。其关键线路为 1-3-4-6，1-2-3-4-6，1-2-3-5-6 三条，计算工期为 120d。

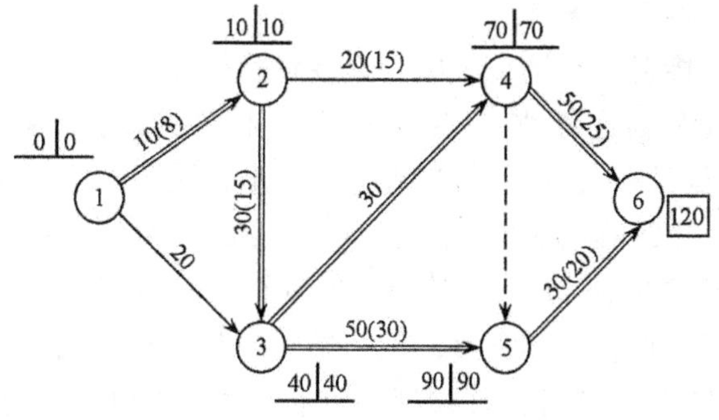

图 3.33　将 1-3、3-4 工作压缩后的网络计划

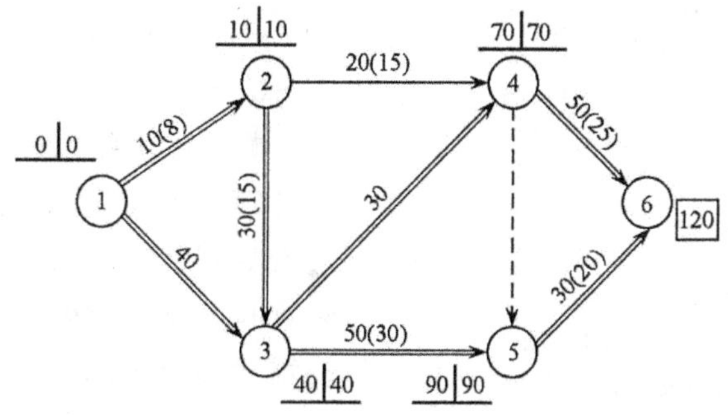

图 3.34　将 1-3 工作持续时间松弛至 40d 后的网络计划

(4)选择关键工作,再次进行工期优化

根据缩短持续时间的顺序,选择工作 3-5 和 4-6 两项关键工作各压缩 20d,重新进行计算,结果如图 3.35 所示,计算工期为 100d,符合上级指令性工期的要求。图 3.35 便是满足规定工期要求的网络计划。

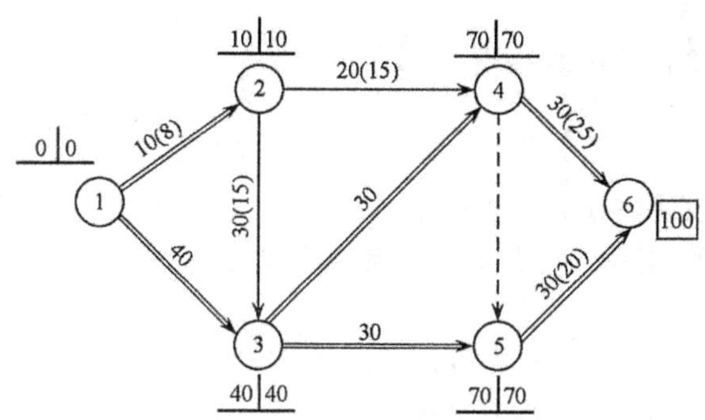

图 3.35　优化后的网络计划

3.4.2　费用优化

费用优化又称工期-成本优化,是寻求最低成本时的最短工期安排。

1. 工程费用与工期的关系

工程费用由直接费与间接费组成。直接费是指工程施工过程中直接消耗在工程项目上的活劳动和物化劳动，包括人工费、材料费、机械使用费以及冬雨季施工增加费、特殊地区施工费、夜间费等。直接费一般情况下是随着工期的缩短而增加的。间接费是与整个工程有关的，不能或不宜直接分摊给每道工序的费用，它包括与工程有关的管理费用、全工地性设施的租赁费、现场临时办公设施费、公用和福利事业费及占用资金应付的利息等。间接费一般与工程工期成正比，即工期越长，间接费用越多，工期越短，间接费用越低。如果把直接费和间接费加在一起，必有一个总费用最少所对应的工期，这就是费用优化所寻求的目标。

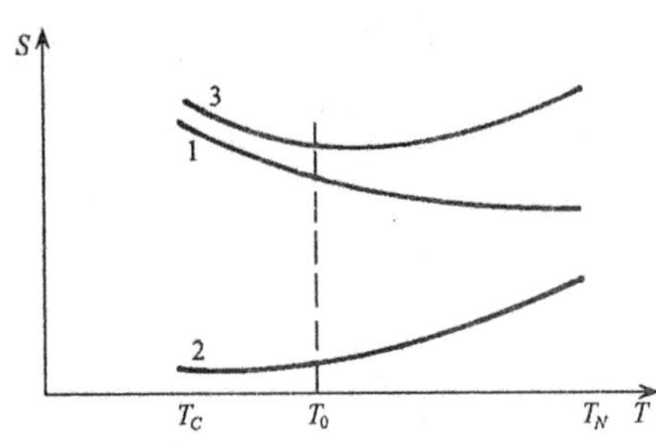

图 3.36 工期-费用曲线

1. 直接费；2. 间接费；3. 总费用

（T_c 为最短工期，T_N 为正常工期，T_0 为优化工期）

上述关系可由图 3.36 所示工期与费用关系曲线表示。

2. 费用优化的步骤

进行费用优化，应首先求出不同工期下最低直接费用，然后考虑相应的间接费的影响和工期变化带来的其他损益，包括效益增量和资金的时间价值等，最后再通过迭加求出最低工程总成本。

费用优化应按下列步骤进行：

1)计算工程总直接费。

工程总直接费为组成该工程的全部工作的直接费之和。

2)计算直接费的费率。

直接费率即为直接费的费用率，它是缩短工作持续时间每一单位时间所需增加的直接费。

①双代号网络计划的直接费率

$$\Delta C_{i-j} = \frac{CC_{i-j} - CN_{i-j}}{DN_{i-j} - DC_{i-j}} \tag{3.39}$$

式中：ΔC_{i-j}——工作 i-j 的直接费率；

CC_{i-j}——将工作 i-j 持续时间缩短为最短持续时间后，完成该工作所需的直接费用；

CN_{i-j}——在正常条件下完成工作 i-j 所需的直接费用；

DN_{i-j}——工作 i-j 的正常持续时间；

DC_{i-j}——工作 i-j 的最短持续时间。

②单代号网络计划的直接费率

$$\Delta C_i = \frac{CC_i - CN_i}{DN_i - DC_i} \tag{3.40}$$

式中：ΔC_i——工作 i 的直接费率；

CC_i——将工作 i 持续时间缩短为最短持续时间后，完成该工作所需的直接费用；

CN_i——在正常条件下完成工作 i 所需的直接费用；

DN_i——工作 i 的正常持续时间；

DC_i——工作 i 的最短持续时间。

3)确定间接费的费用率。

4)按工作正常持续时间找出关键工作及关键线路。

5)在网络计划中找出直接费率(或组合直接费率)最低的一项关键工作或一组关键工作，作为缩短持续时间的对象。

6)缩短找出的关键工作或一组关键工作的持续时间，其缩短值必须符合不能压缩成非关键工作和缩短后其持续时间不小于最短持续时间的原则。

7)计算相应增加的总费用 C。

8)考虑工期变化带来的间接费及其他损益，在此基础上计算总费用。

9)重复以上(5)～(8)步骤，一直计算到总费用最低为止。

当直接费率或组合直接费率小于间接费率时，总费用呈下降趋势；当直接费率或组合直接费率大于间接费率时，总费用呈上升趋势，故当直接费率或者组合直接费率等于或小于间接费率时，总费用最低。

下面举例说明费用优化的计算方法及步骤。

已知网络计划如图 3.37 所示，试求出费用最少的工期。图中箭线上方为工作的正常费用和最短时间费用(以千元为单位)，箭线下方为工作的正常持续时间和最短持续时间。已知间接费率为 120 元/d。

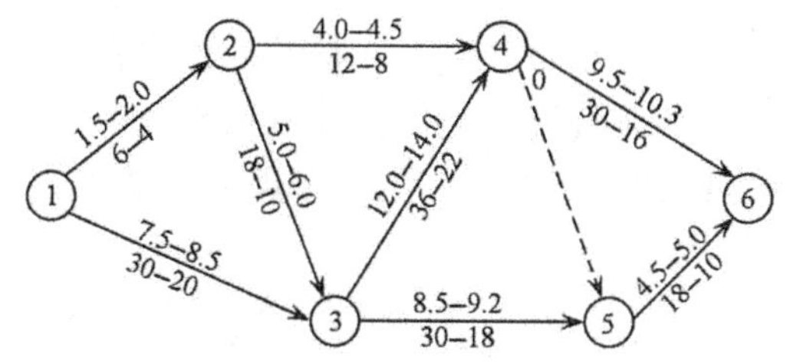

图 3.37　初始网络计划

(1)简化网络图

简化网络图的目的是在缩短工期过程中，删去那些不能变成关键工作的非关键工作，使网络图简化，减少计算工作量。

首先按正常持续时间计算，找出关键线路及关键工作，如图 3.38 所示。

由图 3.38 可知关键线路为 1-3-4-6，关键工作为 1-3，3-4，4-6。用最短的持续时间置换那些关键工作的正常持续时间，重新计算，找出关键线路及关键工作。重复本步骤，直至不能增加新的关键线路为止。

经计算，图 3.38 中的工作 2-4 不能转变为关键工作，故删去它，重新整理成新的网络计划，如图 3.39 所示。

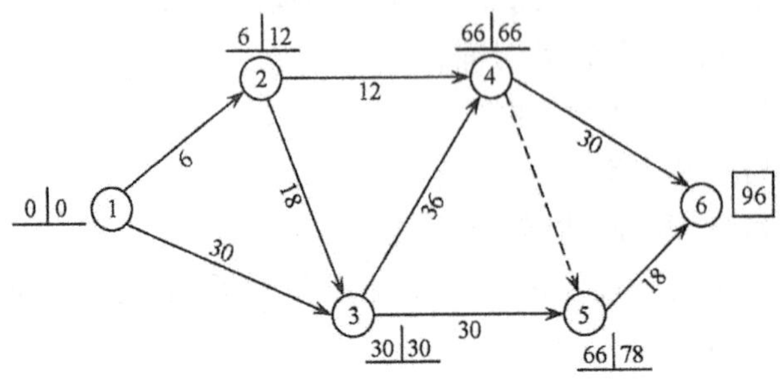

图 3.38　按正常持续时间计算的网络计划

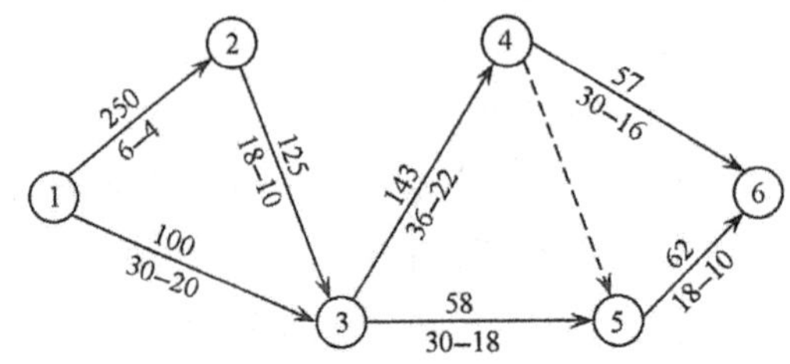

图 3.39　新的网络计划

(2)计算各工作费用率

按式(3.39)计算工作 1-2 的费用率 ΔC_{12}为

$$\Delta C_{1\text{-}2}=\frac{CC_{1\text{-}2}-CN_{1\text{-}2}}{DN_{1\text{-}2}-DC_{1\text{-}2}}=\frac{2000-1500}{6-4}=250\text{ 元 /d}$$

其他工作费用率均按(3.39)式计算，并把结果标注在图 3.39 中的箭线上方。

(3)找出关键线路上工作费用率最低的关键工作

在图 3.40 中，关键线路为 1-3-4-6，工作费用率最低的关键工作是 4-6。

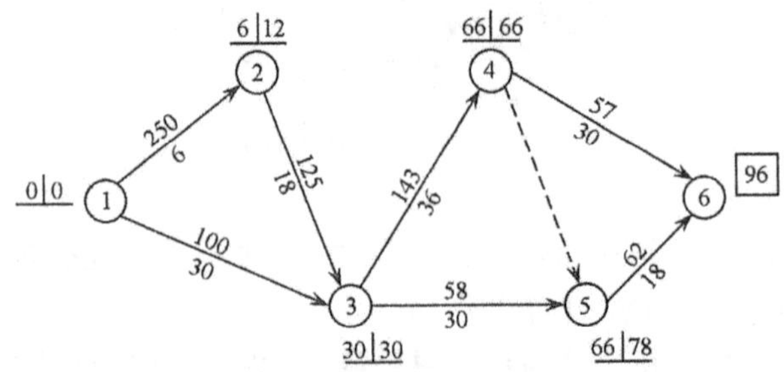

图 3.40　按新的网络计划确定关键线路

(4)按原关键线路不能变为非关键线路的原则确定缩短时间的大小

已知关键工作 4-6 的持续时间可缩短 14d，由于工作 5-6 的总时差只有 12d（96－18－66＝12），因此，第一次缩短只能是 12d，工作 4-6 的持续时间应改为 18d，见图 3.41。计算第一次缩短工期后增加的费用 C_1 为

$$C_1 = 57 \times 12 = 684 \text{ 元}$$

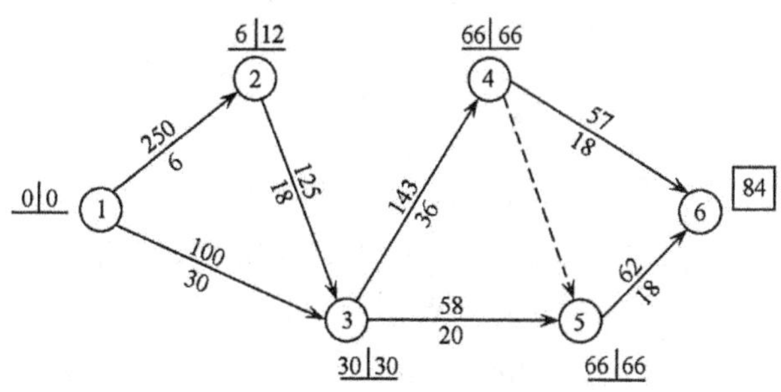

图 3.41　第一次工期缩短的网络计划

通过第一次缩短后，在图 3.41 中关键线路变成两条，即 1-3-4-6 和 1-3-4-5-6。如果使该图的工期再缩短，必须同时缩短两条关键线路上的时间。为了减少计算次数，关键工作 1-3，4-6 及 5-6 都缩短时间，工作 4-6 持续时间只能允许再缩短 2d，故该工作的持续时间缩短 2d。工作 1-3 持续时间可允许缩短 10d，但考虑工作 1-2 和 2-3 的总时差有 6d（12－0－6＝6 或 30－18－6＝6），因此工作 1-3 持续时间缩短 6d，工作 5-6 持续时间缩短 2d，共计缩短 8d，如图 3.42 所示。计算第二次缩短工期后增加的费用 C_2 为

$$C_2 = C_1 + 100 \times 6 + (57 + 62) \times 2 = 684 + 600 + 238 = 1522 \text{ 元}$$

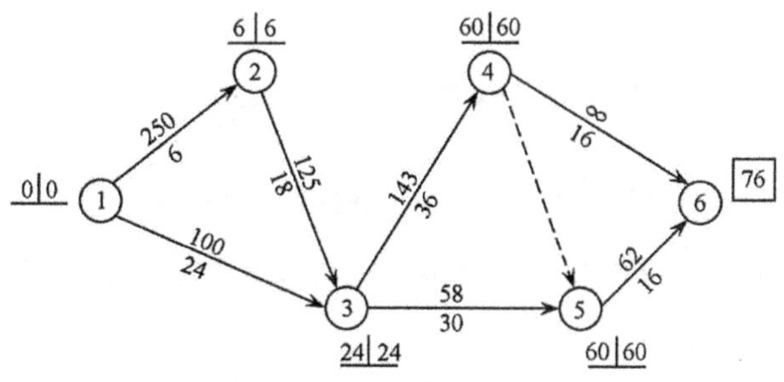

图 3.42　第二次工期缩短的网络计划

第三次缩短：

从图 3.42 上看，工作 4-6 不能再缩，工作费用率用∞表示，关键工作 3-4 的持续时间缩短 6d，因工作 3-5 的总时差为 6d（60－30－24＝6），计算第三次缩短工期后增加的费用 C_3 为

$$C_3 = C_2 + 143 \times 6 = 1522 + 858 = 2380 \text{ 元}$$

第四次缩短：

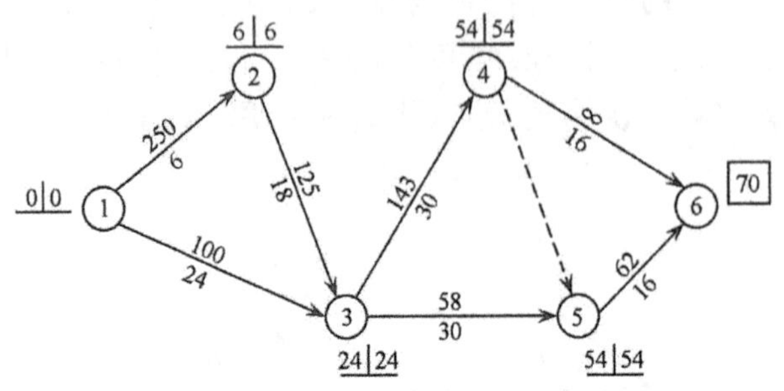

图 3.43　第三次工期缩短的网络计划

从图 3.43 上看，缩短工作 3-4 和 3-5 持续时间 8d，因为工作 3-4 的最短持续时间为 22d，第四次缩短工期后增加的费用 C_4 为

$$C_4 = C_3 + (143 + 58) \times 8 = 2380 + 1608 = 3988 \text{ 元}$$

第五次缩短：

从图 3.44 上看，关键线路有 6 条，只能在关键工作 1-2、1-3、2-3 中选择，只有缩短工作 1-3 和 2-3(工作费用率为 125+100)持续时间 4d。工作 1-3 的持续时间已达到最短，不能再缩短，经过第五次缩短工期，不能再缩短了。第五次缩短工期后共增加费用 C_5 为

$$C_5 = C_4 + (125 + 100) \times 4 = 3988 + 900 = 4888$$

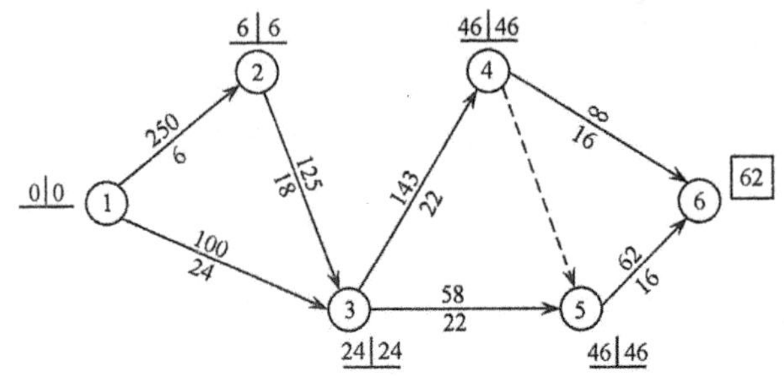

图 3.44　第四次工期缩短的网络计划

考虑不同工期增加费用及间接费用的影响，列表 3.4 所示，选择其中组合费用最低的工期作最佳方案。

从表 3.4 中看出，工期 76d，所增加费用最少，费用最低方案如图 3.45 所示。

表 3.4　不同工期组合费用表

不同工期	96	84	76	70	62	58
增加直接费用	0	684	1522	2380	3988	4888
间接费用	11520	10080	9120	8400	7440	6960
合计费用	11520	10764	10642	10780	11428	11748

单代号网络计划进行费用优化计算时，除各工作费用率按式(3.40)计算外，其

他步骤与双代号网络计划一样。

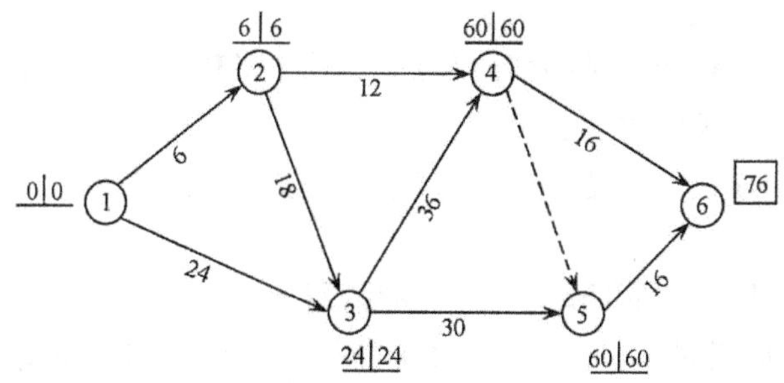

图 3.45　费用最低网络计划

3.4.3　资源优化

资源是指为完成某项任务所需要的人力、材料、机械设备及资金的统称。完成一项工程任务所需的资源量基本是不变的，不可能通过资源优化而使其减小，更不可能通过资源优化将其减至最少。资源优化是通过改变各工作的开始时间，使资源按时间的分布符合优化目标。

资源优化主要有“资源有限，工期最短”、“工期固定，资源均衡”两种。

1.“资源有限——工期最短”的优化

“资源有限——工期最短”的优化是通过计划安排，以满足资源限制的条件，并使工期拖延最少的过程。在资源进行优化时，宜逐“时间单位”作资源检查，当出现第 t 个“时间单位”资源需用量 R_t 大于资源限量 R_a 时，应进行计划调整。

资源需用量是网络计划中各项工作在某一单位时间内所需某种资源总的数量。

资源限量是单位时间内可供使用的某种资源的最大数量。

调整计划时，应对资源冲突的诸工作作新的顺序安排。顺序安排的选择标准是工期延长，时间最短，其值应按下列公式计算：

(1)对双代号网络计划

$$\Delta D_{m'-n',i'-j'} = \min\{\Delta D_{m-n,i-j}\} \tag{3.41}$$

$$\Delta D_{m-n,i-j} = EF_{m-n} - LS_{i-j} \tag{3.42}$$

式中：$\Delta D_{m'-n',i'-j'}$——在各种顺序安排中，最佳顺序安排所对应的工期延长时间的最小值；

$\Delta D_{m-n,i-j}$——在资源冲突的诸工作中，工作 i-j 安排在工作 m-n 之后进行，工期所延长的时间。

(2)对单代号网络计划

$$\Delta D_{m',i'} = \min\{\Delta D_{m,i}\} \tag{3.43}$$

$$\Delta D_{m,i} = EF_m - LS_i \tag{3.44}$$

式中：$\Delta D_{m',i'}$——在各种顺序安排中，最佳顺序安排所对应的工期延长时间的最小值；

$\Delta D_{m,i}$——在资源冲突的诸工作中，工作 i 安排在工作 m 之后进行，工期所延长的时间。

“资源有限-工期最短”优化的计划调整，应按下列步骤调整工作的最早开始时间：

1)计算网络计划每“时间单位”的资源需用量。

2)从计划开始日期起，逐个检查每个“时间单位”资源需用量是否超过资源限量，如果在整个工期内每个“时间单位”均能满足资源限量的要求，可行优化方案就编制完成。否则必须进行计划调整。

3)分析超过资源限量的时段(每“时间单位”资源需用量相同的时间区段)，按式(3.41)计算 $\Delta D_{m'-n',i'-j'}$ 或按式(3.43)计算 $\Delta D_{m'n'}$ 值，依据它确定新的安排顺序。

4)当最早完成时间 $EF_{m'-n'}$ 或 $EF_{m'}$ 最小值和最迟开始时间 $LS_{i'-j'}$ 或 $LS_{i'}$ 最大值同属一个工作时，应找出最早完成时间 $EF_{m'-n'}$ 或 $EF_{m'}$ 值为次小，最迟开始时间 $LS_{i'-j'}$ 或 $LS_{i'}$ 为次大的工作，分别组成两个顺序方案，再从中选择较小者进行调整。

5)绘制调整后的网络计划，重复(1)～(4)步骤，直到满足要求。

下面结合示例说明“资源有限-工期最短”优化的工作最早开始时间调整的方法与步骤。

某网络计划如图 3.46 所示，图中箭线上的数字为工作持续时间，箭线下的数字为工作资源强度，假定每天只有 9 个工人可供使用，如何安排各工作最早开始时间使工期达到最短？

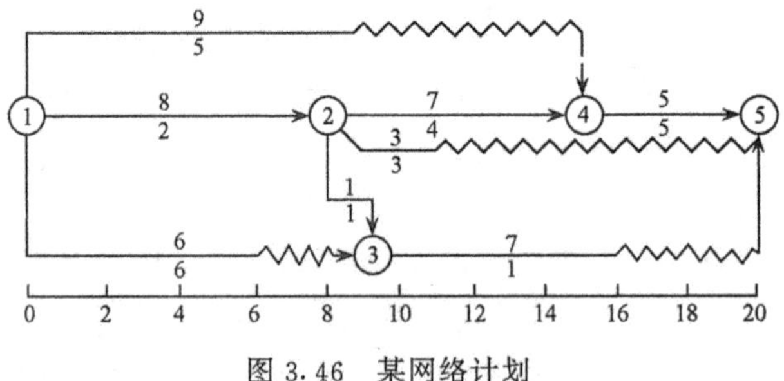

图 3.46　某网络计划

计算方法与步骤：

1)计算每日资源需用量，如表 3.5 所示。

2)逐日检查是否满足要求，在表 3.5 中看到第一天资源需用量就超过可供资源量(9 人)要求，必须进行工作最早开始时间调整。

3)分析资源超限的时段。在第 1～6 天，有工作 1-4、1-2、1-3，分别计算 EF_{i-j}、LS_{i-j}，确定调整工作最早开始时间方案，如表 3.6 所示。

表 3.5　每日资源数量表

工作日	1	2	3	4	5	6	7	8	9	10
资源数量	13	13	13	13	13	13	7	7	13	8
工作日	11	12	13	14	15	16	17	18	19	20
资源数量	8	5	5	5	5	6	5	5	5	5

表 3.6　超过资源限量的时段和工作时间参数表

工作代号 i-j	EF_{i-j}	LS_{i-j}
1-4	9	6
1-2	8	0
1-3	6	7

根据式(3.41)及式(3.42)，确定 $\Delta D_{m'-n',i'-j'}$ 最小值，$\min\{EF_{m-n}\}$ 和 $\max\{LS_{i-j}\}$属于同一工作 1-3，找出 EF_{m-n}的次小值及 LS_{i-j}的次大值是 8 和 6，组成两组方案：

$$\Delta D_{1-3,1-4} = 6 - 6 = 0 \qquad \Delta D_{1-2,1-3} = 8 - 7 = 1$$

选择工作 1-4 安排在工作 1-3 之后进行，工期不增加，每天资源需用量从 13 人减少到 8 人，满足要求。如果有多个平行作业工作，当调整一项工作的最早开始时间后仍不能满足要求，就应继续调整。

重复以上计算方法与步骤。可行优化方案如表 3.7 及图 3.47 所示。

表 3.7　可行优化方案的每日资源数量表

工作日	1	2	3	4	5	6	7	8	9	10	11
资源数量	8	8	8	8	8	8	7	7	6	9	9
工作日	12	13	14	15	16	17	18	19	20	21	22
资源数量	9	9	9	9	8	4	9	6	6	6	6

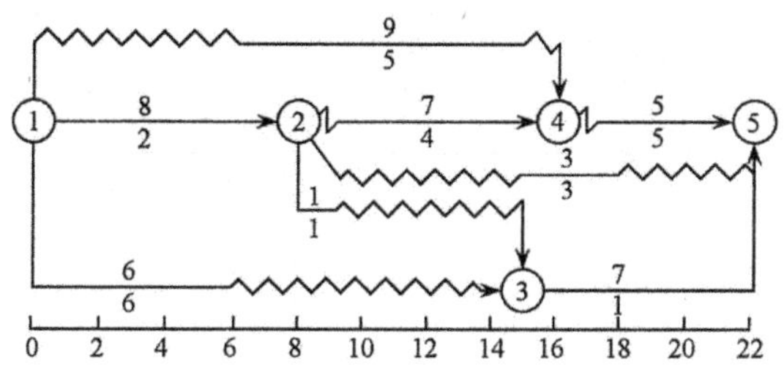

图 3.47　可行优化网络计划

单代号网络计划计算方法及步骤与双代号网络计划的计算方法与步骤一样。

2."工期固定——资源均衡"的优化

"工期固定-资源均衡"的优化过程是调整计划安排,在工期保持不变的条件下,使资源需用量尽可能均衡的过程,也就是在资源需要量动态曲线上尽可能不出现短期高峰或长期低谷情况,力求使每天的资源需要量接近于平均值。优化方法一般采用削高峰法(利用时差降低资源高峰值)。其步骤如下:

1)计算网络计划每"时间单位"资源需用量。

2)确定削峰目标,其值等于每"时间单位"资源需用量的最大值减一个单位量。

3)找出高峰时段的最后时间 T_h 及有关工作的最早开始时间 ES_{i-j}(或 ES_i)和总时差 TF_{i-j}(或 TF_i)。

4)按下列公式计算有关工作的时间差值 ΔT_{i-j}或 ΔT_i:

①对双代号网络计划:

$$\Delta T_{i-j} = TF_{i-j} - (T_h - ES_{i-j}) \tag{3.45}$$

②对单代号网络计划:

$$\Delta T_i = TF_i - (T_h - ES_i) \tag{3.46}$$

优先以时间差值最大的工作 $i'-j'$ 或工作 i' 为调整对象,令

$$ES_{i'-j'} = T_h \tag{3.47}$$

或

$$ES_{i'} = T_h \tag{3.48}$$

5)当峰值不能再减少时,即得到优化方案。否则,重复以上步骤。

下面结合示例说明削高峰法的优化步骤。

某时标网络计划如图 3.48 所示。箭线上的数字表示工作持续时间,箭线下的数字则表示工作资源强度。

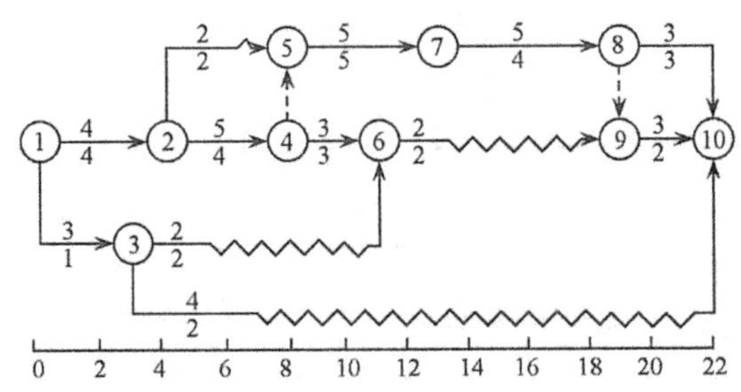

图 3.48 某时标网络计划

计算方法及步骤:

(1)计算每日所需资源数量,如表 3.8 所示。

(2)确定削峰目标。

削峰目标就是表 3.8 中最大值减去它的一个单位量。削峰目标定为 10(11—1)。

表 3.8　每日资源数量表

工作日	1	2	3	4	5	6	7	8	9	10	11
资源数量	5	5	5	9	11	8	8	4	4	8	8
工作日	12	13	14	15	16	17	18	19	20	21	22
资源数量	8	7	7	4	4	4	4	4	5	5	5

(3)找出下界时间点 T_h 及有关工作 $i-j$ 的 TF_{i-j}、ES_{i-j}：

$$T_h = 5$$

在第 5 天有 2-5、2-4、3-6、3-10 四个工作，相应的 TF_{i-j}和 ES_{i-j}分别为 2、4，0、4，12、3，15、3。

(4)按(3.45)式计算 ΔT_{i-j}：

$\Delta T_{2-5} = 2 - (5 - 4) = 1$；　　$\Delta T_{2-4} = 0 - (5 - 4) = - 1$；

$\Delta T_{3-6} = 12 - (5 - 3) = 10$；　$\Delta T_{3-10} = 15 - (5 - 3) = 13$

(5)由上可知，工作 3-10 的 ΔT_{3-10}值最大，故优先将该工作向右移动 2 天(即第 5 天以后开始)，然后计算每日资源数量，看峰值是否小于或等于削峰目标(＝10)。如果由于工作 3-10 最早开始时间改变，在其他时期中出现超过削峰目标的情况时，则重复(3)～(5)步骤，直至不超过削峰目标为止。本例工作 3-10 调整后，其他时间里没有再出现超过削峰目标，如表 3.9 及图 3.49 所示。

表 3.9　每日资源数量表

工作日	1	2	3	4	5	6	7	8	9	10	11
资源数量	5	5	5	7	9	8	8	6	6	8	8
工作日	12	13	14	15	16	17	18	19	20	21	22
资源数量	8	7	7	4	4	4	4	4	5	5	5

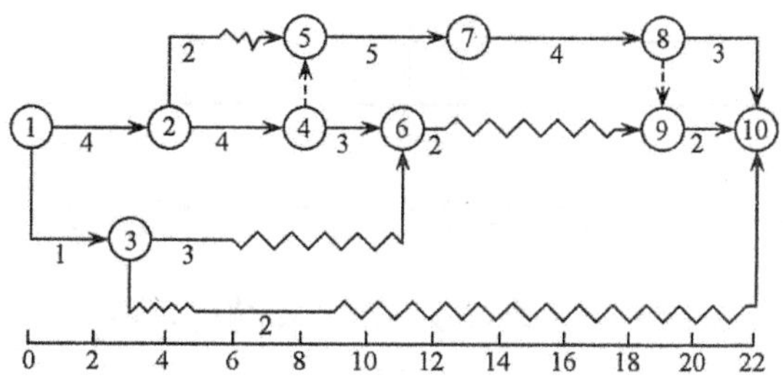

图 3.49　第一次调整后的时标网络计划

从表 3.9 得知，经第一次调整后，资源数量最大值为 9，故削峰目标定为 8。逐日检查至第 5 天，资源数量超过削峰目标值，在第 5 天中有工作 2-4、3-6、2-5，计算各 ΔT_{i-j}值：

$$\Delta T_{2-4} = 0 - (5 - 4) = - 1$$

$$\Delta T_{3-6} = 12 - (5 - 3) = 10$$

$$\Delta T_{2-5} = 2 - (5 - 4) = 1$$

其中工作 ΔT_{3-6}值为最大，故优先调整工作 3-6，将其向右移动 2 天，资源数量变化见表 3.10 所示。

表 3.10 每日资源数量表

工作日	1	2	3	4	5	6	7	8	9	10	11
资源数量	5	5	5	4	6	11	11	6	6	8	8
工作日	12	13	14	15	16	17	18	19	20	21	22
资源数量	8	7	7	4	4	4	4	4	5	5	5

由表可知在第 6、7 两天资源数量又超过 8。在这一时段中有工作 2-5、2-4、3-6、3-10，再计算 ΔT_{i-j}值：

$\Delta T_{2-5} = 2 - (7 - 4) = -1$；　　$\Delta T_{2-4} = 0 - (7 - 4) = -3$；

$\Delta T_{3-6} = 10 - (7 - 5) = 8$；　　$\Delta T_{3-10} = 12 - (7 - 5) = 10$

按理应选择 ΔT_{i-j}值最大的工作 3-10，但因为它的资源强度为 2，调整它仍然不能达到削峰目标，故选择工作 3-6（它的资源强度为 3），满足削峰目标，将使之向右移动 2 天。

通过重复上述计算步骤，最后削峰目标定为 7，不能再减少了，优化计算结果见表 3.11 及图 3.50 所示。

表 3.11 每日资源数量表

工作日	1	2	3	4	5	6	7	8	9	10	11
资源数量	5	5	5	4	6	6	6	7	7	5	7
工作日	12	13	14	15	16	17	18	19	20	21	22
资源数量	7	7	7	7	7	7	7	6	5	5	5

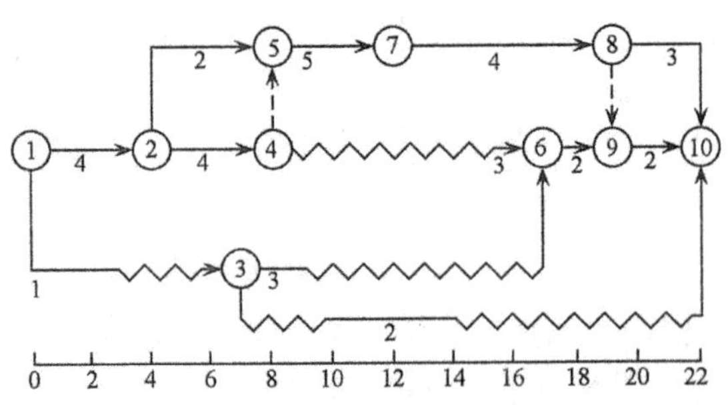

图 3.50 资源调整完成的时标网络计划

削高峰法的单代号网络计划的计算方法和步骤参看本例方法与步骤。ΔT_{i-j}值的含意相当于工作总时差，当 $\Delta T_{i-j}<0$ 时，表示调整该工作最早开始时间后延长工期，因此只能选择 $\Delta T_{i-j}>0$ 的工作进行最早开始时间调整。

思　考　题

3.1　什么是网络图？试比较网络图和横道图有何异同？

3.2　什么是双代号网络图？其绘制原则是什么？

3.3　什么是网络图的逻辑关系？

3.4　什么是虚工作？其作用是什么？在绘制双代号网络图时，如何运用虚工作？

3.5　网络计划有哪些时间参数？各参数的含义是什么？

3.6　什么是关键线路，其特点是什么？

3.7　工作总时差与自由时差有什么区别和联系？

3.8　什么是单代号网络图？它与双代号网络图有什么区别？

3.9　什么是网络计划优化？网络计划优化有哪几种？

3.10　工期优化的基本思路是什么？

3.11　工程费用与工期有什么关系？

3.12　资源优化有哪两类问题？各自的意义是什么？

习　　题

3.1　根据下表的逻辑关系，试绘制双代号网络图。

表 3.12

工作名称	*A*	*B*	*C*	*D*	*E*	*F*	*G*
紧前工作	—	*A*	*B*	*A*	*B*、*D*	*E*、*C*	*F*

表 3.13

工作名称	*A*	*B*	*C*	*D*	*E*	*F*	*G*	*H*	*I*	*J*	*K*
紧前工作	—	*A*	*A*	*B*	*B*	*E*	*A*	*D*、*C*	*E*	*F*、*G*、*D*	*I*、*J*

3.2　试指出习题 3.2(a)、(b)图所示网络图的错误。

3.3　用图上计算法计算习题 3.3(a)、(b)图所示双代号网络图的工作时间参数，并标出关键线路。

3.4　将第 3.3 题的双代号网络图改为单代号网络图，并用图上计算法计算其时间参数并标出关键线路。

3.5　某网络计划如习题 3.5 图所示，假定要求工期为 100d，根据实际情况考虑选择应缩短持续时间的关键工作的顺序为 B、C、D、E、G、H、I、A。要求对该网络计划进行优化(图中箭线上面括号外数字为工作正常持续时间,括号内数字为工作最短持续时间)。

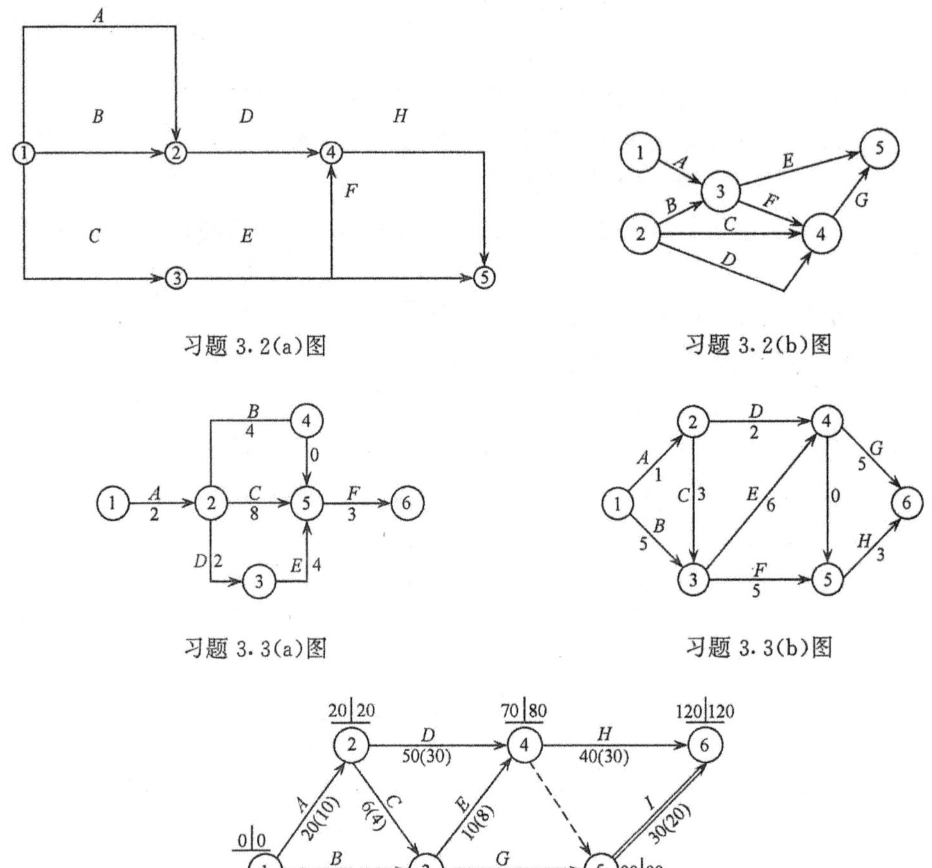

习题 3.2(a)图

习题 3.2(b)图

习题 3.3(a)图

习题 3.3(b)图

习题 3.5 图

第四章　建筑装饰工程施工组织总设计

本章介绍建筑装饰工程施工组织总设计的编制依据、编制程序、编制内容。主要讲述了在编制建筑装饰工程施工组织总设计中的工程概况和工程特征、施工布署和主要项目的施工方案、施工总进度计划、各项资源需用量计划、施工总平面图和主要技术经济指标的编制方法与要求。

4.1　概　　述

建筑装饰工程施工组织总设计是以整个建设项目或群体工程为对象，根据装饰工程的全套设计图纸和有关资料及现场的施工条件而编制，用以指导全工地各装饰施工项目的施工准备和组织施工的技术、经济、管理等方面的综合性文件。它是编制单位装饰工程施工组织设计和编制年(季)度计划的依据。

4.1.1　施工组织总设计编制的依据

根据不同的装饰施工对象、不同的使用要求、区域特征、施工条件等因素，施工组织总设计内容虽然繁简、深浅程度不一，但编制的依据基本相似。其主要依据包括以下几项：

1. 计划文件及有关合同

计划文件及有关合同主要包括主管部门批准的装饰计划文件、概预算指标和投资计划，分期分批交付使用的项目期限、工程所需材料、订货计划、建设项目所在地区主管部门的批件、招投标文件及工程承包合同等。

2. 设计文件及有关资料

设计文件及有关资料包括已批准的全部建筑装饰方案图、效果图，设计说明书，建筑总平面图，概预算等。

3. 装饰施工企业年度施工计划和施工管理目标

4. 现行规范、规程和有关技术规定

现行规范、规程和有关技术规定主要是指国家现行的装饰工程施工及验收规范、操作规程、概预算及装饰定额、技术规定等。

5. 类似建筑装饰工程项目的施工组织总设计和有关的总结资料

6. 建设单位对工程施工可能提供的供水、供电、临时办公用房、仓库及加工用房等条件

4.1.2 施工组织总设计的编制程序

施工组织总设计的编制程序是根据其各项内容的内在相互联系确定的。其编制程序如图 4.1 所示。

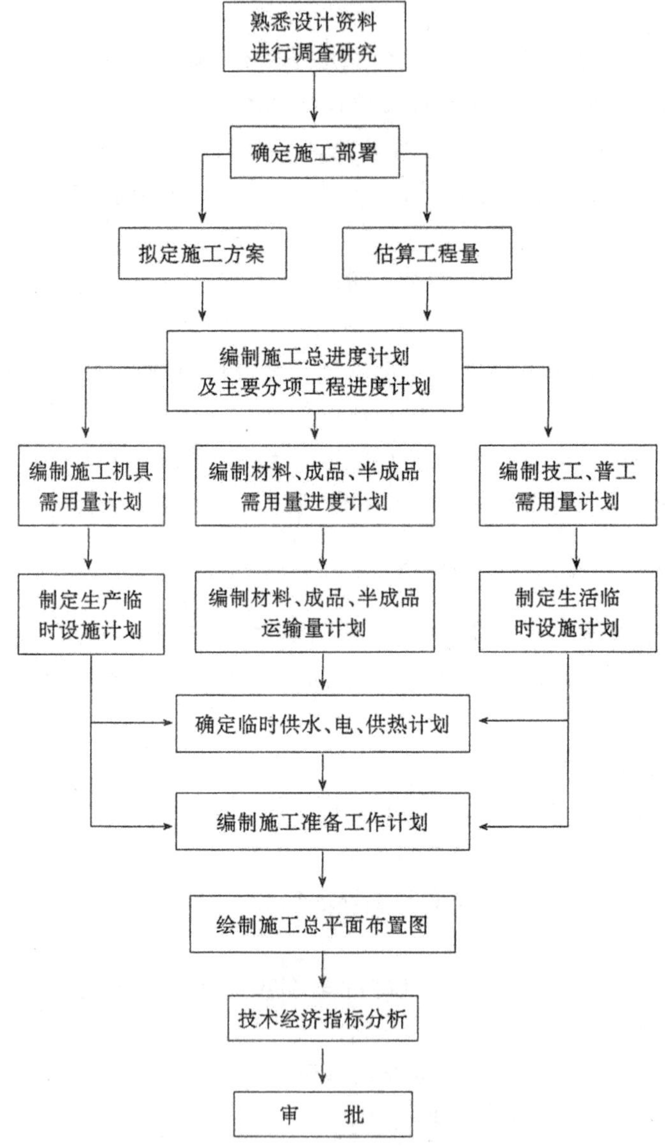

图4.1　装饰工程施工组织总设计编制程序

4.1.3 施工组织总设计的内容

建筑装饰工程施工组织总设计的内容依工程性质、规模、结构的特点、施工的复杂程度、工期要求及施工条件的不同，一般包括下列内容：工程概况、施工总体布署和主要装饰工程项目施工方案、全场性施工准备工作计划、施工总进度计划、各项资源需用量计划、施工总平面图、技术经济指标等。

4.2 工程概况

建筑装饰工程概况是对整个建设项目或建筑群所有装饰项目的总说明和总分析，应突出重点。其内容包括：装饰项目的内容和特点、建设区域的特征、装饰项目的施工条件等。

4.2.1 装饰项目的内容和特点

装饰项目的内容和特点实际上是对拟装饰工程项目主要特征的总体描述，其目的在于使人们了解装饰项目的全貌，并为装饰工程施工组织总设计的其他部分编制提供依据。主要内容包括：装饰工程名称、建设地点、建筑装饰标准，建筑面积、层数、施工总工期及分批分期投入使用的项目和期限；建筑装饰施工标准；主要装饰材料、设备管线的种类、型号、国内外订货的材料、设备数量；总投资额，工作量，生产流程，工艺特点；属改造工程项目，其建筑装饰风格、特征；新技术，新材料应用及复杂程度；建筑总平面图和各项单位装饰工程设计交图日期等。

4.2.2 建筑装饰工程所在区域的特征

了解建筑装饰工程所在区域的特征，是确定施工方案、选择施工方法的基本依据，其主要内容有以下几方面：

1. 建设地区的自然条件

建设地区的自然条件主要包括气象情况，如年平均气温、年最高气温、最低气温、冰冻期、年降雨量、最大风力、风向等。

2. 地方资源及生活设施情况

地方资源主要指当地装饰材料的供应、价格等情况；生活设施主要是指临时用的办公、宿舍、食堂、仓库、加工房；水电暖卫的供应条件及其位置；周围有无有害气体和污染企业等环境情况，其他动力条件等。

3. 地方装饰企业情况

包括当地装饰企业的资质情况、技术人员状况、机械化水平、施工力量及特长，技术水平及施工质量等。

4. 交通运输条件

交通运输条件主要是指当地交通运输的主管部门、运输能力、计划运输的道路及线路情况等。

4.2.3 装饰工程项目施工条件

装饰工程项目施工条件主要体现装饰施工企业的生产能力、技术装备、管理水平、市场竞争能力和完成指标的情况、主要设备机具、特殊装饰材料的供应情况。

4.3 施工布署和施工方案

施工布署是对整个建设项目的装饰施工进行统筹规划和全面安排，主要解决影响建设项目全局的重大战略问题，拟定指导全局组织装饰施工的战略规划，施工方案是对重点单位工程作出的具体施工安排；施工部署和施工方案分别为施工组织总设计和单位装饰工程施工组织设计的核心。

4.3.1 施工任务划分与组织安排

一个建设项目或建筑群是由若干幢建筑物与构筑物组成，为了科学地规划和控制，应对施工任务进行合理的组织分工及有序的安排。

装饰工程项目施工任务的划分与组织安排，应在明确施工管理体制、机构的条件下，建立施工现场统一的组织领导机构和职能部门，明确总包与分包的关系，确定综合的和专业化的施工组织，划分各施工单位的任务项目和施工区域，明确各施工单位间的协作关系，明确各施工单位分期分批的主攻项目、穿插项目及施工期限。

4.3.2 拟定主要工程项目的施工方案

在建筑装饰工程施工组织总设计中，施工方案一般是对建设项目中单个建筑物的装饰而言，也就是对主要建筑物的主要装饰项目的施工工艺流程及施工段划分提出原则性意见。这种工程项目通常是指工程项目中工程量大、施工难度大、工期长、影响全局的主导工程或特殊分项工程。如大跨度结构的吊顶、高层玻璃幕墙安装、外墙干挂石材、复杂的设备、管线安装、大型玻璃采光顶安装、室内外大型装饰物安装等。根据设计方案或施工图，研究制定工程中所采用的新材料、新工艺、新技术及拟采用的施工方法、施工工艺和质量标准。

施工方案编制的主要依据是：装饰施工图纸，装饰工程施工及验收规范，建筑质量检查验收评定标准，建筑内部装修设计防火规范，玻璃幕墙技术标准等，安全与技术操作规程、施工机械性能手册以及新技术、新工艺、新材料等资料。

施工方案编制的主要内容包括：主要装饰项目的施工方法、施工工艺流程、施工机械设备、机具等。对施工方法的确定，要兼顾技术工艺的先进性和经济的合理性；对工艺流程的确定，要符合施工的技术规律；对施工机械、机具的选择，应使主导施工机械、机具满足装饰工程的需要，使其充分发挥工作效率。

4.4 施工准备工作计划

根据施工部署和施工方案，编制施工准备工作计划。其主要内容有：

1)了解和掌握装饰设计施工图的出图计划、设计意图和拟采用的新材料、新工艺、新技术，组织进行样板施工，并作施工鉴定。

2)原有建筑或结构的拆改项目及工程拆除改造方案(包括拆除物的堆放、外运、安全措施等)。

3)编制施工组织设计和研究施工组织设计中有关主要项目或关键项目的施工技术措施。

4)编制施工人员用工计划，进行技术培训。

5)建筑装饰材料，施工机具，成品、半成品加工，进场准备。

6)冬雨期施工准备计划。

主要施工准备工作计划也可用表格列出，如表4.1所示。

表4.1 主要施工准备工作计划

序号	项目	施工准备工作内容	负责单位	涉及单位	要求完成日期	备注

4.5 施工总进度计划

装饰施工总进度计划是根据施工部署中所确定的各项工程的开竣工程序、施工方案及施工力量，通过计算或参照类似工程的工期，定出各主要工程项目的施工期限和各工种之间的搭接时间、人力安排和物资需用计划，它是控制装饰进度的关键，是装饰施工组织设计的主要内容，是建筑装饰施工现场管理工作的中心。

4.5.1 施工总进度计划的编制原则

1)合理安排施工顺序，保证在劳动力、物资以及资金消耗量最少的情况下，按规定工期高质量完成施工任务。

2)采用合理的施工组织方法，使装饰工程的施工保持连续、均衡有节奏地进行。

3)根据工程所在区域的自然条件和技术经济条件，因地制宜布署施工活动。

4.5.2 施工总进度计划的内容

施工总进度计划的内容主要包括：估算各主要项目的实物工程量，确定各单位工程的施工期限，明确各单位工程开竣工时间和相互搭接关系以及施工总进度计划表的编制。

4.5.3 施工总进度计划的编制步骤和要点

1.估算各主要项目的工程量

编制施工总进度计划是一项要求严格、量大面广、步骤繁琐的工作。其基本要求是：保证拟装饰工程项目在规定的期限内按时或提前完成，做到施工的连续性和均衡性，努力节省施工费用，降低工程造价，为编制出科学合理的施工总进度计划，应掌握以下步骤与要点：

1)根据装饰项目的特点划分项目。

2)项目划分不宜过多，应突出主要项目，一些附属、辅助工程可以合并。

3)计算各主要项目工程量，编制工程量汇总表，并注明材料供应方。

2.确定施工总工期和各分包项目(单位工程)的施工期限

影响工期的因素很多，主要包括：工程规模、工艺复杂程度、施工方法、施工技术和管理水平以及现场的环境条件等，综合考虑上述诸多因素并参考有关工期定额或指标后予以确定。

3.确定各单位装饰工程开竣工时间和相互搭接关系

确定各单位装饰工程的施工期限之后，就可以进一步安排各单位装饰工程与设备安装工程的搭接施工时间，力争建筑装饰与设备安装施工能均衡、连续施工，以使劳力、机具、材料综合平衡。具体安排时应注意以下几点：

1)同一时间开工的项目不宜过多，以免人力、物力分散。对于工程规模较大、施工工艺复杂、施工难度较大、工期较长的项目和需要先期配套使用的项目，应尽量安排先施工。

2)根据使用要求和施工能力，结合物资供应情况及施工准备条件，分期分批地组织施工，明确每个施工阶段的主要施工项目的开竣工日期。

3)充分估计设计出图时间和材料、设备到货情况(尤其是国外材料、设备的到货时间)，使每个装饰项目的施工准备与设备安装能合理衔接。

4)合理安排一些调剂项目，既能保证重点又能实现连续均衡施工。

5)合理安排施工顺序，一般采取先地下后地上、先干线后支线，先湿作业后干作业，饰面工程应先墙顶后楼地面，同时还要考虑雨期室外环境对装饰施工的影响。

4.5.4 编制施工总进度计划

以上各项工作完成后，即可编制施工总进度计划。首先根据可施工项目的工期与搭接时间，编制初步进度计划，其次按照流水施工与综合平衡的要求，调整进度计划或网络计划，最后绘制施工总进度计划和主要分部分项工程流水施工进度计划或网络计划图表。

施工总进度计划表和主要分部分项工程流水施工进度计划表，如表 4.2 和表 4.3 所示。

表 4.2 施工总进度计划表

<table>
<tr><th rowspan="3">序号</th><th rowspan="3">工程名称</th><th colspan="2">建筑指标</th><th rowspan="3">设备安装指标</th><th rowspan="3">工程造价/万元</th><th rowspan="3">施工天数/月</th><th colspan="10">进度计划</th></tr>
<tr><th rowspan="2">单位</th><th rowspan="2">数量</th><th colspan="5">第一季/月</th><th colspan="5">第二季/月</th></tr>
<tr><th>1</th><th>2</th><th>3</th><th>4</th><th>……</th><th>1</th><th>2</th><th>3</th><th>4</th><th>……</th></tr>
<tr><td></td><td></td><td></td><td></td><td></td><td></td><td></td><td></td><td></td><td></td><td></td><td></td><td></td><td></td><td></td><td></td><td></td></tr>
</table>

表 4.3 主要分部分项工程流水施工进度计划表

<table>
<tr><th rowspan="3">序号</th><th rowspan="3">分部分项工程</th><th colspan="2">工程量</th><th colspan="2">机具</th><th colspan="3">装饰技工</th><th rowspan="3">施工延续天数</th><th colspan="10">进度计划</th></tr>
<tr><th rowspan="2">单位</th><th rowspan="2">数量</th><th rowspan="2">机具名称</th><th rowspan="2">机具数量</th><th rowspan="2">工种名称</th><th rowspan="2">总共日数</th><th rowspan="2">平均人数</th><th colspan="10">200×年×季</th></tr>
<tr><th>×月</th><th>×月</th><th>×月</th><th>×月</th><th>×月</th><th>×月</th><th>×月</th><th>×月</th><th>×月</th><th>…</th></tr>
<tr><td></td><td></td><td></td><td></td><td></td><td></td><td></td><td></td><td></td><td></td><td></td><td></td><td></td><td></td><td></td><td></td><td></td><td></td><td></td><td></td></tr>
</table>

4.6 各项资源需用量计划

施工总进度计划编制并进行优化调整后，即可编制各主要资源的需要量计划。它包括技工、普工需用量计划，主要材料和成品、半成品计划，主要材料、成品、半成品运输量计划，主要施工机具需用量计划，大型临时设施需用量计划等。

4.6.1 技工、普工需用量计划

按照施工准备工作计划、施工总进度计划和主要分部分项工程进度计划，结合实际工程量套用概算定额或经验资料计算所需的劳动力人数，以此可编制主要劳动力需用量计划，使劳动力消耗做到基本均衡，以避免调动频繁而窝工。同时要提出解决劳动力不足时的有关措施，加强调度管理。装饰工程工种复杂、分工较细、工人技术水平要求高，应根据工程的具体情况选择合适的施工队伍，并组织技术培训。劳动力需用量计划表的形式，如表 4.4 所示。

表 4.4 装饰技工、普工需要量计划表

<table>
<tr><th rowspan="2">序号</th><th rowspan="2">工种名称</th><th rowspan="2">施工高峰需要人数</th><th colspan="4">200×年×季</th><th rowspan="2">现有人数</th><th rowspan="2">多余(+)或不足(－)</th></tr>
<tr><th>一季</th><th>二季</th><th>三季</th><th>四季</th></tr>
<tr><td></td><td></td><td></td><td></td><td></td><td></td><td></td><td></td><td></td></tr>
</table>

4.6.2　主要材料、成品、半成品需用量计划

根据装饰项目的不同档次标准，结合工程概算或经验资料，估算出主要装饰材料在某季度、某月的需要量，从而编制出主要材料、成品、半成品的需用量进度计划，以利于组织运输和安排仓库。主要材料需要量计划如表 4.5 所示；主要成品、半成品需用量计划见表 4.6 所示。

表 4.5　主要材料需要量计划

材料名称 / 工程名称	主　要　材　料									

表 4.6　主要成品、半成品需要量计划

序号	成品、半成品名称	规格	单位	合计	需用量进度计划					备　注
					200×年					
					合计	一季	二季	三季	四季	

4.6.3　主要材料、成品、半成品运输量计划

建筑装饰工程中所使用的材料、成品、半成品，其体积各异，计算方法也不同(吨、件、块、立方米)，运输方式有多种：铁路、公路、空运、海运等。运输总量中应考虑不可预见系数，如建筑垃圾运输量，由于施工地点不同、施工场地及施工条件不同，运输班次及时间应慎重考虑，若在大中城市繁华地区可能只有夜间方可外运。

高层建筑装饰工程还应考虑垂直运输间距，根据材料的体积、长宽、重量及运输工具(电梯、提升架等)的性能，合理安排垂直运输工作。主要材料、成品、半成品运输量计划如表 4.7 所示。

表 4.7　主要材料、成品、半成品运输量计划

序号	主要材料、成品、半成品名称	单位	数量	折合吨数	运距/km			运输量/t·km	分类运输量/(t·km)			备注
					装货点	卸货点	距离		公路	铁路	水路	

4.6.4 主要施工机具需用量计划

根据施工布署、施工方案、施工总进度计划、主要工种工程量和主要材料、成品、半成品运输量计划，确定垂直运输、水平运输并计算其需用量，编制主要施工机具、设备需用量计划，提出解决的办法和进场日期。对于单位工程中装饰施工所用的中小型机具、手持电动机具由单位装饰工程施工组织设计考虑。计划中所用的机具、设备应注明电动机功率，以便考虑供电容量。主要施工机具、设备需用量计划如表 4.8 所示。

表 4.8 主要施工机具、设备需要量计划表

序号	机具设备名称	规格型号	电动机功率	数量				购置价格/千元	使用时间	备注
				单位	需用	现有	不足			

4.6.5 大型临时设施计划

在考虑大型临时设施计划时应本着尽量利用已有工程为装饰施工服务的原则，根据施工布署、施工方案和各种资源需用量计划考虑所需的一切生产和生活临时设施(包括生产、生活用房、临时道路、临时用水、用电和供热系统等)。

当建筑装饰工程与主体结构工程同时施工时，尽量利用主体结构工程施工中的大型临时设施，如卷扬机、搅拌机、水泥库、各类材料仓库等，以节省费用。

4.7 施工总平面图

施工总平面图是用以解决建筑群施工所需的各项设施和永久性建筑(拟建的和已有的)相互间的合理布局。按照施工布署、施工方案和施工总进度计划的要求，将各项生产、生活设施，包括房屋建筑、临时加工厂、材料仓库、堆场、水电源、动力管线和运输道路等，在现场平面上进行周密规划和合理布置。

对于大型建设项目，由于施工周期长或场地所限，施工总平面图还应按照施工阶段分别进行布置，如主体结构施工阶段、建筑装修装饰阶段等。

4.7.1 施工总平面图的设计原则

施工总平面图设计，是对施工现场进行综合性的合理规划，其影响因素较多，主要取决于现场的具体条件。要绘制出一个切实可行的施工总平面图，必须遵循以下原则：

(1)尽量降低临时设施的修建费用

充分利用已有或拟建房屋、管线、道路和可缓拆或不拆除的项目为装饰施工服务。

(2)尽量降低运输费用

材料和半成品、成品仓库尽可能靠近使用地点，保证运输方便，减少二次搬运。

(3)有利生产、方便生活

临时设施的布置要不影响项目的施工，并使人员在地上往返时间短，居住区至施工区距离尽量要近。

(4)对改建、扩建工程还应考虑不影响企业的正常生产与工作

(5)要满足防火和技术安全的要求

在规划布置临时设施时，对可燃性的材料仓库、加工厂等必须满足防火规范规定的安全距离，并设置必要的消防设施。

(6)符合劳动保护和环保要求

4.7.2 施工总平面图的设计内容

施工总平面图设计主要包括以下内容：

1)一切拟建和在建的永久性建筑物，地上、地下管线。

2)施工用的一切临时设施，包括各类加工厂，建筑装饰材料、成品、半成品、水电、暖卫材料、设备等的仓库与堆场，行政管理和文化生活福利用房，临时给水、排水管线，供电线路、供热、通风、压缩空气管道、安全防火设施等。

4.7.3 施工总平面图的绘制

施工总平面图是装饰工程施工组织设计的主要内容之一，是要归入技术档案的，因此要求精心设计，认真绘制。其绘制步骤如下：

1.确定图幅大小和绘图比例

图幅大小和绘图比例应根据工程所在场地大小及布置内容多少来确定，图幅一般可选用 1 号或 2 号图，比例一般采用 1∶500 或 1∶1000，大型建筑群可选用 1∶2000。

2.合理规划和设计图面

施工总平面图不但要反映现场所有的布置内容，还要将周围环境、场外道路、毗邻建筑及指北针、图例、说明表示出来。因此绘制时，要合理规划和设计图面，以使图纸内容完整、清晰、美观。

4.8 主要技术经济指标分析

施工组织设计编制完成后，还需对其主要的技术经济指标进行分析评价，以便

进行方案改进或多方案优选，其目的在于论证施工组织设计在技术上是否可行，经济上是否合理；通过科学的分析比较，选择技术经济效果最佳方案。

4.8.1 技术经济指标分析的原则与要求

施工组织总设计技术经济指标分析，应围绕质量、工期、成本三个方面进行。其原则是：在保证装饰质量的前提下，达到工期合理、成本最低。具体包括：施工周期、施工准备、临时设施、劳动力的均衡使用和均衡施工，总包与分包及各专业间的协作，节约资源，经济效益及新技术、新材料、新工艺的采用等。进行技术经济指标分析的具体要求有以下几点：

1)进行技术经济指标分析时应把重点放在施工布署、施工方案、施工总进度计划和施工总平面图上，并以此建立技术经济指标体系。

2)进行技术经济分析时，要灵活运用定性分析方法和定量分析的方法。

3)进行技术经济分析时，应以设计方案要求、国家的有关规范规定及工程实际需要为依据。

4.8.2 技术经济分析的相关指标

施工组织总设计中的主要技术经济指标包括以下四项：装饰项目的工期，劳动生产率，单位工程优良率，降低成本指标。

1.装饰项目施工工期

以项目开工到全部投产使用为止的持续时间。它包括以下四个阶段：

1)施工准备期，以施工准备开始到主要项目开工止。

2)部分投产期，从主要工程项目开工到第一批项目投产使用为止。

3)单位工程投产期，指群体工程中的某一单位工程的建筑装饰工程项目开始施工到全部交付使用的时间。

4)群体工程全部投产期，群体工程中的各个单位工程从第一个开始装饰到所有建筑装饰工程结束，全部交付使用的时间。

建筑装饰工程的施工工期是工程交付使用的关键。许多工程由于建筑装饰工程施工周期太长而影响到投产使用时间，从而对工程的经济效益和社会效益造成严重损失，尤其是饭店、酒店及旅游建筑更为明显。

2.劳动生产率

劳动生产率包括的相关指标主要有以下几项：

1)企业劳动生产率[元/(人·年)]。

2)单位竣工面积用工量(工日/m^2)。

3)劳动力不均衡系数。

劳动力不均衡系数，可按下式计算：

$$劳动力不均衡系数 = \frac{施工高峰人数}{施工平均人数} \tag{4.1}$$

3.单位工程优良率

单位工程优良率是施工组织设计中确定的主要控制目标，按装饰工程质量评定标准，通过保证每个单位工程装饰质量措施来实现，应具体体现在每个单位工程、分部分项工程的施工工序中，是衡量装饰企业技术水平与管理水平的主要指标。单位工程优良率，可按下式计算：

$$单位工程优良率 = \frac{达优良标准的单位工程个数}{建设项目单位工程个数} \times 100\% \tag{4.2}$$

4.降低成本指标

降低成本指标，包括降低成本额和降低成本率两种，这也是衡量装饰企业技术水平与管理水平的主要指标。

1)降低成本额＝预算成本－施工组织总设计计划成本。

2)降低成本率＝降低成本额(元)÷预算成本(元)×100%。

4.8.3 技术经济指标分析的方法

技术经济指标分析的方法，主要有定性分析方法和定量分析方法两种。

1.定性分析方法

定性分析方法是根据以往的经验对施工组织设计的优劣进行分析。如工期是否适当，可按一般规律或工期定额进行评价，选择的施工机械是否能满足工程施工要求，流水段的划分是否能满足流水施工的要求，能否方便施工，施工平面图设计是否合理，临时设施费用比例是否恰当，场地是否被合理利用，主要经济技术指标是否可行。定性分析方法，快速、简捷，但不够准确，不能优化，易受主观因素制约。

2.定量分析方法

定量分析方法又分为多指标分析法、评分法和价值法三种。

(1)多指标分析法

多指标分析法简便实用，应用比较普遍。但比较时要选用适当的指标，具有可比性。要区别以下两种情况：

1)一个方案的各项技术经济指标均优于另一个方案，优劣明显。

2)通过计算多个方案的技术经济指标，优劣相互穿插，分析比较时要进行整理，以便形成一致的、适用的单项指标，然后分析优劣。

(2)评分法

评分法实际上是对多种方案中的多项技术经济指标，进行认真分析、科学评分、综合评价某一方案的优劣。

(3)价值法

价值法是对各种方案均计算出最终价值，用各自的价值大小，评定方案的优劣。这种方法准确性大，但计算工作量大，比较繁琐。

思 考 题

4.1 简述装饰工程施工组织总设计的编制依据和编制内容。

4.2 装饰工程施工总进度计划的编制原则是什么？

4.3 装饰工程施工总平面图设计包括哪些内容？

4.4 进行技术经济指标分析具体的方法有哪些？

第五章　单位装饰工程施工组织设计

本章简要介绍单位装饰工程施工组织设计的编制依据、编制程序和编制内容，重点叙述了施工方案、施工进度计划，各项资源需用量计划、施工平面图和施工技术组织措施的编制步骤与内容，并用工程实例说明单位装饰工程施工组织设计的应用。

5.1　概　　述

单位装饰工程施工组织设计是以单位装饰工程作为施工组织对象而编制的，是指导单位装饰工程从施工准备到竣工验收全过程施工活动的技术经济文件。它既要体现装饰设计与使用要求，又要符合装饰施工的客观规律，是做好施工准备工作的主要依据。

单位装饰工程施工组织设计是依据装饰工程的具体特点、装饰要求、施工条件和管理水平，确定主要装饰项目的施工顺序和施工流向，选择主要的施工方法，先进的技术措施，科学地规划装饰进度计划、资源计划、计算主要技术经济指标，绘制施工平面图，并提出保证质量和安全措施等。

5.1.1　施工组织设计的编制依据

单位装饰工程施工组织设计的编制依据主要有以下几个方面：

1.装饰施工合同

主要包括：装饰项目范围、内容、工程开、竣工日期，工程质量保修期，工程造价，工程价款的拨付、结算及交工验收条件，设计文件与概预算和技术资料的提供日期，材料和设备的供应进场期限，双方相互协作事项、违约责任等。

2.施工组织总设计

当该单位工程为整个群体工程中的一个装饰项目时，应把施工组织总设计中的总体施工布置以及对本装饰项目施工的有关规定和要求，作为编制依据。

3.施工图纸及设计单位对施工的要求

主要包括：该单位工程的全部施工图纸，会审记录和标准图等有关设计资料。同时对较复杂的设备工程，如电气、管道等设备图纸和设备安装与装饰施工的配套要求等应全面了解掌握。应特别重视设计单位对新技术、新材料、新工艺在本单位工程中的使用要求。

4. 建设单位可能提供的条件

建设单位可能提供的临时办公、仓库用房数量，水源、电源所在位置，供应量，水压、电压供应的连续性，是否能满足施工要求。

5. 施工单位可能提供的施工条件

施工单位可能提供的施工条件主要包括：施工现场的劳动力、技术工人和管理人员情况，装饰材料，成品及半成品供应，施工机具及设备配备等。

6. 工程预算文件和有关现行规范、规程等资料

工程预算文件为编制施工组织设计提供工程量和预算成本，所以应有详细的分部分项工程量，使用的预算定额和施工定额。国家有关的装饰施工验收规范、工程质量标准，操作规程等。以上这些都是确定施工方案、编制施工进度计划的主要依据。

7. 有关的参考资料和装饰企业对类似工程的施工经验资料

5.1.2 施工组织设计的编制程序

单位装饰工程施工组织设计的编制程序，是指对其各组成部分形成的先后顺序及相互间的制约关系的处理，从中可进一步了解设计的有关内容和步骤。

单位装饰工程施工组织设计的编制程序，如图 5.1 所示。

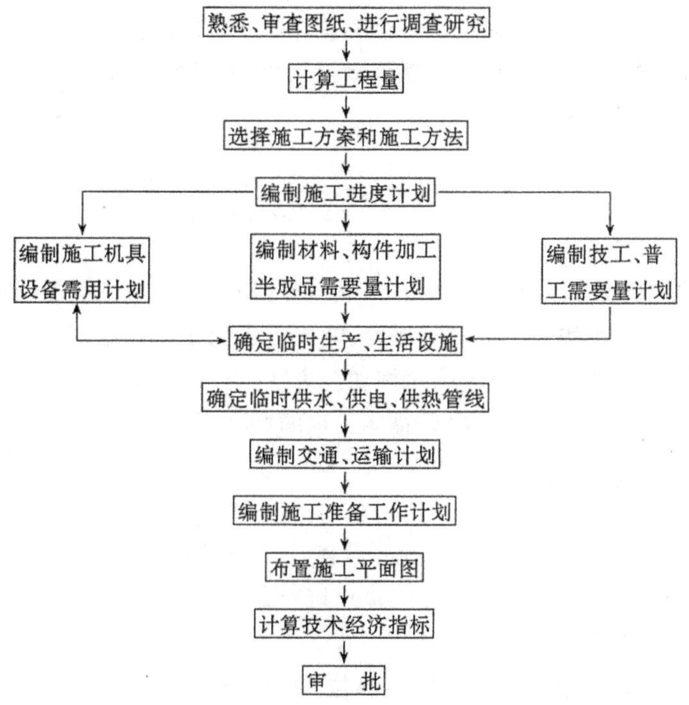

图 5.1　单位装饰工程施工组织设计编制程序

5.1.3 施工组织设计的编制内容

单位装饰工程施工组织设计编制内容的深度和广度，应视工程规模大小、技术复杂程度和现场施工条件而定。对于新建的工程，其建筑装饰施工仅属于整个工程的其中几个分部（内外装饰、门窗、楼地面等）。在现代新型的建筑装饰工程中，除上述几个分部外还包括了建筑施工以外的一些项目，如家具、壁挂、屏风、厨餐用具等，同时还有与之配套的水暖、电、卫、空调等。在许多高层建筑中，其电气部分除了强电（动力、照明用电）外，还有弱电、电子系统，目前弱电系统所包含的内容比较多，如：楼层自控系统（冷热源、新风、空调动力、变配电、电梯等），消防自控系统（火灾探测、自动报警、消防联动控制、喷淋和气体灭火等），安防监控系统（闭路电视监控、侵入报警等），电视系统（卫星接收、有线、无线电视网接入、图文电视、数据通讯等），综合布线系统（电话、计算机网络、会议电视及楼宇自控系统的综合布线），计算机网络系统（自动化办公、信息管理与服务、组织与管理等），车库管理系统（出入管理、自动计费、车位指示等智能化管理）。

弱电施工比较复杂，专业技术要求高，配合性强，在编制单位装饰工程施工组织设计时应充分考虑这些项目与装饰施工的关系，合理安排施工工序，给设备安装预留一定的时间，以免出现相互影响或交叉施工的不利情况。

单位装饰工程施工组织设计内容包括：工程概况，施工方案，施工准备工作计划，施工平面布置图，施工进度计划，资源需用量计划（装饰技工、普工需用量计划、施工机具计划、主要材料计划），主要技术组织措施，消防安全、文明施工及环保措施，成品保护措施，技术经济指标等。

5.2 工程概况及特点

单位装饰工程施工组织设计中的工程概况，是对拟装饰工程的装饰特点、地点特征和施工条件等所作的一个简明扼要、突出重点的文字介绍。有时为了弥补文字介绍的不足，还可以附图或用辅助表格加以说明。在装饰施工组织设计中，应重点介绍本工程的装饰特点以及与项目总体工程的联系。

5.2.1 工程装饰概况及特点

针对工程的装饰特点，结合现场的具体条件，找出关键性的问题加以说明，对新材料、新技术、新工艺的施工难点应重点进行分析研究。

1. 工程装饰概况

主要说明拟进行装饰工程的建设单位，工程名称、性质、用途、工程投资额，设计单位、施工单位，装饰设计图纸情况以及开、竣工日期等。

2. 工程装饰设计特点

主要说明拟装饰工程的建筑面积、高度、单位装饰工程的范围，装饰标准，主要房间的装饰材料，装饰设计风格，与之配套的水、电、暖、风主要项目等。

3. 工程装饰施工特点

主要说明装饰施工的重点所在，以使重点突出，抓住关键，使装饰施工能顺利进行。

5.2.2 建筑地点特征

应介绍拟装饰工程所在的位置、地形、地势、环境、气温、冬雨期施工时间，主导风向、风力大小等。若本项目只是承接了该建筑的一部分装饰，则应注明拟装饰工程所在的层、段。

5.2.3 施工条件

主要说明装饰施工现场及周围环境条件，装饰材料、成品、半成品、运输车辆、劳动力、技工配备和企业管理水平，以及现场供水、供电问题等。

5.3 施工方案的选择

施工方案是单位装饰工程施工组织设计的核心，施工方案合理与否将直接影响装饰工程施工效率、质量、工期和技术经济效果，因此，必须引起足够的重视。

对装饰工程施工方案和施工方法的拟定，在考虑施工工期、各项资源供应情况的同时，还要根据装饰工程的施工对象综合考虑。

5.3.1 装饰工程的施工对象

装饰工程的施工对象有以下两种：

1. 新建工程的建筑装饰施工

新建工程的建筑装饰施工有两种施工方式，其一是主体结构完成之后进行装饰施工，它可以避免装饰施工与结构施工之间的相互干扰。主体结构施工中的垂直运输设备、脚手架等设施，临时供电、供水、供暖管道可以被装饰施工利用，有利于保证装饰工程质量，但装饰施工交付使用时间会被延长。其二是主体结构施工阶段就插入装饰施工，这种施工方式多出现在高层建筑中，一般建筑装饰施工与结构施工相差三个楼层以上。建筑装饰施工可以自第二层开始逐层向上进行或自上往下逐层进行。这种施工安排能与结构施工主体交叉、平行流水，可加快施工进度。但结构与装饰施工易造成相互干扰，管理较困难，而且必须采取可靠的安全措施及防水、防污染措施才能进行装饰施工。水、电、暖、卫干管也必须与结构施工紧密配合。

2. 旧有建筑进行装饰改造

旧有建筑进行装饰改造一般有三种情况：

1)不改动原有建筑的结构，只改变原来的建筑装饰，但原有的水、电、暖、卫设备管线可能要变动。

2)为了满足新的使用功能要求，不仅改变原有建筑外貌，而且还要对原有建筑的结构进行局部改动。

3)完全改变原有建筑的功能用途，如办公楼或宿舍楼改为饭店、酒店、娱乐中心、商店等。

5.3.2 施工方案的选择

施工方案的选择一般包括：确定施工程序和施工流向，确定施工顺序，合理选择施工方法。

1. 确定总的施工程序

施工程序是指单位装饰工程中各分部工程或施工阶段的先后次序及其制约关系。不同施工阶段的不同工作内容按其固有的、不可违背的先后次序向前开展，其间有着不可分割的联系。既不能相互代替，也不能随意跨越与颠倒。

建筑装饰工程的施工程序一般有先室外后室内、先室内后室外或室内室外同时进行三种情况。施工时应根据装饰工期、劳动力配备、气候条件、脚手架类型等因素综合考虑。

室内装饰的工序较多，一般先施工墙面及顶面，后施工地面、踢脚。室内外的墙面抹灰应在管线预埋后进行；吊顶工程应在设备安装完成后进行，客房卫生间装饰应在施工完防水层、便器及浴盆后进行。首层地面一般放在最后施工。

2. 确定施工流向

施工流向是指单位装饰工程在平面或空间上施工的开始部位及流动方向。对单层建筑只需定出分段施工在平面上的施工流向，多层及高层建筑除了确定每层平面上的施工流向外，还要确定其层间或单元空间上的单元流向。确定施工流向应考虑以下几个因素：

1)施工工艺过程是确定施工流向的关键因素。建筑装饰工程施工工艺的一般规律是先预埋、后封闭、再装饰；预埋阶段先通风、后水暖管道、再电气线路；封闭阶段先墙面、后顶面、再地面；调试阶段先电气、后水暖、再空调；装饰阶段先涂饰、后裱糊、再面板。建筑装饰工程的施工流向必须按各工种之间的先后顺序组织平行流水，颠倒或跨越工序就会影响工程质量，甚至造成返工、污染而延误工期。

2)对装饰技术复杂、工期较长的部位应先施工，水暖、电卫工程的建筑装饰工程，必须先进行设备、管线安装，再进行装饰施工。

3)建筑装饰工程必须要满足建设单位对生产和使用的要求。对急需使用的应先施工。对高级宾馆、饭店的建筑装饰改造，往往采取施工一层(一段)，交用一层(一段)的做法，使之满足用户的营运要求，早日取得经济效益。

4)分部工程或施工阶段的特点。对于外墙装饰可以采用自上而下的流向；对于内墙装饰，则可采用自上而下、自下而上及自中而下再自上而中三种流向。

自上而下的施工流向通常是指主体结构封顶，屋面防水层完成后，装修由顶层开始逐层向下进行。一般有水平向下和垂直向下两种形式，如图5.2所示。这种流向的优点是，主体结构完成后，有一定的沉降时间，沉降变化趋向稳定，这样可以保证室内装饰质量；屋面防水层做好后，可防止因雨水渗漏而影响装饰效果，同时，各工序之间交叉少，便于组织施工，从上而下清理垃圾也方便。

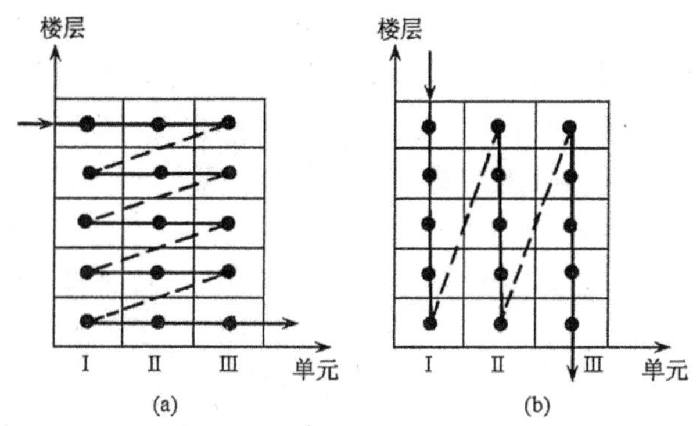

图5.2 自上而下的流水顺序

(a)水平向下；(b)垂直向下

对于多高层改造工程，采用自上而下进行施工，也比较有利，如在顶层施工，仅下一层作为间隔层，停止面小，不影响其他层的营业。

自下而上的施工流向，是指当主体结构施工到一定楼层后，装饰工程从最下一层开始，逐层向上的施工流向，一般与主体结构平行搭接施工，同样也有水平向上和垂直向上两种形式，如图5.3所示。为了防止雨水或施工用水从上层楼缝内渗漏

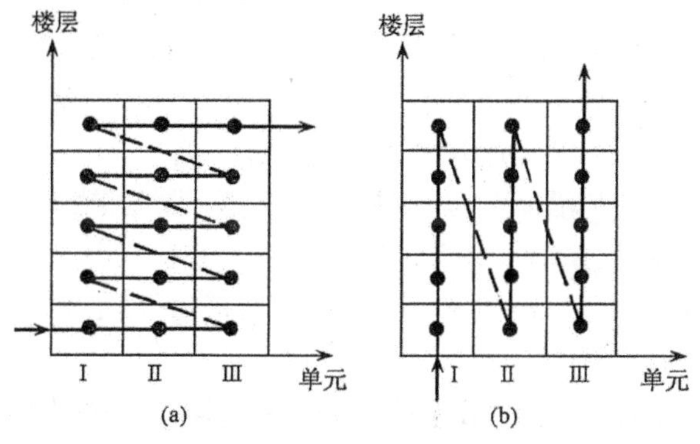

图5.3 自下而上的流水顺序

(a)水平向上；(b)垂直向上

而影响装修质量，应先灌好上层楼板板缝混凝土及面层的抹灰，再进行本层墙面、顶棚、地面的施工。这种流向的优点是工期短，特别是高层与超高层建筑工程更为明显。其缺点是工序交叉多，需要采取可靠的安全措施和成品保护措施。

自中而下再自上而中的施工流向，综合了上述两种流向的优缺点，适用于新建的高层建筑装饰工程施工。

室外装饰工程一般常采用自上而下的施工流向，但对湿作业石材外饰面施工以及干挂石材外饰面施工均采取自下而上的施工流向。

3.确定施工顺序

施工顺序是指分部分项工程施工的先后次序。合理地确定施工顺序是为了按照客观的规律组织施工，解决各工种之间搭接，以减少工种间交叉破坏，在保证质量与安全施工的前提下，充分利用工作面，实现缩短工期的目的，同时也是编制施工进度计划的需要。确定施工顺序时，一般应考虑以下因素：

1)遵循施工总程序，施工程序确定了各施工阶段之间的先后次序，在考虑施工顺序时应与之相符。

2)必须符合施工工艺的要求，如轻钢龙骨石膏板吊顶的施工顺序为：顶棚内各种管线施工完毕→安装吊杆→吊主龙骨→电线管穿线→水管试压(包括消防喷淋管等)→风管保温→次龙骨安装→安罩面板→涂料(油漆)。

3)符合施工质量和安全要求，如外装饰，应在屋面防水施工完成后进行，地面施工应在无吊顶作业的情况下进行，油漆刷涂应在附近无电焊的条件下进行。

4)充分考虑气候条件的影响，如冬期室内装饰施工时，应先安门窗和玻璃，后做装修工程。大风天气不宜安排室外饰面的装饰施工，高温不宜进行室外金属饰面板类施工。

装饰工程的施工顺序一般有先内后外、先外后内和内外同时进行三种顺序。具体选择哪种顺序可根据现场施工条件和气候条件以及工期紧迫程度而定。对于外装饰湿作业、涂料等项施工应尽量避开冬期、雨期进行；干挂石材、金属板幕墙、玻璃幕墙等干作业施工受气候影响不大，但对高层及超高层建筑外装饰施工要注意大风天气风力的影响。

室内装饰工程的施工顺序应符合下列规定：

1)抹灰、饰面、吊顶和隔断工程，应待隔墙、门窗框、暗装的管道、电线管和电器预埋件、预制钢筋砼楼板灌缝等完工后进行。

2)钢木门窗可在抹灰前进行。铝合金、涂色镀锌钢板、塑料门窗、玻璃工程应在抹灰等湿作业完工后进行。

3)有抹灰基层的饰面工程、吊顶及轻型花饰工程，应在抹灰工程完工后进行。

4)涂饰工程，应在塑料、菱苦土、地毯和硬质纤维板等楼(地面)的面层和明装电线施工前、管道设备工程试压后进行。木楼(地)板面层的最后一遍涂料，应待裱糊工程完工后进行。

5)裱糊工程,应待顶棚、墙面、门窗及建筑设备的涂饰工程完工后进行。

房间功能不同,装饰作法不同,其施工顺序也不同。下面介绍几种不同功能房间的施工顺序。

厅堂施工顺序:

搭脚手架→墙内管线预埋→石材柱墙面→顶棚内管线→吊顶→线脚安装→顶棚涂料→灯饰、风口、烟感、喷淋、广播监控安装→拆脚手架→地面石材施工(玻璃弹簧门地脚预埋)→安门扇→柱、墙面电气插座开关安装→地面清理、打蜡→交验。

客房改造施工顺序:

拆除旧有建筑→修改电气管线及通风管道→壁柜制作、窗帘盒安装→顶内管线→吊顶→安角线→窗台板、暖气罩→安门框→墙、地面处理→顶棚涂料→墙面腻子→安门扇→木面油漆→贴墙纸→铺地毯(或贴地砖)→桌头灯及过道灯安装→清理、修补→交验。

客房、卫生间改造施工顺序:

原旧物拆除→改上下水管道→改电管线→安门窗框→防水层施工→保护层→安浴具→台板架安装→贴墙砖→安大理石台面板→顶棚内排风机、管线、镜前灯安装→吊顶板→安镜子→安门扇及压线→木面油漆→地面面层→安座便、洗面器→地漏篦子、浴帘杆、毛巾杆、拉手、手纸盒安装→电插座、开关安装→清洗、修补→交验。

氧吧工程施工顺序:

墙体基层粉刷→水电管线安装→吊主次龙骨→吊顶面板安装→家具木作→空调安装→墙面壁纸(或其他面材)→墙毯→玻璃镜画→涂饰→设备安装→音响设备。

水暖卫生系统安装施工顺序:

采暖系统:敷设供热管道入口→安装暖气片→安装采暖管道→采暖系统试验。

给水系统:敷设给水管道入口→安装给水管道→安装配水阀件→给水系统实验。

排水系统:敷设排水管道出口→安装排水管道→安装卫生器具→排水系统实验。

4.合理选择施工方法

建筑装饰工程施工方法的选择要综合考虑多种因素,经过认真分析,选定最优方案,以达到提高装饰质量,加快施工进度,节约材料的目的。在选择施工方法时,应掌握以下几项原则:

(1)建筑装饰的耐久性

建筑装饰有其时代性及特定的时间性，从设计及使用角度看，不同类型的建筑，对饰面耐久性标准也不同。对量大面小的一般性建筑，往往要求5～10年不落后，对重要的具有纪念性建筑、高层建筑，对饰面要求标准高，而且耐久性要求相对要长些。但建筑装饰保持相当长的时间不老化、不褪色、不落后的确有困难。因为它易受大气污染、侵蚀、磨损，而且随着社会的发展，建筑装饰风格也会不断变化更新。从装饰施工角度看，虽不能同主体结构的寿命要求一样长，但在材料选择和装饰方法上要考虑它的耐久性。因此，在装饰做法上要考虑以下几方面因素：

1)大气的理化作用。大气中的阳光、紫外线、水分、温度及有害气体都会长期侵蚀建筑装饰饰面，有时几种因素可能同时存在。

①冻融作用。这主要是指建筑外饰面在冬季低温条件下受冻及春季冻结物融化的反复作用。在饰面及墙体中经常吸收一定量的水分，这些水分留在材料的空隙中，达到一定的冻结温度时，体积膨胀，对孔壁产生压力，待室外气温升到一定温度时，便会解冻，卸去压力，经年历久，在反复冻融循环的作用下，外饰面必会遭到不同程度的损害。在装饰施工中，为了防止冻融破坏，选用抗冻性能较好的材料，改善施工做法，即外饰面与墙面结合层选用抗冻融性能较好的材料或采取加胶、加界面剂和挂网的方法。抹灰的外表面不宜压光。用木抹搓出小麻面，使附着涂料达到在冻结温度前排出湿气，受冻后缓解冻胀压力。外墙装饰中的抹灰类外饰面、饰面砖、预制饰面板、天然石材板等的施工均应考虑面层及基层材料冻融作用的影响而采取必要的措施。

②干湿、温变作用。建筑工程中所采用的材料其体积都会随其含水率的大小及所处环境温度的高低而发生伸缩变化。当膨胀收缩引起的应力大于材料的结构抗拉压能力时，就会发生破裂现象。冬夏季夜昼的温差急剧变化，使墙体面层与基层的胀缩程度不一，在二个分层结合的表面产生压力，造成位移脱开，使砂浆抹面出现龟裂，面砖脱落。因此要求抹灰罩面的面层，每隔一定距离设置分格线，板材制品的外墙饰面在连接处采用柔性连接。同时避免采用耐候性差的材料作装饰面层。对北方采暖地区的建筑物，冬季室内外温差较大，如果外墙保温措施考虑不周，同样会由于干湿温差的变化而引起外饰面的空鼓、龟裂、脱落。

③老化作用。建筑装饰材料中，用于室内外的有机分子涂料，聚醋酸乙烯乳液、合成树脂乳液、塑料制品等不同程度存在有老化现象。老化现象的发生会改变建筑装饰面层的外观效果，如失光变色、龟裂变形等。在装饰施工中，要根据建筑物所在地区气候特点和装饰部位恰当选材，尽量避免在受光受热、有腐蚀性介质的部位使用耐老化性能差的材料。同时，对重要部位，如门厅入口及装饰标准要求较高的建筑，要注意盐析、水融作用，尤其是盐析，严重影响建筑的外观。施工时，要注意水泥品种及石材材质的挑选，或大面积施工前，先做样板，观其效果。

④污染与变色。建筑装饰面的污染主要是大气污染和人为污染两个方面。大气污染视区域而异，它对外饰面影响较大。如重工业城市的高排尘量所造成的环境

污染。这些灰尘易挂附于建筑物外饰面上,灰尘颜色覆盖了装饰本色,极大地影响了装饰效果。对于玻璃和饰面砖一类光洁饰面,经雨水冲刷会起一定的洁净作用,但对无外窗台的建筑,往往窗下墙形成胡子状,实在是影响外观效果(此类情况多发生在长江以北,少雨地区)。变色是由于装饰材料的化学变化所造成。这种化学变化是由阳光紫外线、大气中有害气体和粉尘及雨水造成,对于化学稳定性差的装饰材料影响尤为明显。因此在装饰设计与施工中,要了解装饰材料的特性,根据具体条件,合理选材。

2)磨损与冲击作用。由于人员的频繁活动与饰面的接触机率高,长期作用会导致装饰面层的损伤。这种情况主要发生在建筑的一定高度范围内。在室外及室内一层和入口处的磨损与冲击比较严重。因此,设计上一般考虑内墙在一定高度内做护壁、抱角抹灰和耐磨墙裙及踢脚,入口大门要设置护板且墙体阳角采用圆角,落地镜面和壁画要有一定的安全距离或高度,以免人体接触损伤。风雨冲刷对水刷石、干黏石、涂料粉刷类饰面影响较大,尤其是涂料类饰面,在施工中如能保证施工质量,保证涂料与基层的附着程度,完全可以达到装饰的预期效果。

(2)建筑装饰施工的可行性

建筑装饰施工的可行性原则包括:材料供应、施工机具、施工条件及经济性四种情况。

1)材料供应。建筑装饰材料的供应有三种情况:其一是本地供应材料,对于大中型城市,一般的建筑材料可在当地采购或到工厂预定加工。其二是外地供应,对于中小城市,本地无货,必须到外地订购,须要提前订购。其三是国外供货。高级装饰工程中所用的装饰材料及设备,国内不能供应的,必须到国外订货,因到货时间较长,必须提前订购,以免影响工期。同时,还应注意材料、设备的合理配套问题,如卫生洁具、家具、门窗五金等在色彩、规格、花色品种在质量档次上不能适应高级建筑装饰的需要,在施工前要做好材料、设备供应配套准备,以保证装饰效果及施工进度。

2)施工机具。装饰工程施工机具先进与否是装饰施工中质量和效率的根本保证。建筑装饰施工要求精细程度高,其机具除垂直运输及设备安装以外,主要是小型电动机具,如电锤、冲击电钻、电动曲线锯、型材切割机、风车锯、电刨、电剪、射钉枪、电动角向磨光机等。购置配备这些小型机具时,应注意与之配套的附件。如风车锯片有三种,应根据所锯的材料厚度配用不同的锯片,电动曲线锯也有与所锯材料不同而配套不同的锯片,对云石机锯片分干式和湿式两种,现场可根据条件选用。

3)施工条件。施工条件指季节、场地、施工技术条件等。工期的限制,要求装饰工程必须在各个季节都能施工。应根据在建工程所在区域及季节气候特点调整装饰部位和装饰工序,采取必要的保温防雨措施。

场地条件影响到施工方法、材料贮运、外饰面工程的脚手架类型。对于繁华市区，还要考虑到交通运输安全防护，环境卫生等。

施工技术条件包含装饰企业的技术管理水平，工人技术素质。对重要的高级装饰，必须对技术工人要进行挑选并进行岗前培训。

4)经济性。经济性是装饰中不可忽视的问题。要掌握经济性必须了解市场行情，掌握材料的质量与价差，注意决算不能与预算差值过大。由于目前建筑装饰行业竞争激烈，建设单位采用不合理的压价，易造成装饰企业亏赔。为避免此类情况发生，要求装饰企业注意积累资料加强经济核算，掌握高、中、低档建筑装饰材料的单方造价及用工。

(3)施工技术的先进性

装饰工程分项类型比较多，在选择分项工程施工方法上应体现施工技术组织的先进性。

1)尽可能采用工厂化、机械化施工。如某些饰面涂饰、木制品的加工可在工厂加工为成品或半成品后运往现场安装；大理石、花岗石的机械切割、磨边、打孔在工厂进行，以提高现场安装效率。

2)新材料、新工艺以“样板引路”。对新型装饰材料，施工前应先做样板，通过样板来了解材料的性能、施工工艺、质量标准、测定用工用料定额等，通过样板施工，找出其规律性，使施工技术达到先进水平。

3)合理确定工艺流程和施工方案，组织流水施工。如宾馆的大堂及客房、卫生间的装修施工，涉及的专业工种较多，施工交叉复杂，单一工种的分项施工不可能一次成活，可采取班组流水作业。对水暖卫生系统安装及电气工程施工，可与建筑装饰工程相互组织交叉流水，使其在较小的工作面上既不相互干扰，又密切配合，做到连续、均衡而又紧张的施工，最大限度地利用时间和空间组织平行流水、主体交叉施工。

5. 施工方法选择的主要内容

在选择施工方法时，要重点解决影响整个单位装饰工程的主要分部(分项)工程的施工方法，如工程量大、且在单位工程中占重要地位的分部(分项)工程以及施工技术复杂或采用新技术、新工艺和对工程质量起关键作用的部分。对于按照常规做法和工人熟悉的分项工程，则不必详细编写，只需提出应注意的特殊问题即可。

建筑装饰工程施工方法选择的内容主要包括：

(1)室内外垂直及水平运输

装饰工程的垂直运输应根据现场的实际情况和建设单位(业主)的要求来确定。新建工程可利用主体结构所设置的室内外电梯或井架来解决垂直运输问题，改造工程可利用原有电梯或搭设井字架，或利用楼梯人工搬运。

室外水平运输对于新建工程一般不存在问题，但对大中城市的装饰改造工程，尤其是处于繁华市区位置的水平运输，受交通、环卫方面的限制，应考虑运输时间及运输方式。室内水平运输在装饰改造项目和新建项目装饰施工中一般采用人工运输。

(2)脚手架的选择

建筑装饰工程中所使用的脚手架,必须满足装饰施工及安全技术的要求,要有足够的面积满足材料堆放、人员操作及运输的需要。要求架子坚固、稳定、不变形、搭拆简单、移动方便。

用于建筑装饰工程的脚手架类型分室外和室内两种。室外多采用桥式、多立杆式钢管双排架、吊篮等。室内多采用移动式、满堂钢管脚手架等。脚手架选择时应注意安全、经济、适用。

总之,室内外垂直及水平运输对施工进度、施工费用、甚至施工质量都有较大的影响,在编制施工组织设计时应认真考虑。

(3)特殊项目施工及技术措施

建筑装饰要求外表给人一种整洁美观、富于艺术性的感受。因此,在施工工艺操作上必须细致精湛,强调每个工种,每道工序的交接工作,只有做好了上道工序,才能保证下道工序的质量。随着建筑装饰标准的不断提高,建筑装饰新材料、新机具的迅速发展,要求装饰施工单位不断更新原施工工艺,对特殊项目、特殊材料,要根据材料特性、装饰标准制定新的施工工艺。

(4)主要装饰项目的操作方法及质量要求

主要装饰项目的操作方法及质量要求编写时应进行分析,哪些是主要项目,主要项目中哪些是比较熟悉的,熟悉的可简写,不熟悉的应作为重点来写,质量要求常见的可不写或简写。对新材料、新工艺、新技术则应详细地编写,有利于指导装饰施工顺利实施。

(5)临时设施、供水供电

建筑装饰工程的临时设施应视工程的具体情况而定,编制前可与总包或业主协商,租用解决。必须设置时,尽量采用活动装拆式或就地取材。

1)装饰工程临时供水。装饰工程施工用水量不大,新建工程可利用主体结构施工临时供水系统,改建工程可利用原有水源。

消防用水,新建工程主体结构施工时已布设,装饰阶段可继续利用,改建工程可使用原建筑已布设的消防用水系统,考虑到装饰阶段的安全隐患多于主体阶段,现场施工及消防用水量水压,必须经过计算,以满足要求。

现场用水量计算包括:工程用水、施工机械用水、现场生活用水及消防用水,对一般中小型装饰工程,在施工组织设计中不须进行用水量计算。

2)装饰工程临时供电。新建工程装饰施工可利用主体结构工程设置的临时配电,改造工程可从原配电系统中单独接线或利用已有楼层电源。

对中小型装饰工程一般不需要用电量的计算。

5.4 施工进度计划

单位装饰工程施工进度计划是在选定装饰施工方案和施工方法的基础上，根据规定的工期和各种资源供应条件，遵循各施工过程合理的工艺顺序和统筹安排各项施工活动的原则。用横道图或网络图来表示，以达到用最少的人力、材料、资金的消耗取得最大的经济效益。

5.4.1 施工进度计划的作用

单位装饰工程施工进度计划是施工组织设计的主要内容，是控制各分部分项工程施工进度的主要依据，也是编制月、季施工计划及各项资源需用量计划的依据。它的主要作用是：

(1)安排装饰工程的施工进度，保证在规定工期内完成符合质量要求的装饰任务。

(2)确定各分部分项工程的施工顺序持续时间及其相互衔接与合理配合关系。

(3)确定所需的劳动力、材料、机械设备等资源数量。

5.4.2 施工进度计划的分类

单位装饰工程施工进度计划根据施工项目划分的粗细程度，可分为控制性和指导性进度计划两类。

(1)控制性进度计划

控制性进度计划按分部工程划分施工项目，控制各分部工程的施工时间及相关搭接配合关系。它适用于工期较长、规模较大、施工比较复杂或资源供应暂时无法全部落实的工程。

(2)指导性进度计划

指导性进度计划按分项工程或施工过程来划分施工项目，具体确定各施工过程的施工时间及其相互搭接、配合的关系。它适用于任务具体而明确、施工条件基本落实、各项资源供应正常、施工工期不太长的工程。

5.4.3 施工进度计划的编制依据

单位装饰工程施工进度计划的编制依据主要包括：

1)经过审核的装饰施工图纸，标准图集及其他技术资料。

2)施工组织总设计对本单位工程的有关要求及施工总进度计划。

3)施工工期要求及开竣工日期。

4)相应装饰施工组织设计中的施工方案与施工方法。

5)劳动定额、机械台班定额及劳动力、材料、成品、半成品机械设备的供应条件等。

5.4.4 施工进度计划的编制程序

单位装饰工程施工进度计划的编制程序，如图 5.4 所示。

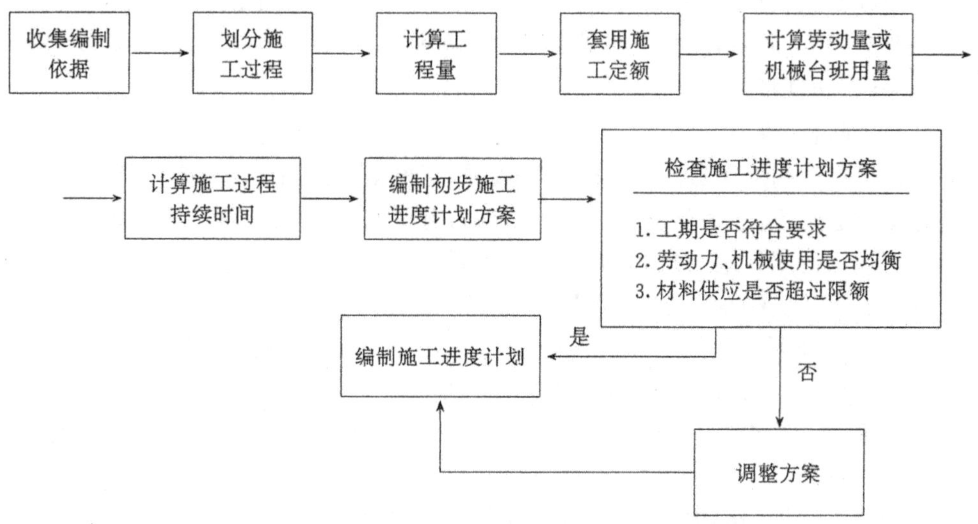

图5.4 施工进度计划编制程序框图

5.4.5 施工进度计划的编制

根据施工进度计划的编制程序，现将编制步骤和方法叙述如下：

(1)划分施工过程、确定施工顺序

编制装饰施工进度计划时，首先应根据施工图纸和施工顺序将拟装饰工程的各个施工过程列出，并结合施工方法、施工条件、劳动组织等因素，加以调整后，列入装饰施工进度计划表中。

装饰施工过程划分的粗细程度主要取决于装饰工程量大小、复杂程度。一般情况，在编制控制性施工进度计划时，可划分得粗一些，如群体工程进度计划，可划分到单位工程乃至分部工程，单位工程进度计划应明确到分项工程或工序。在编制实施性进度计划时，则划分得细一些，特别是其中的主导工程和主要分部工程应尽量详细具体，不漏项，以便于掌握进度、指导施工。

在确定各装饰施工过程的施工顺序时应注意下述问题：

1)划分施工过程，确定装饰施工顺序要紧密结合所选择的装饰施工方案。施工方案的不同，不仅影响施工过程的名称、数量和内容，而且也影响施工顺序的安排。

2)严格遵守装饰施工工艺要求。各施工过程在客观上存在着工艺顺序关系，这种关系是在技术条件下各项目间的先后关系，只有符合这种关系，才能保证装饰质量和安全。

3)装饰施工顺序不同,施工质量及施工工期也相应变化。要达到较高的装饰质量标准、理想的工期,必须合理安排施工工序。

4)不同地区、不同季节气候条件对装饰施工顺序和施工质量有较大影响。如我国南方地区施工,应考虑雨季施工的特点,而北方地区则应考虑冬期施工的特点。

5)所有装饰项目应按施工顺序列表、排号,避免遗漏或重复,其名称可参考现行定额手册上的项目名称。

(2)工程量计算

工程量是编制施工进度计划的基础数据,应根据施工图纸、有关计算规则及相应的施工方法进行。在编制施工进度计划时已有概算文件,当它采用的定额和项目的划分与施工进度计划一致时,可直接利用概算文件中的工程量,而不必再重复计算。计算工程量应注意以下几个问题:

1)各分部分项工程的工程量计量单位应与现行定额中规定一致,以便计算劳动量、材料需用量可直接套用定额,不再进行换算。

2)工程量计算应结合所选定的施工方法和安全技术要求,使计算的工程量与工程实际相符合。

3)结合施工组织要求,分区、分段、分层计算工程量,以便组织流水作业。

4)正确取用预算文件中的工程量,如已编制预算文件,则施工进度计划中的工程量,可根据施工项目包括的内容从预算工程量的相应项目内抄出并汇总。当进度计划中的施工项目与预算项目不同或有出入(当计量单位、计算规则、采用定额不同等)时,则应根据施工实际情况加以修改、调整或重新计算。

(3)劳动量和机械台班数量的确定

根据各分部分项工程的工程量、施工方法和定额标准,并结合施工企业的实际情况,计算各分部分项所需的劳动量和机械台班数量。一般可按下式计算:

$$P_i = \frac{Q_i}{S_i} \text{(或 } P_i = Q_i H_i\text{)} \tag{5.1}$$

式中:P_i——第 i 分部分项工程所需要的劳动量或机械台班数量;

Q_i——第 i 分部分项工程的工程量;

S_i——第 i 分部分项工程采用的人工产量定额或机械台班产量定额;

H_i——第 i 分部分项工程采用的时间定额。

套用定额时,常会遇到定额中所列项目内容,与编制施工进度计划所列项目内容不一致的情况,具体处理方法如下:

1)可将定额作适当扩大,使其适应施工进度计划的编制要求。例如将同一性质不同类型的项目合并,根据不同类型的项目产量定额和工作量计算其扩大后的平均产量定额或平均时间定额。

2)某些新技术、新材料、新工艺或特殊施工方法的项目,在定额中尚未编入,此时可参考类似项目的定额、经验资料确定。

3)计算各施工过程的持续时间和进度安排。

①各分部分项工程施工持续时间计算公式如下：

$$t_i = \frac{P_i}{R_i N_i} \tag{5.2}$$

式中：t_i——完成第 i 施工过程的持续时间(d)；

P_i——第 i 施工过程所需劳动量或机械台班数量；

R_i——每班在第 i 施工过程中的劳动人数或机械台数；

N_i——第 i 施工过程中每天工作班数。

②根据工期安排进度时，应先确定各施工过程的施工时间，其次确定相应的劳动量和机械台班量，每个工作班所需的工人人数或机械台数，公式(5.2)变为下式：

$$R_i = \frac{P_i}{t_i N_i} \tag{5.3}$$

由上式求得 R 值，若该数值超过了施工单位现有的人力、物力，除了组织外援外，应主动地从技术上和施工组织上采取措施，增加工作班数，尽可能地组织立体交叉平行流水作业等。需要指出的是装饰工程由于大量采用手用电动工具，实际工效比定额规定高得多，在编制施工进度计划时应考虑这一因素，以免造成窝工。

(4)施工进度计划的安排、调整、优化

编制装饰工程施工进度计划时，应首先确定主导施工过程的施工进度，使主导施工过程能尽可能连续施工，其余施工过程应予以配合，具体方法如下：

1)确定主要分部工程并组织流水施工。

2)按照工艺的合理性，使施工过程间尽量穿插、搭接，按流水施工要求或配合关系搭接起来，组成单位工程进度计划的初始方案。

3)检查和调整施工进度计划的初始方案，绘制正式进度计划。

检查和调整的目的在于使初始方案满足规定的目标，确定理想的施工进度计划。其内容如下：

①检查各装饰施工过程的施工时间和施工顺序安排是否合理。

②安排的工期是否满足合同工期。

③在施工顺序安排合理的情况下，劳动力、材料、机械是否满足需要，是否有不均衡现象。

经过检查，对不符合要求的部分应进行调整和优化，达到要求后，编制正式的装饰施工进度计划。

5.5 施工准备工作计划

施工准备是完成单位装饰工程施工任务的重要环节，也是施工组织设计中一项重要内容。施工人员必须在开工前，根据装饰施工任务、施工进度和施工工期的要求做好各方面的准备工作。

施工准备工作计划包括：技术准备、现场准备、劳动组织及物资准备。

5.5.1 技术准备

(1)熟悉与会审图纸

建筑装饰施工图纸包括的专业类型比较多，不但有建筑装饰施工图，还有与之配套的结构、水、暖、电、通风、空调、消防、通讯、煤气、闭路电视等。在熟悉施工图纸时，应注意以下问题：

1)各专业图纸间有无矛盾(包括平面尺寸、标高、材料、构造做法、要求标准等)。图纸中有无错漏、碰、缺等问题。

2)要了解建筑装饰与工程结构是否满足强度、刚度及稳定性要求；尤其是改造工程要注意结构的安全性。

3)装饰施工图纸是否符合消防要求，采用的装饰材料是否是绿色产品，是否符合国家相关标准的有关规定。

4)装饰设计是否符合当地施工条件与施工水平，如采用新技术、新材料、新工艺，施工单位有无困难等。

在熟习图纸的基础上组织图纸会审，研究解决有关问题。将会审中共同确定的问题形成会审记要，由建设单位正式行文，三方共同会签并盖公章，作为指导施工和工程结算的依据。

(2)施工组织设计的编制和审定

单位装饰工程施工组织设计根据工程规模大小、技术复杂程度可分别由企业公司、工程处或施工队来编制。结合企业实际情况，单位现有技术、物资条件进行编制。由上一级单位技术部门负责人负责组织审定，由技术总负责人审批。

(3)编制施工预算

建筑装饰工程施工中，项目分类细而多，每项工程都是有几个、几十个单个工作项目组成。工作项目名称所包含的内容也比较多。如卫生洁具，安装项目可分为装浴缸、装洗面器、大便器、五金配件等。项目名称所包含的内容不仅关系到材料、设备的数量，也关系到每个工种的用工量，在编制施工预算时，工程量必须精确，材料设备必须用统一的单位名称，以便套用定额。

建筑装饰工程施工预算还须结合施工方案、施工方法、场地环境、交通运输等具体情况，尤其是采用新材料、新工艺、新技术的项目，国家或地方定额中未列入进去，要依靠企业自身积累的经验制定参考定额。

(4)各种材料加工品、成品、半成品的性能、规格、说明等，受国家控制供应的材料要首先申报

(5)新技术、新工艺、新材料的试制试验

建筑装饰工程中，对新技术、新材料、新工艺要先行培训学习，先试作样板，总结经验，有些建筑装饰材料要通过试验来了解材料性能，以满足设计、施工和使用需要。

5.5.2 现场准备

施工现场准备包括测量放线即轴线标高的定位，障碍物拆除，场地清理，临时供水、供电、供热管线敷设及道路交通运输，生产、生活临时设施，水平、垂直运输设备的安装等。

5.5.3 劳动组织及物资准备

建立工地领导机构，组织精干的施工队伍，确定合理的劳动组织，进行岗前技术培训，并做好安全、防火、文明施工教育。

组织施工机具、材料、成品、半成品的进场和保管。

5.6 各项资源需用量计划

各项资源需用量计划包括材料、设备、劳动力、施工机具及成品、半成品需用量计划及运输计划。

5.6.1 主要材料需用量计划

根据施工预算、材料消耗定额和施工进度计划编制主要材料需用量计划，它主要反映施工中各种主要材料的需要量，作为备料、供料和确定仓库堆放面积及运输量的依据。装饰工程所用的物资品种多，花色繁杂，编制时，应写清材料的名称、规格、数量及使用时间等要求。其表格形式如表 5.1 所示。

表 5.1 主要材料需用量计划

序号	材料名称	规格	需要量		需要时间									备注
					×月			×月			×月			
			单位	数量	上旬	中旬	下旬	上旬	中旬	下旬	上旬	中旬	下旬	

5.6.2 装饰技工、普工需用量计划

装饰技工、普工需用量计划是根据施工预算、劳动定额和进度计划编制的。主要反映装饰施工所需各种技工、普工人数，它是控制劳动力平衡、调配和衡量劳动力耗用指标的依据，其编制方法是将施工进度计划表内项目进度各施工过程每天

(或旬、月)所需人数,按项目汇总而得。其表格形式如表5.2所示。

表5.2 装饰技工、普工需用量计划

序号	项目名称	工种名称	需要量		需要时间												备注
					月份												
			单位	数量	1	2	3	4	5	6	7	8	9	10	11	12	

5.6.3 主要施工机具需用量计划

根据施工方案、施工方法及施工进度计划编制施工机具需用量计划。它主要反映施工所需的各种机具的名称、规格、型号、数量及使用时间,可作为组织机具进场的依据,其表格形式如表5.3所示。

表5.3 主要施工机具需用量计划

序号	机具名称	机具型号	需要量		供应来源	使用起止时间	备注
			单位	数量			

5.6.4 构件和半成品需用量计划

根据施工图纸、施工方案、施工方法及施工进度计划的要求编制。装饰结构构件、配件和其他加工半成品需用量计划,主要反映施工中各种装饰构件的需用量及供应日期,作为落实加工单位、按所需规格数量和使用时间组织构件加工和进场的依据。其表格形式如表5.4所示。

表5.4 构件、半成品需用量计划

序号	品名	规格	图号	需用量		使用部位	加工单位	拟进场日期	备注
				单位	数量				

5.7 施工平面图设计

单位装饰工程施工平面图是布置施工所需机械、加工场地、材料、成品,半成品堆场、临时道路、临时供水、供电、供热管网和其他临时设施的场地位置。它是实现文明施工,节约并合理利用场地,减少临时设施费用的基本条件。它是施工组织设计的重要组成部分。施工平面图的绘制比例一般采用1:200～1:500。

建筑装饰工程施工平面图，可根据现场施工的具体情况灵活掌握，对比较复杂且工程量比较大、工期长的装饰工程及采用新材料、新工艺、新技术或改造工程要单独绘制，对一般小型的装饰工程可与主体结构施工平面图结合在一起，利用结构施工阶段的已有设施，为装饰施工所利用。

5.7.1 单位装饰工程施工平面图设计的内容

建筑装饰施工属于工程施工的最后阶段，对于结构阶段需要考虑的内容已在主体结构阶段予以考虑。因此，建筑装饰施工平面图中所规定的内容要结合装饰工程的实际情况来决定。其内容主要包括以下几方面：

1)地上和地下的已建和拟建的一切建筑物、构筑物、道路和各种管线位置。

2)测量放线标桩、杂物及垃圾堆放场地。

3)垂直运输设备的平面位置、脚手架、防护棚位置。

4)材料、成品、半成品、构件加工、施工机具设备堆放场地。

5)生产、生活临时设施(包括搅拌机，工棚，仓库，办公室，临时供水、供电线路等)。

6)安全防火及消防设施。

上述内容可根据建筑总平面图，现场地形地貌、现有水源、电源、热源、道路及四周可以利用的房屋和空地、施工组织总设计的计算资料来布置。

5.7.2 单位装饰工程施工平面图的设计步骤及要点

1)结合建筑物的平面形状、高度和材料、设备重量、尺寸大小以及机械的负荷能力和服务范围，来确定垂直运输设备的位置、高度，做到便于运输，便于组织分层分段流水施工。

2)混凝土、砂浆搅拌机、木工棚、材料仓库、设备堆场的布置。

①混凝土、砂浆搅拌机应靠近垂直运输机械附近(视垂直运输机械类型不同而异)。附近要有相应的砂石堆场和水泥库。

②仓库、堆场的布置，要考虑材料、设备使用的先后，能满足供应多种材料堆放的要求。易燃易爆物品及怕潮、怕冻物品的仓库须遵守防火、防爆安全距离及防潮、防冻的要求。

③木工棚、水电管线及材料加工棚宜布置在建筑物周围较远处，并考虑材料的堆场。

④石材堆场应考虑室外运输及便于查找。木制品堆场应防止雨淋、受潮与防火要求等。

3)确定水电管网位置。

①在布置施工供水管网时应力求供水管网总长最短。消防用水一般利用城市或建设单位设置的永久性消防设施。如果水压不够，可设置加压泵，高位水箱或蓄

水池(尤其是高层建筑);建筑装饰材料中易燃品较多,除按规定设置消火栓外,还应根据防火需要在室内设置灭火器。

②施工用电设计应包括用电量计算、电源选择、电力系统选择和配置。建筑装饰工程用电量主要包括:垂直运输用电量、电焊机、切割机及照明用电等。总用电量与主体结构工程相比相应小得多。通常对在建工程,可利用主体结构工程的配电系统;对改建工程可使用原有的电源线路,若满足不了施工需要可重新架设。

5.8 主要技术组织措施

技术组织措施主要是指在技术和组织方面对保证装饰质量、安全和文明施工所采用的方法。主要包括:保证装饰质量措施,保证进度措施,降低成本措施,保证安全施工措施,成品保护措施,冬雨期施工技术措施,消防措施,环境保护措施。

5.8.1 保证装饰质量措施

保证装饰工程质量措施必须以国家现行的施工及验收规范为准则,针对装饰工程的特点来编制。在审查施工图和编制施工方案时就应提出保证装饰质量的措施,尤其是对采用新材料、新工艺、新技术的装饰工程,更应重视。一般来说,保证装饰质量措施主要包括以下几项:

1)组织相关人员认真学习、贯彻现行装饰规范、标准、操作规程和各项质量管理制度,明确岗位职责,熟悉图纸、会审记录、施工工艺卡,作好技术交底,确保装饰工程的定位、标高,轴线准确无误。

2)确保关键部位施工质量的技术措施,如选择精干的施工队伍,合理安排工序搭接。新材料、新工艺、新技术应先行试验,提出质量措施,明确质量标准后再大面积施工。

3)确保装饰材料、成品、半成品质量检验及使用要求。

4)保证质量的组织措施,建立质量保证体系,明确责任分工、人员培训、样板引路等。执行装饰质量的各级检查、验收制度。

5)制定保证质量的经济措施。建立奖罚制度,奖优罚劣,确保装饰工程质量。

5.8.2 保证进度措施

保证施工进度关键在于组织措施得力(在项目班子中设置施工进度控制专职人员,负责调度、控制施工),技术措施可行(利用先进施工工艺、施工技术以加快施工进度),合同措施限定(保证合同期与计划协调一致),经济措施落实(对参与施工的各协作单位,提出进度要求,制定奖罚制度)等四个方面。

5.8.3 降低成本措施

降低成本措施是在保证装饰施工质量及安全的基础上，以施工预算合同工期及技术组织措施为依据而编制的，主要应考虑以下几方面：

1)组建强有力的领导班子，合理选调精干的装饰队伍进行装饰施工，保证劳动生产率的提高，减少总的用工数。

2)采用新技术、新工艺提高工效，降低材料耗用量，节约施工总费用等。

3)保证装饰质量，减少返工损失。

4)保证安全生产，减少事故频率，避免意外事故带来的损失。

5)提高机械利用率，减少机械费用的开支。

5.8.4 成品保护措施

装饰工程要求外表面洁净、美观，面对施工期长、工序、工种复杂的情况，做好成品保护工作十分重要。建筑装饰工程对成品保护一般采取“防护”、“包裹”、“覆盖”、“封闭”四种措施。同时合理安排施工顺序以达到保护成品的目的。

(1)防护

针对被防护的部位的特点，采取各种防护措施。如楼梯间踏步在未交付使用前用锯末袋或用木板以保护踏步棱角，对出入口台阶可搭设脚手板通行来防护，对已装饰好的木门口等易踢部位可钉防护板或用其他材料进行防护。

(2)包裹

将被保护的部位用洁净材料包裹起来以防损伤或污染。如不锈钢柱、墙、金属饰面在未交付使用前，外侧防护薄膜不得撕开并有防碰撞防护措施；铝合金门窗可用塑料布包扎保护；对镶花岗石柱、墙可用胶合板或其他材料包裹捆扎防护等。

(3)覆盖

对有卫生器具的房间，在进行其他工序施工时，应对下水口、地漏、浴盆等部位加以覆盖，以防异物落入而被堵塞；石材地面铺设达到强度后可用锯末、布等进行覆盖，以防污染或损伤。

(4)封闭

采取局部封闭的办法进行保护。如房间或走廊的石材或水磨石地面铺设完成后，可将该房间或于楼层口处将该房间或该层楼面临时封闭，防止闲杂人员随意进入而损坏；对宾馆饭店客房、卫生间的五金、配件、洁具，安装完毕应加锁封闭，以防损坏或丢失。

5.8.5 冬雨期施工技术措施

《建筑工程冬期施工规程》(JGJ104-97)规定，当室外日平均气温连续5d稳定低于5℃即进入冬期施工阶段，当室外日平均气温连续5d高于5℃时，即转入常温施工阶段。建筑装饰工程和建筑结构工程一样，也须考虑冬期与雨期正常施工。

冬雨期施工主要技术措施如下：

1)冬期室内抹灰应采取热作法，保持正温度。在进行室内抹灰前，应将外门窗口封好。室外抹灰、水泥砂浆掺盐量不得超过水重的8%，根据室外气温不同，掺盐量见表5.5及表5.6所示。

表5.5 砂浆内氯化钠掺量(占用水重量的%)

项　目	室外气温/℃	
	0～−5	−5～−10
挑檐、阳台、雨罩、墙面等抹水泥砂浆	4	4～8
墙面为水刷石、干粘石水泥砂浆	5	5～10

表5.6 砂浆内亚硝酸钠掺量(占水泥重量的%)

室外气温/℃	0～−3	−4～−9	−10～−15	−16～−20
掺 量	1	3	5	8

2)室内抹灰工程结束后，在7d以内，应保持室内温度不低于5℃，抹灰层可采取加温措施，加速砂浆的硬化及水分蒸发。但应注意通风除湿。

3)釉面砖及外墙面砖在冬期施工时宜在2%盐水中浸泡2h，并在晾干后使用。

4)裱糊工程施工时，混凝土或抹灰基层含水率不应大于8%，壁纸镶贴，室内温度不应低于5℃。

5)外墙铝合金、塑料框、大扇玻璃不宜在冬期安装。

6)冬期、雨期施工期间，怕冻、怕潮湿的装饰材料、设备要有防冻、防潮措施(正温、设防雨棚、遮盖布、架空堆放等)。

7)冬雨期施工要加强安全教育，指定五防(防风、防冻、防滑、防毒、防爆竹)措施。对锅炉的安全设施要检查安全阀、压力表等，对脚手架及机电设备在风雪或雨后要及时检查、清扫雨雪；机械设备要防雨淋并设置漏电保护装置。

8)冬期施工要进行安全防火培训，作好食堂、宿舍的预防煤气中毒检查，建立各项消防制度。

5.8.6 保证安全施工措施

保证安全施工的关键是贯彻安全操作规程，对施工中可能发生的安全问题提出预防措施并加以落实。建筑装饰工程施工安全的重点是防火、安全用电及高空作业等。在编制安全措施时要具有针对性，要根据不同的装饰施工现场和不同的施工方法，从防护上、技术上和管理上提出相应的安全措施。

装饰工程安全措施主要有以下几项内容：

1)脚手架、吊篮、吊架、桥架的强度设计及上下通路的防护安全措施。

2)安全平网、立网、封闭网的架设要求。

3)外用电梯的设置及井架、门式架等垂直运输设备拉结要求及防护措施。

4)“四口”、“五临边”的防护和主体交叉施工作业,高空作业的隔离防护措施。

5)凡高于周围避雷设施的施工工程、暂设工程、井架、龙门架等金属构筑物所采取的防雷措施。

6)“易燃、易爆、有毒”作业场地所采取的防火、防爆、防毒措施。

7)采用新材料、新工艺、新技术的装饰工程,要编制详细的安全施工措施。

8)安全使用电器设备及装饰机具,机械安全操作等措施。

9)施工人员在施工过程中个人的安全防护措施。

5.8.7 消防措施

建筑装饰施工过程中涉及消防的内容比较多,范围比较广,施工单位必须高度重视,制定相应的消防措施。施工现场实行逐级防火责任制,并指定专人全面负责现场的消防管理。具体措施如下:

1)现场施工及一切临建设施应符合防火要求,不得使用易燃材料。

2)装饰工程易燃材料较多,现场从事电焊、气割的人员要持操作合格证上岗,作业前要办理用火手续,且设专人看火。

3)装饰用材的存放、保管应符合防火安全要求,油漆、稀料等易燃品必须专库储存,尽可能随用随进,专人保管、发放。

4)各类电气设备、线路不准超负荷使用,线路接头要牢固,防止设备线路过热或打火短路,发现问题及时处理。

5)施工现场按消防要求配备足够的消防器材,使其布局合理,并应经常检查、维护、保养,确保消防器材的安全使用。

6)现场应设专用消防用水管网,较大工程要分区设消防竖管,随施工进度接高,保证水枪射程。

7)室外消火栓、水源地点应设置明显标志,并且要保证道路畅通,使消防车顺利通过。

8)施工现场应设专有吸烟室,场内严禁吸烟。

5.8.8 环境保护措施

为了保护和改善生活环境及生态环境,防止由于装饰材料选用不当和施工不妥造成的环境污染,保障用户与工地附近居民及施工人员的身心健康,促进社会的文明发展,必须做好装饰用材及施工现场的环境保护工作。其主要措施如下:

1)严格遵守《中华人民共和国环境保护法》及其他有关法规,建立健全环境保护责任制度。

2)装饰用材应首先选择有益人体健康的绿色环保建材或低污染无毒建材。严禁使用苯、酚、蒽、醛、氡超标的有机建材和铅、镉、铬及其化合物制成的颜料、添加剂和制品等。以达到健康建筑的标准。

3)采取有效措施防治水泥、木屑、瓷砖切割对大气造成的粉尘污染。拆除旧有建筑装饰物时,应随时洒水,减少扬尘污染。

4)及时清理现场施工垃圾,并注意不要随意高空抛撒。对易产生有毒有害的废弃物,要分类妥善处理,禁止在现场焚烧、熔融沥青、油毡、油漆等。

5)对清洗涂料、油漆类的废水废液要经过分解消毒处理,不可直接排放。现制水磨石施工必须控制污水流向,并经沉淀后,排入市政污水管网。

6)施工现场应按照《中华人民共和国建筑施工场界噪声限值》(GB12523),制定降噪制度和措施,以控制噪声传播,减轻噪声干扰。

7)凡在居民稠密区或饭店、宾馆等场所进行强噪声作业时,应严格控制作业时间(一般不超过 15h/天),必须昼夜连续作业时,应尽量采取降噪措施,并报有关环保部门备案后方可施工。

5.9 施工组织设计实例

5.9.1 工程概况

1.工程概述

本工程为某干部培训中心宾馆,位于某市郊区,南北两面均临城市主干道,距市中心 3.5km,交通比较便利。该工程集会议、办公、餐饮、娱乐、健身、客房于一体的综合性、多功能星级宾馆。装饰造价约 1200 万元,合同开工日期为 2001 年 9 月 25 日,竣工日期为 2002 年 3 月 25 日。该工程建筑面积 11600m^2,其中主楼 8012m^2,建筑平面呈“L”形,主楼七层,长 65m,宽 36m,总高 25m,附楼分别为三层、四层,由 A、B、C 三区组成,主附楼间设变形缝一道。

2.装饰设计及材料使用情况

该工程设计是根据业主提出的“美观适用、朴实大方、突出重点”的原则,结合地域环境及使用功能的要求,重点在入口、雨篷、大堂、柱、墙、顶、地、二楼回马廊及共享空间的处理上,体现了博大、明敞、高技术的内涵。

装饰工程项目包括:主楼一层至七层,附楼 A 区一层至三层、B 区二层、三层等。具体项目分类详见表 5.7 所示。

根据工程装饰设计以突出重点的原则,选用了以下主要材料:

1)西班牙米黄大理石(20mm 厚)用于大堂地面、挂落、柱帽、楼梯间等。

2)进口电脑切割地花,直径 6m,三拼色梅花图形花岗石。

3)印度红、大花绿、蒙古黑花岗石,用于镶边、线脚及柱脚,汉白玉大理石用于台板等。

表 5.7　某培训中心宾馆装饰项目分布表

区号	层次	功能用途
主楼	首层	大堂、走道、健身房、休息室、乒乓室、棋牌室、商场、商务中心、美容厅、音乐厅、舞厅、消防中心、营销部、总台办公室、行李房、电房、开水间、男女卫生间、货梯间、客梯间、金属转门
	二层	1～7号会议室、阅览室、中厅过道、回马廊、男女卫生间
	三至七层	客房66套、电器房、储藏室、服务员休息室、开水间、公共卫生间、走道、总统套间二套
	其他	东西楼梯、采光天棚
附楼A区	首层	宴会厅、1#～5#包间、走道、前厅
	二层	大小会议室、服务间、走道、前厅
	三层	多功能歌舞厅、1#～4#包间、走道、前厅
	其他	楼梯间、公厕、小厕、杂用房
附楼B区	三层	客房36套
	二层	公共浴室

4)法国产红榉木,用于所有门扇、门套及门套线和包圆柱。

5)法国产DORMA地弹簧、七字夹、门锁和闭门器,阿波罗双人冲浪浴缸。

6)日本产TOTO面盆、座便器。

7)日本进口不锈钢骨架及钢板,用于采光天棚。

8)进口中空夹胶玻璃,用于采光天棚。

9)ϕ2.4m金属转门。

10)飞利浦高效节能筒灯,用于会议室。

11)美国进口立邦乳胶漆及全毛地毯。

12)12m厚钢化玻璃,用于大堂隔断。

3.施工特点

该工程由主楼、附楼组成,以变形缝为界,附楼由A、B、C三区组成,从项目分布表中可以看出施工特点是三多一新,即:

(1)工种多

该工程虽属民用建筑一般装饰,但尚有土建、给排水、暖通、强弱电、通讯、消防、幕墙、铝合金等专业同时进场。在安排流水作业时,难度较大,尤其是大堂及回马廊是各工种必经之处,各工种的放样、施工、检查、测试、整修将影响大理石的干挂和地面的铺设、保养。施工时必须拿出切实可行的作业计划及成品保护措施。

(2)吊顶多

吊顶面积占总建筑面积的77.4%,隐蔽工程验收工作量大,吊顶内的水、电、消防、喷淋器材的整体测试和整体验收环节多,极大地影响装饰流水作业。

(3)大理石、花岗石工作量多

该工程地面、楼梯大理石、花岗石铺贴量达2360m²，墙面干挂1200m²，踢脚、镶边、弧形板2000m²，而且品种也比较多，有大花绿、印度红、蒙古黑及西班牙进口的米黄超薄型板，需现场切割加工。

(4)采光天棚新工艺

该工程在大堂和回马廊顶部屋面采用了进口镀膜中空夹胶玻璃架空在叠落式的不锈钢骨架上，其坡度、标高、间距的施工难度很高，尤其是玻璃密封、防水性能要求更严，氩弧焊的工作量也较大。在施工中要逐项检查、隐蔽验收和测量签证。施工中要保证施工质量，应聘请有经验的专业人员施工。

主要装饰项目工程量如下：

轻钢龙骨石膏板吊顶9617m²；

墙面干挂花岗石、挂落及柱帽1200m²；

花岗石、大理石地面及楼梯2360m²；

橡木及水曲柳木地板500m²；

地毯4560m²；

地砖、防滑砖2465m²；

石膏板、防火隔断201m²；

软包木墙裙及木护墙2680m²；

12mm厚玻璃隔断121m²；

榉木包圆柱ϕ500、ϕ800、ϕ1000，339m²；

木门及门套线脚310套；

大花绿、蒙古黑、印度红镶边及线脚1313m²；

木窗套、窗台板、窗帘盒896m；

ϕ2.4m金属转门1樘；

镀膜中空夹胶玻璃采光天棚311m²；

不锈钢栏杆161m；

卫生洁具、灯具、家具85套；

卫生间地面851防水2198m²。

5.9.2 施工部署

本工程的总体布署是按投标承诺、合同条款和工程特点等要素，在确保业主的开业时间和创省优质工程目标的前提下制定的。

1.承包方式

该工程室内装饰设计与施工，均由某装饰公司独家承包，公司又进行内部招标、风险承包、择优选择项目经理，公司按《承包责任制》的规定对项目施工全过程实施全面监控，项目部与外包队伍均以合同等书面形式规范各自的行为，明确权利与义务，实行相互制约。

2. 指挥机构

因该工程装饰量大，范围广、时间紧，公司将其定为重点工程，首先成立工程领导小组，下设项目部，其中组长：由公司总经理担任；副组长：由公司副总经理担任；成员：由总工程师室、工程处、技术处、质量安全处、劳资处等相关处厂负责人组成。

领导小组下设精干、高效的生产指挥系统（如图 5.5 所示），明确质保体系和质检体系。

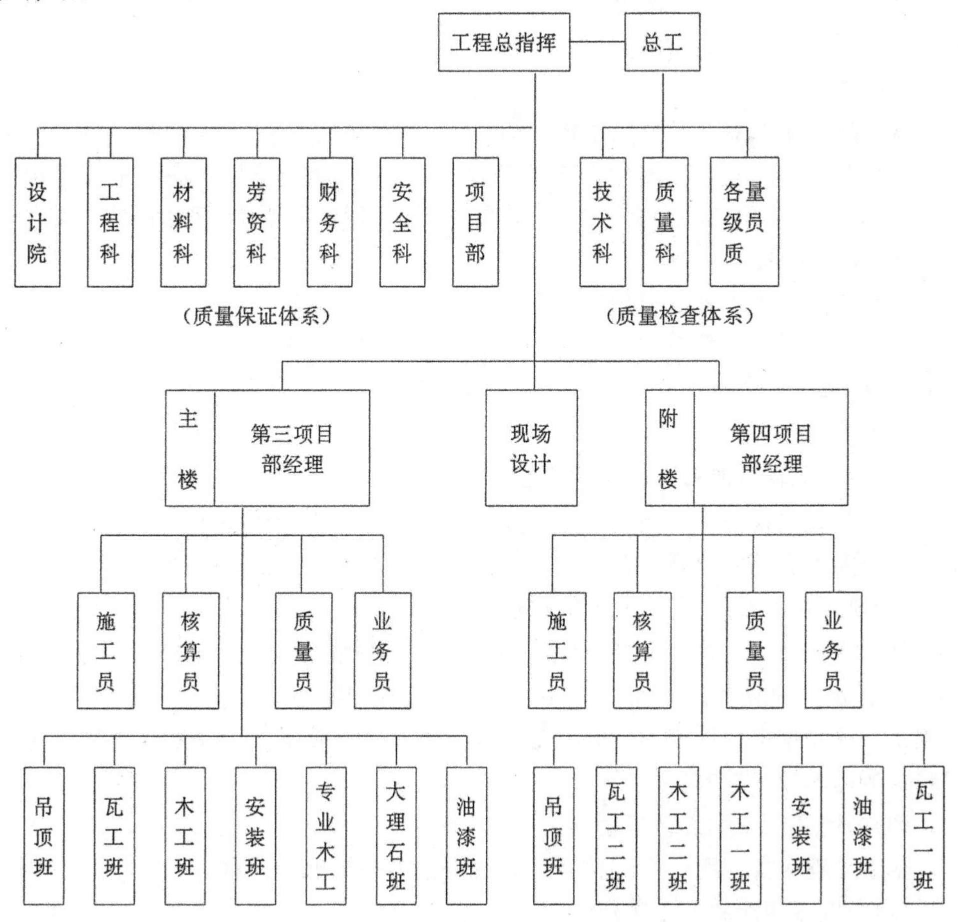

图5.5 生产指挥系统

进入本工程的管理人员、施工班组、应在全公司范围内选拔考核，由择优确定的项目经理牵头，组成强有力的装饰队伍，设立项目经理部，其中项目经理 1 人，主管工程师 1 人，电气工程师 1 人，专职质检员 1 人，专职安全员 1 人，材料员 1 人，综合工长 1 人，共 7 人。在公司领导下对装饰施工进行统筹安排，编制施工进度计划，对工人进行施工工艺交底，组织劳动力、机具、材料进场，协调各工种的密切配合。

3. 组织施工的宗旨

“一流设计、一流施工、一流服务”是装饰公司的信念与追求，以质量求生存，以信誉求发展，争创市优质工程是项目部的行动指南。“今天的质量就是明天的口粮”是每个职工的座右铭。

公司全体员工自始至终把这些精神贯穿于施工全过程，以确保合同目标的实现。

4. 施工班次

本工程除采光天棚等高空作业外，其他工种均实行12h 工作制的班次，以利交叉作业，分项完成后及时补休。

5. 施工顺序

本工程以变形缝为界分为主楼与附楼，从平面交通关系、工作面和实物工作量来看，可视为两个单位工程，由两个项目部承担，组织两个项目部进行平行搭接流水施工，既可以消除劳动力窝工，便于均衡生产，又可以避免作业面的闲置，以实现材料均衡消耗，减少运输压力。

在安排施工顺序时应遵循的原则是：

先湿作业，后装饰，先楼上后楼下，施工一层封闭一层，先远后近，先顶后墙、地，确保后道工序不致损伤前道工序。该工程的施工顺序安排见图 5.6。

6. 工艺流程

(1)轻钢龙骨纸面石膏板吊顶工艺流程

顶棚基底验收→弹顶棚标高水平线→划龙骨分档线→安装主龙骨吊杆→安装主龙骨→安装次龙骨→整体校正→安装石膏板→板缝及周边逢处理→刷浆

(2)地面花岗石(大理石)干铺法施工工艺流程

基层清扫→墙上弹标高线、垫层上弹边带线、中带线→试排试拼→铺厚 40mm 1：3 干拌水泥砂浆→铺大理石(花岗石)并检查其密实性→压实砂面上灌1：10白水泥浆→反复敲击拉线修整→1：10 纯水泥浆灌缝→养护 3 天→缝内补嵌同色水泥浆→清理养护→打蜡。

(3)内墙瓷砖粘贴工艺流程

基层处理→找规距→基层抹灰→弹线→浸砖→粘贴→擦缝。

(4)内墙顶棚涂料的工艺流程

基层清理→填补缝隙和局部刮腻子→打磨平→第一遍刮腻子→打磨→第二遍刮腻子→打磨平→干性油打底(溶剂性薄涂料)→第一遍涂料→复补腻子→打磨平→第二遍涂料→磨光→第三遍涂料(限于乳液型、溶剂型涂料高级涂刷用)→磨光→第四遍涂料(溶剂型薄涂料，高级装饰要求)。

(5)细木饰品工艺流程

材料准备→基层处理→弹线→半成品加工(下料)→拼接组合→安装→整修刨光。

(6)金属饰品工艺流程

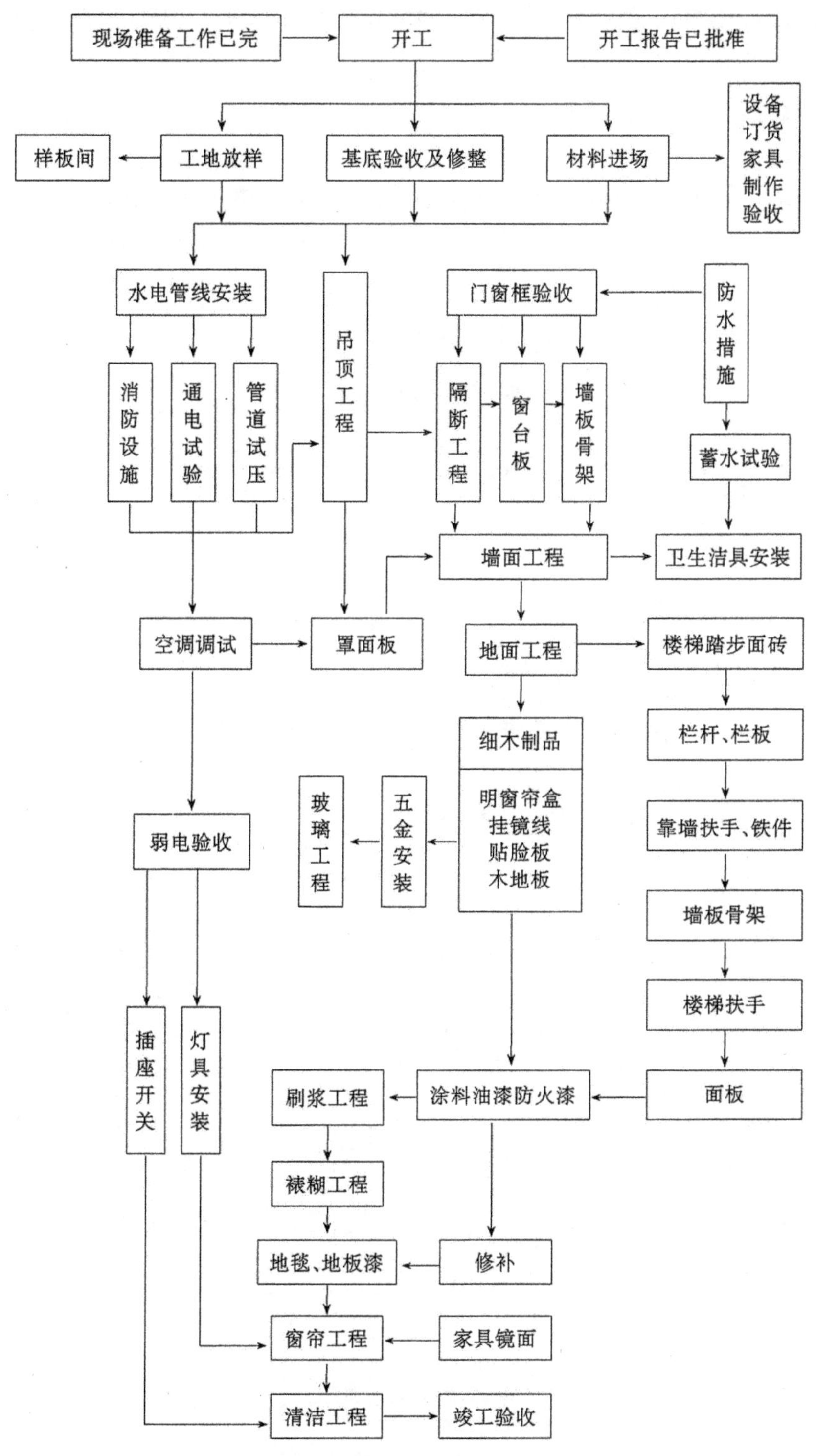

图5.6 装饰施工顺序方框图

部件、配件检查→基层处理→弹线→安装固定→镶嵌密封板→整修刨光及表面处理。

(7)木料面清漆施工工艺

基层清扫去污→磨砂子→润粉→磨砂纸→第一遍满刮腻子→打磨光→第二遍满刮腻子→打磨光→刷油色→第一遍清漆→拼色→复补腻子→打磨光→第二遍清漆→打磨光→第三遍清漆→打磨光→第四遍清漆→打磨光→第五遍清漆→磨退→打砂蜡→打油蜡→擦亮。

(8)墙面干挂花岗石(大理石)工艺流程

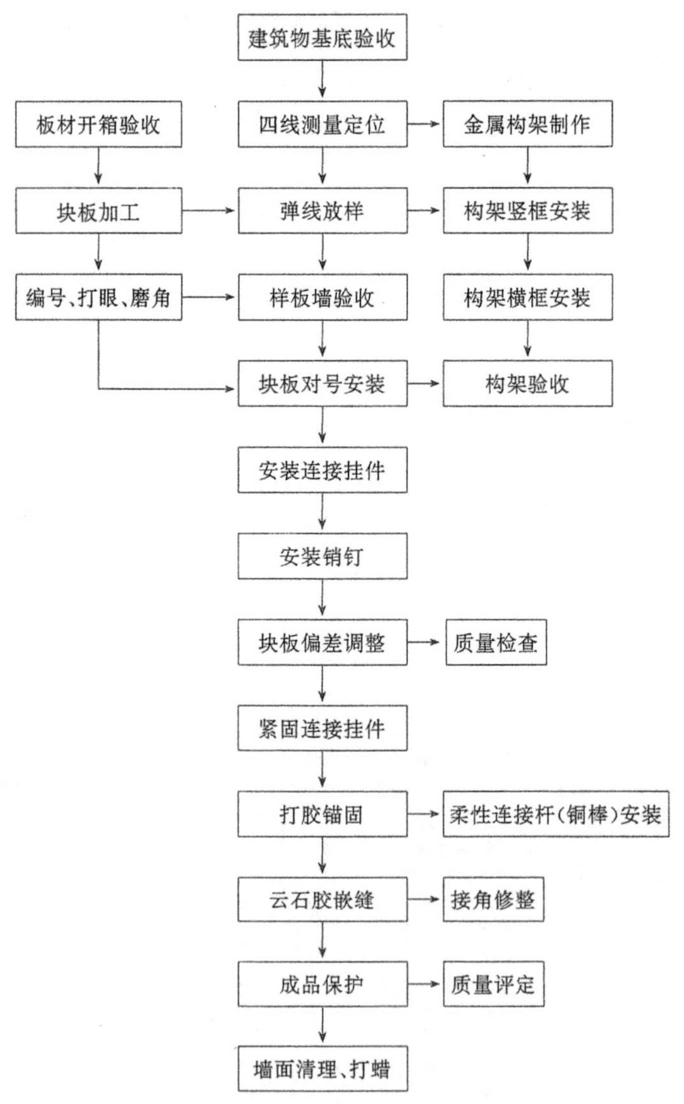

图5.7 墙面干挂花岗石工艺流程图

墙面干挂花岗石(大理石)工艺流程见图 5.7。

7.现场施工准备

(1)技术准备

1)组织各专业技术人员熟习设计图纸,编写施工方案,作好技术交底。

2)组织技术、质检人员参加施工组织设计的编制与审定工作。

3)由工程部组织预算人员编制施工预算。

4)根据施工进度计划编制材料进场计划,提前作好成品、半成品加工定货工作。

5)做好各类人员进场前教育和特殊工种人员上岗前培训和资格审查,尤其是采用新材料、新技术、新工艺要先试验、后使用。

(2)现场准备

现场准备包括材料堆场和必要的暂设工程如办公、仓库、生活、卫生用水、用电等,详见表 5.8。

表 5.8 施工现场准备工作计划

序号	准备工作内容	要求	完成起止期
1	大理石板切割机棚	钢管扣件搭架防雨布屋面 3.5m×5m 二间(含照明)	2001.9.20～9.30
2	石板、毛料及成品堆场	200m^2 场地平整夯实(含照明及排水沟)	2001.9.20～9.30
3	材料仓库(一期)	主楼、附楼各设 3 间(木板门)	2001.9.1～9.20
4	工具间、警卫间(一期)	主楼、附楼各设一间(木板门)	2001.9.1～9.20
5	现场设计室(一期)	主楼设一间(木板门,配空调)	2001.9.1～9.20
6	项目部办公室(一期)	主楼、附楼各设一间(木板门,配电话)	2001.9.1～9.20
7	施工用电	从主楼引至各层设接线盒	2001.9.10～9.20
8	施工用水	从附楼接至主楼	2001.9.10～9.20
9	水泥贮存间	利用各底层楼梯间加防雨布	2001.9.10～9.20
10	食堂	租用场外附近用房	2001.9.10～9.20
11	灭火器、消防桶	主附楼隔层设置一台	2001.9.20～9.25
12	公共厕所	利用原有土建厕所进行整修	2001.9.10～9.20
13	主体验收	水平轴线垂直经纬四线测量	2001.9.15～9.25

8.现场施工平面图

现场施工平面布置图,详见图 5.8 某培训中心宾馆施工平面图。

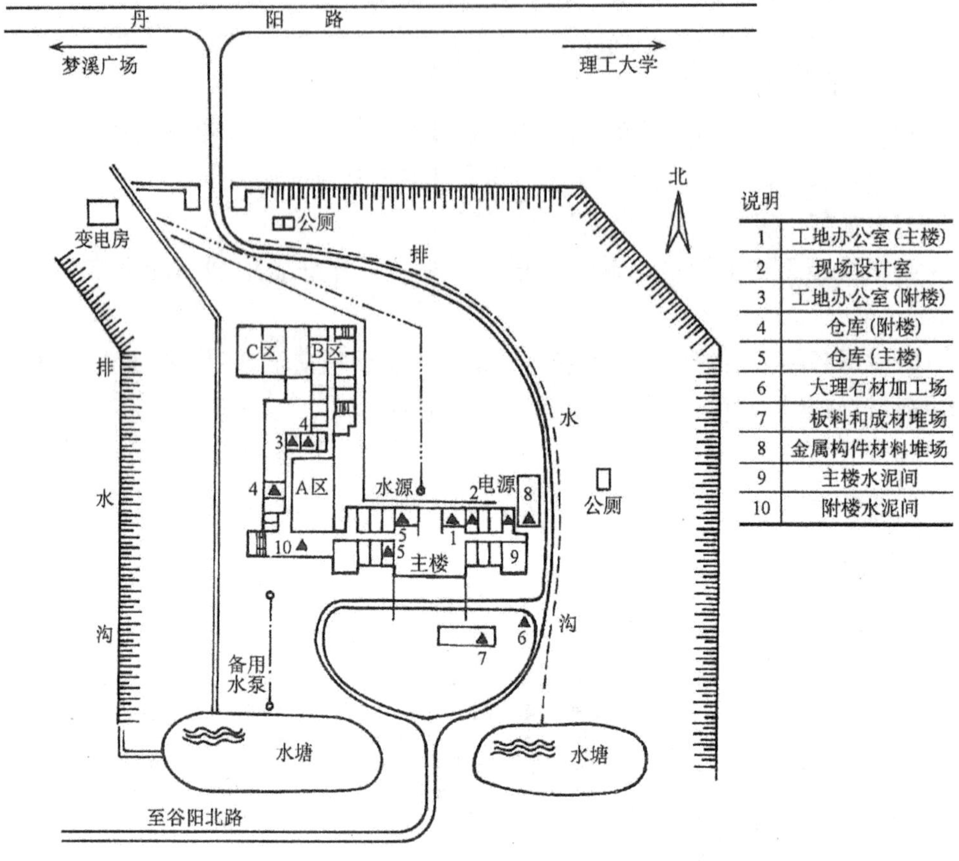

图 5.8　某培训中心宾馆施工平面图

5.9.3　施工计划

施工计划包括施工进度计划及各项资源需用量计划。

1. 施工进度计划

施工进度计划编制考虑两个项目部同时施工，按主楼、附楼以横道图的形式分开进行编制，见图 5.9 及图 5.10。

2. 各项资源需用量计划

(1)主要材料需用量计划

主要材料需用量计划见表 5.9。

(2)装饰技工、普工需用量计划

装饰技工、普工需用量计划见表 5.10。

分部分项工程名称	单位	工程量数量	劳动力配备 定额	工日数	1.5班/人数	天数	工种	进度日期 2001年9月						2001年10月						2001年11月						2001年12月						2002年1月						2002年2月					
								5	10	15	20	25	30	5	10	15	20	25	30	5	10	15	20	25	30	5	10	15	20	25	30	5	10	15	20	25	30	5	10	15	20	25	28
								5	5	5	5	5	5	5	5	5	5	5	5	5	5	5	5	5	5	5	5	5	5	5	5	5	5	5	5	5	5	5	5	5	5	5	3
轻钢龙骨、石膏板、扣板吊顶	m²	5694	0.505	2876	45/30	64	吊工					15 15				12层			30			客房																							
一、二层墙面干挂大理石	m²	912	2000	1824	33/22	55	石工							22			1层									2层																			
大理石地面	m²	768	0.690	530	25/18	20	石工												18																										
大花绿、印度红镶边线脚	m	385	0.200	77	6/4	13	石工															4																							
木门	樘	200	2.892	578	45/30	13	木工				30																																		
木墙裙及护墙板软包	m²	976	0.800	781	45/30	17	木工										30																												
门窗套、窗台板	套	215	4.000	860	45/30	20	木工												30																										
橡木、水曲柳、木地板	m²	430	0.800	344	45/30	8	木工														30																								
细木制品、线条、窗帘盒	套	75	3.000	225	45/30	5	木工															30																							
楼梯栏杆、扶手、木镶带	m	195	1.200	234	45/30	5	木工																							30					(突击)										
客房、过道及壁画制品				2000	45/30	45	木工							30																															
瓷砖墙面	m²	1141	0.588	671	18/12	37	瓦工												12																										
地砖 851 防水	m²	566	0.622	346	18/12	19	瓦工																			12																			
榉木包圆柱，φ1000、φ900、φ500	m²	300	0.540	162	9/6	18	木工										6																												
不锈钢栏杆	m	148	0.730	108	9/6	12	木工														6																								
金属转门 φ2400	樘	1	15.00	15	9/6	2	木工																6																						
12mm 厚玻璃隔断及固定窗	m²	100	1.520	152	27/18	6	安装																	18																					
镀膜中空夹胶玻璃采光天棚	m²	302	1.500	453	18	25	安装												18																										
卫生洁具及配套件	套	75		750	27/18	27	安装																					18																	
车边镜及包边	m²	241	1.594	384	27/18	15	安装																		18																				
水电、灯具、家具		估		2210	27/18	82	安装				18																																		
顶棚墙面、水泥漆、乳胶漆	m²	8061	0.050	403	22/15	18	漆工																15																						
壁纸	m²	2702	0.212	578	22/15	26	漆工																15																						
油漆		估		1500	45/30	34	漆工																15 15																						
各类地毯、窗帘	m²	4522	0.290	1311	45/30	29	漆工																												30										
零星未列项目合并栏				5000	33/22	155	多工种				22																																		

图 5.9 主楼施工进度横道图

分部分项工程名称	单位	工程量数量	劳动力配备：定额	劳动力配备：工日数	劳动力配备：1.5班 人数	劳动力配备：天数	劳动力配备：工种
轻钢龙骨、石膏板、扣板吊顶	m2	4213	0.800	3370	45/30	75	吊工
木墙裙及护墙板软包、木地板	m2	1875	0.800	1500	24/16	63	木工
木门、玻璃门、防火门、半玻门	樘	140	4.000	560	21/14	27	木工
细木制品、线条、窗帘盒	套	140	3.000	420	21/14	20	木工
门套、窗套、窗台板	套	152	3.500	532	21/14	26	木工
楼梯栏杆、扶手、木镶带	m	128	1.200	154	21/14	8	木工
防火隔断	m2	162	0.576	93	21/14	7	木工
大理石地面、楼梯及门套	m2	1800	1.690	3042	38/25	80	瓦工
大花绿、蒙古黑、印度红镶边线脚	m	1070	0.200	214	18/12	12	瓦工
瓷砖墙面、地面 851 防水	m2	298	0.622	496	18/12	28	瓦工
顶棚墙面、乳胶漆	m2	10836	0.030	543	18/12	30	漆工
涂饰	m2	估	3	300	18/12	17	漆工
墙纸、地毯、窗帘	m2	2000	0.290	580	18/12	32	漆工
水电、灯具、家具		估		1800	18/12	72	安装
零星未列项目合并栏		估		3240	21/14	155	多工种
合　计				40395			

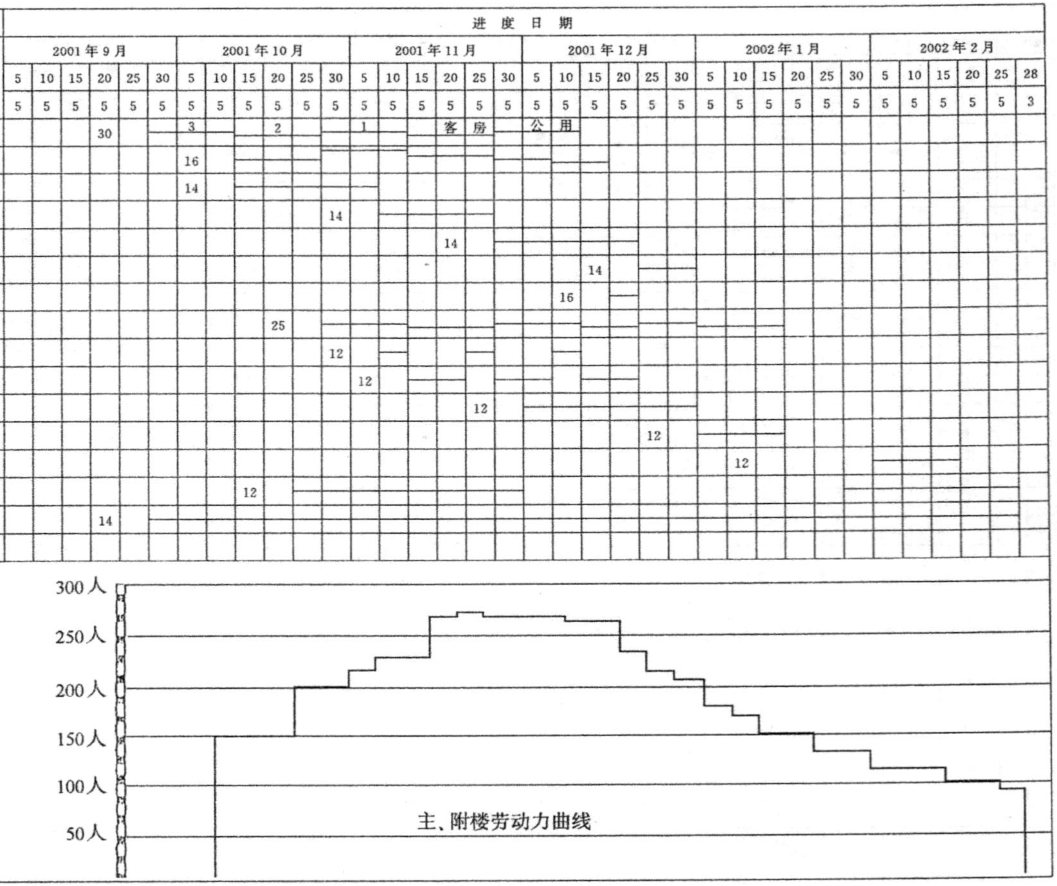

进度日期

分部分项工程名称	2001年9月						2001年10月						2001年11月						2001年12月						2002年1月						2002年2月					
	5	10	15	20	25	30	5	10	15	20	25	30	5	10	15	20	25	30	5	10	15	20	25	30	5	10	15	20	25	30	5	10	15	20	25	28
	5	5	5	5	5	5	5	5	5	5	5	5	5	5	5	5	5	5	5	5	5	5	5	5	5	5	5	5	5	5	5	5	5	5	5	3
轻钢龙骨、石膏板、扣板吊顶				30			3			2			1			客	房		公	用																
木墙裙及护墙板软包、木地板							16																													
木门、玻璃门、防火门、半玻门							14																													
细木制品、线条、窗帘盒												14																								
门套、窗套、窗台板																14																				
楼梯栏杆、扶手、木镶带																					14															
防火隔断																				16																
大理石地面、楼梯及门套										25																										
大花绿、蒙古黑、印度红镶边线脚												12																								
瓷砖墙面、地面 851 防水													12																							
顶棚墙面、乳胶漆																	12																			
涂饰																							12													
墙纸、地毯、窗帘																										12										
水电、灯具、家具									12																											
零星未列项目合并栏				14																																

说明：

1. 表列工程量为投标报价量

2. 表列定额中少量为综合定额

3. 采光天棚为高空作业，按 8 小时作业，其余均为 1.5 班

4. 零星未列项目主要包括客房内部过道、服务员值班室、贮藏室

共用厕所和材料转运的力工等

图 5.10　附楼施工进度横道图

表 5.9 主要材料计划

序号	材料名称	单 位	数 量	进场时间/(年·月·日)
1	主次轻钢龙骨	m	92630	2001.9.25
2	纸面石膏板	m^2	10056	2001.9.25
3	塑料扣板	m^2	810	2001.9.25
4	钢骨架[10,∟50×5	t	18	2001.10.27
5	大理石板 20mm	m^2	1018	2001.10.27
6	花岗石板 25mm	m^2	2686	2001.10.27
7	不锈钢管	m	1226	2001.10.27
8	中空玻璃	m^2	296	2001.11.5
9	12mm 玻璃	m^2	126	2001.12.1
10	防火石膏板	m^2	233	2001.12.15
11	切片夹板	m^2	1236	2001.9.25
12	九 合 板	m^2	2531	2001.9.25
13	细木工板	m^2	1510	2001.10.15
14	不锈钢镜面板	m^2	106	2001.12.5
15	地 毯	m^2	5487	2002.1.25
16	木材(成材)	m^3	75	2001.9.25
17	毛 地 板	m^2	530	2001.11.15
18	水曲柳、橡木地板	m^2	532	2001.11.15

表 5.10 装饰技工、普工需用量计划表

区号	工种名称	人数	进退场时间/(年·月·日)	区号	工种名称	人数	进退场时间/(年·月·日)
主楼	吊顶工	30	1999.9.25～11.25	附楼	吊顶工	30	2001.9.25～12.15
	大理石工	22	1999.10.6～12.25		一班木工	16	2001.10.15～12.15
	木 工	30	1999.9.30～2000.1.25		二班木工	14	2001.10.15～12.30
	瓦 工	12	1999.11.6～12.25		一班瓦工	25	2001.10.25～2000.1.15
	专业木工	6	1999.10.25～11.25		二班瓦工	12	2001.11.6～12.20
	安装工	18	1999.9.25～2000.2.20		油漆工	12	2001.12.1～2000.3.15
	油漆工	30	1999.11.25～2000.2.25		安装工	12	2001.10.20～11.30 2002.1.20～2000.3.25
	杂工及其他工	30	1999.9.30～1999.2.25		杂工及其他工	8	2001.9.30～2000.3.25

(3)主要机具计划

主要机具需用量计划,见表 5.11。

表 5.11 主要机具计划

名称	规格	数量	进退场时间/(年·月·日)
电 锤	博士 4DSC	16	2001.9.25～2002.3.25
电焊机	BX6-160	9	2001.9.25～2002.3.25
电圆锯	日立 C-13	10	2001.9.25～2002.2.25
空压机	意大利风力 255	7	2001.9.25～2002.2.25
钢材锯	国产 400mm	6	2001.9.25～2002.2.25
铝材切割机	收田 355	3	2001.9.25～2002.2.25
云石机	良明 110	5	2001.9.25～12.25
小型压刨	良明 AP-10N	4	2001.9.25～2002.2.25
修边机	收田 3703	7	2001.9.25～2002.2.25
自攻枪	收田 6800BV	9	2001.9.25～2002.2.25
曲线锯	收田 4300BV	4	2001.10.25～11.25
木工联合机床	齐全 ML392	1	2001.9.25～2002.2.25
台 钻	QZ-16	1	2001.9.25～12.25
雕刻机	收田 3612BR	4	2001.10.25～12.25
木线成型铣床	MX4012	2	2001.10.25～12.25
氩弧焊机	NSAl-300	2	2001.9.25～10.30
石材切割机	(租用)	2	2001.9.25～2002.2.25

注:维修变更用工具适当留存,暂不退场。

5.9.4 主要项目施工方法

1.总体安排

本工程的施工方法总的原则是先上后下,先湿后干,先顶后墙地。两个施工段(主、附楼以变形缝为界形成两个独立的施工段)在组织分项工程施工时,应抢吊顶抓墙面,及时安排楼地面,限时完成楼梯间,穿插施工木制作。在主楼大堂回马廊施工的同时,客房应从七层向三层流水施工。一、二层会议室,也应同时组织交叉作业。其中大堂回马廊有金属转门、玻璃隔断、电梯间、服务台、采光天棚、圆柱、护栏、挂落等项目,几乎所有的专业工种都汇交于此,工作面十分紧张,相互干扰多,是生产指挥的重点。为此要求各工序都必须配足人力、物力,争时间、抢速度,进行主体交叉作业。

为确保主楼地面的施工质量,在适当时候对东西楼梯间突击限时封闭施工。对附楼三个大厅的吊顶应从三层向二层、底层大厅流水施工,石材地面也应由三层向二层流水施工,各层的客房、包厢应与地面流水作业,楼梯的施工应先北后南交替封闭,确保正常交通。

为了加快施工进度，降低工程成本，本工程实行三统三分的管理办法。即材料、机具、劳动力由公司统一调度管理。物资保管、流水施工、奖罚分配由项目部自主经营。

2.分项工程施工方法

本工程的装饰施工包括吊顶、墙面、地面、楼梯细木制品等三个分项、现分述如下：

(1)轻钢龙骨纸面石膏板吊顶施工方法

1)吊杆安装。根据图纸，先在墙上、柱上弹出顶棚标高水平墨线，在顶棚上画出吊顶布局，确定吊杆位置并与预埋吊杆焊接，若预埋吊杆位置不符或无预留吊筋时，采用M8膨胀螺栓在顶板上固定，吊杆为ϕ8钢筋加工，中距900mm。

2)主龙骨安装。根据吊顶设计标高安装主龙骨，基本定位后，调节吊挂，抄平下皮(注意起拱量)，再根据板的规格确定次龙骨位置，次龙骨必须和主龙骨底面贴紧，调整紧固连接件，形成平整稳固的龙骨网络。

主龙骨为UC38系列轻钢龙骨，间距≤1000mm，距墙300mm，龙骨接头必须使用连接件，且接头相互错开500mm以上，吊挂件必须用螺栓拧紧，保证一定的起拱度，起拱高度一般不小于房间短跨的1/200，待水平度调整好后，再逐个拧紧螺帽。

3)次龙骨与横撑龙骨。次龙骨与横撑龙骨均采用U50系列，间距400～600mm，次龙骨与主龙骨、横撑龙骨与次龙骨挂件必须卡牢，靠墙边的龙骨须考虑石膏线安装。

主次龙骨安装均需考虑通风管线及灯具位置，当与其发生矛盾时，该部分龙骨应做加强处理，见图5.11及图5.12。

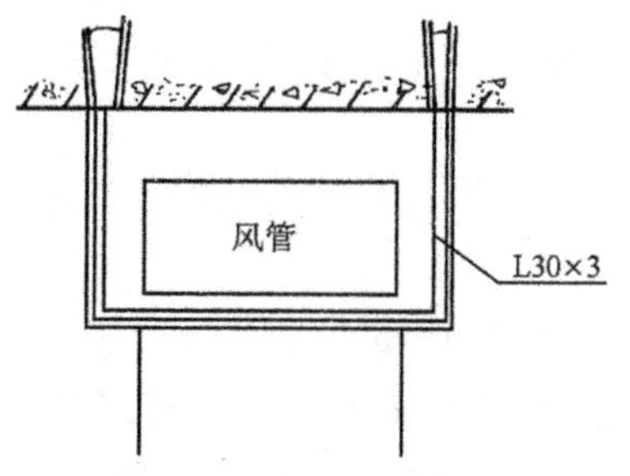

图5.11 吊杆遇风管处理

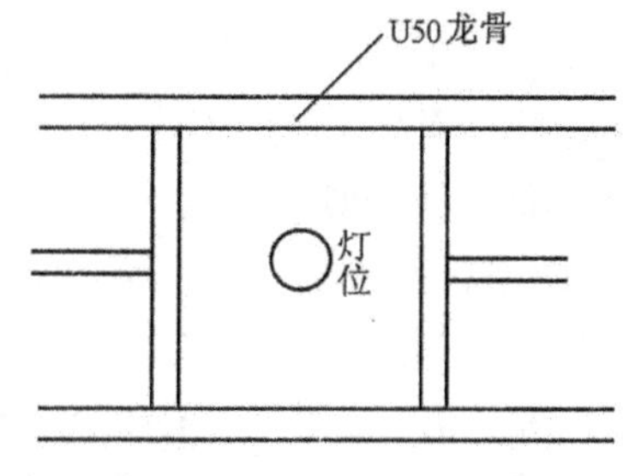

图5.12 灯具遇龙骨处理

4)石膏板安装。纸面石膏板安装时长边(包封边)应沿纵向次龙骨铺设，并用镀锌自攻螺钉固定，钉距≤150mm，距边不小于15mm，钉头略深入板面1mm左右。注意不使纸面破损，钉眼用石膏腻子抹平。

石膏板应在自由状态下固定，不得出现弯棱、凸鼓现象。固定板用的次龙骨间距不应大于600mm。

5)施工过程中注意各工种之间配合。待顶棚内的风口、灯具、消防管线等施工完毕，并通过各种调试试验后方可安装面板。

客房卫生间吊顶面板应采用防潮纸面石膏板。

(2)墙面干挂花岗石(大理石)施工方法

本工程在主楼的大堂、回马廊走道、楼梯间和挂落、柱帽等处均设计为干挂米黄薄壁大型石材板块。其施工顺序为：一楼大堂→一楼走道→二楼走道→东楼梯→西楼梯→回马廊柱挂落及柱帽。

1)因框架填充墙均为轻质砌块，故设计采用与墙体脱离的[10 金属构架作竖框，用 L50×5 角钢作横梁，间距为 1000×1500mm，联结件采用成品不锈钢挂件，用 $\phi 4$ 不锈钢销插入板上下侧孔，用大力士石材胶锚固。

2)现场测量放线，正确固定金属构架位置，石材就位用活动马凳木脚手板。

3)墙面采取自下而上、自阳角向阴角水平排列十字接缝的施工方法。第一层为基准板，校正后上部插入钢销并锚固板，下部用 C20 混凝土填满板下空隙。

4)进口米黄毛板均 20mm 厚，需在工地设两台切割机按放样尺寸进行精加工，安装前需作黏结试验。

5)挂落和柱帽的施工难度较大，弧形板厚度为 40mm，挂落下部有悬挑线脚均需加钢支点。

6)阴角接角采用 1/4 弧，现场手工成形，二次精磨。

(3)裱糊工程施工方法

1)裱糊工程应待顶棚、墙面、门窗涂料和刷浆工程完工后进行。裱糊前，对基层的平整度、垂直度进行检查，对凸起、凹坑要进行铲除修补，然后满刮腻子，用砂纸磨平，要求大墙面及阴阳角方正、垂直，小圆角弧度大小一致。

2)根据阴角搭缝的里外关系，决定先做哪一片墙，贴每片墙的第一幅壁纸前，要先吊一条垂直线，弹出比纸宽 5mm 的垂线，作为找正依据。每片墙应先从较宽的一侧以整幅纸开始，不足一幅的要用在不明显部位或阴角处，接缝应搭接，阳角处不得有接缝且要包角压实。

3)裱糊先从一侧由上而下，赶压用力要均匀，溢出纸边的胶要及时用干净毛巾擦净，表面不得有气泡、污斑等。

4)几种不同壁纸的要求。对 PVC 壁纸裱糊前先用水润湿 3～5min，基层上涂刷一层胶黏剂，对顶棚，除基层涂刷胶黏剂外，纸壁背面也要涂刷胶黏剂。而复合壁纸则严禁浸水，需先在表面及壁纸背面刷一层胶黏剂，放置 10min 后，再裱糊。

5)对需要重叠对花的各类壁纸、墙布应先对花裱糊，然后再用钢尺对齐截下余边，除标明必须“正倒”交替粘贴的壁布外，其他粘贴均按同一方向进行。墙面上遇有开关、插座盒时，应事先在其相应位置破纸作为标记。

(4)木护墙及软包木墙裙施工方法

1)护墙板安装时，应根据房间四角和上下龙骨先找平、找直，按面板大小由上到下做好木标筋，根据设计要求钉横竖龙骨，龙骨用膨胀螺栓与墙面固定，随即检查其表面平整与立面垂直，阴阳角用方尺套方。龙骨背面应涂刷防腐油。龙骨间距，竖向龙骨为500mm，横向以不大于400mm为宜。

2)木龙骨上墙前，墙面基层涂刷防水涂料或满贴一层高聚物改性沥青卷材一道，龙骨表面刷一道防火剂。

3)面层板为榉木三合板，基层板为普通五合板，上墙前背面均满刷乳胶，上墙的饰面三合板按每个房间，每个墙面仔细挑选，确保花色、纹理一致。板面纵向接头应设在窗口上部或窗台以下，钉面层自下而上进行，且宜竖向分格接缝，以防翘鼓，板顶应拉线找平、钉木压条。

4)软包面料采用香港产建筑装修专用防火织物面料，吸声底料采用北京产阻燃泡沫塑料，基层木料为烘干的白松板材和五厚板，木料在安装前涂刷防火阻燃剂。

5)由于软包墙面为软包部分与木装修墙面相间做法，所以施工时先作木装修墙面，留出软包部分，最后安装到木装修墙面的预留位置。软包部分工艺流程：

木屉制作→粘贴20mm厚阻燃泡沫塑料→粘10mm厚泡沫塑料→铺钉阻燃织物面层→安装软包屉。

木屉制作，龙骨料用烘干白松料，含水率不大于12%。要求尺寸准确，表面平直光滑，棱角方正，线条顺直，不露钉帽，无刨槎、刨痕，木肋间距不大于300mm，五厘板要粘贴牢固、平整。将截好的20厚阻燃泡沫塑料用乳胶贴于五厘板上，其上再铺贴一层10mm泡沫塑料，并冲刷干净。根据木屉尺寸，铺钉阻燃织物面层，截时要注意面料图案。铺设前，背面要喷水湿润，湿润程度视当时气温、面料材质而定。对有皱折的面料要提前熨平，注意温度不宜过高伤及面料。

将软包屉安装就位后，用压边木线固定牢固，待油漆工序完毕后，将薄塑料布用壁纸刀裁下，并清理干净。

(5)地面花岗石(大理石)施工方法(干铺法)

1)当吊顶、墙面施工完成后即进行地面花岗石(大理石)的铺设。其施工顺序是：底层大堂→底层走道→二层走道→东楼梯间→西楼梯间。

2)花岗石(大理石)地面铺设前需对基底、板材进行检查、验收，要求基底表面平整，用2m靠尺检查，偏差不得大于5mm，标高偏差不得大于±8mm，板材600×600×20现场集中切割，并按标准验收质量，试拼后编号码放。

3)按设计标高在墙面四周和柱脚处弹出面层标高线，按板材规格和柱边、门洞、及镶边尺寸，由中心向两边弹出平面控制线。

4)铺板前先将基层冲洗干净，刷素水泥浆一道，随刷随铺，其上铺1∶3干拌水泥砂，厚40mm。操作采用退步法，用木刮尺赶平，铁抹修整，砂面超高8mm，预摆板材，并压实砂层，对准拉线，木棰敲击，使板顶平整、板底密实，若局部不平可揭开修补，平实后揭开石材，砂面上灌1∶10白水泥纯浆，直至砂面浆不外溢为度，四角均匀安放板块，用角尺、水平尺反复检查、修理、直至合格为止。

5)板块铺完后，养护3天再嵌缝，用篷布覆盖一周，禁止上人，认真保养。

(6)楼梯工程施工方法

楼梯栏杆、扶手安装应在楼梯间墙面、踏步饰面和靠墙扶手铁件安装完毕，并经检验合格后进行。

1)金属楼梯栏杆、扶手安装应按设计要求，弹出栏杆间距位置。楼梯起步处与平台处两端栏杆应先安装，再拉通线，用同样方法安装其余立杆。要求立杆与踏步面预埋件焊接(或锚接)牢固。楼梯扶手采用焊接安装，扶手从起步弯头开始，后接直扶手，接口按要求角度套割正确，并挫平；安装时先将起点弯头与栏杆立杆点焊固定，检查无误后，方可施焊；弯头安装完将扶手两端与两端立杆点焊固定，同时将直扶手的一端与弯头对接并点焊固定。然后拉通线将扶手与每根立杆作点焊固定，检查合格后，正式焊牢并抛光。

2)木扶手应按设计要求及现场实际情况就地放样制作并安装；扶手弯头应做整体弯头，扶手底开槽深度为3～4mm，宽度同扁铁宽，扶手安装应由下向上进行，先按栏杆斜度配好起步弯头，再安扶手，接头处做暗榫或铁件锚固，并用胶粘接牢固，末端用扁铁与墙、柱连接。

(7)细木装修施工方法

细木装修包括的面比较广，如门框门扇、窗帘套、木门套、木踢脚线等，这里不作详述，仅对空腹花格隔断的施工方法作明确技术要求。

木制空腹式花格柜式隔断，可用半成品散料在现场按设计要求及实际情况，就地进行加工组合并安装，对复杂的有连续几何图形要求的隔断，必须做足尺样板进行加工，并进行拼装。其接头以拼接为主，接头割角，涂胶粘接，要求角度准确，接缝平整吻合，为确保整体刚度，隔断中配有一定数量的条板，贯穿于整片隔断全高与全长两端，与墙梁埋件或膨胀螺栓连接。

(8)电气安装工程

1)所有进场材料应有产品合格证，配电箱应为部定点厂产品，PVC阻燃管应符合有关要求。

2)根据设计要求与施工规范，确定用电设备的位置及标高，管径应符合设计要求。连接及进箱盒暗装用套管连接，弯曲半径及弯扁度应符合规范规定。导线规格、根数应按设计要求施工，中间严禁有断头；穿线连接处用专用线帽或刷锡，穿线完毕，做绝缘摇测，符合规范后方可通电试运行。

灯具的规格、型号、高度、位置应符合设计要求和施工规范，超过3kg的灯具必须预埋吊钩或螺栓，预埋件牢固可靠，低于2.4m以下灯具金属外壳部分应接地或接零保护。

开关和插座的安装位置应符合规范规定，且开关应切断相线，同一场所的开关位置应一致；电话插座、组线箱应位置正确，安装牢固。配电箱的接地(接零)保护措施，必须符合施工规范要求。

5.9.5 各项技术保证和管理措施

1.技术保证措施

1)严格按照ISO9002质量保证体系的要求,根据公司的质量计划书,工程以项目经理为质量保证第一人,主任工程师把关,工程师、设计师、技术员、各工种工长亲临现场,责任分明,层层落实。

2)主任工程师根据施工技术方案、工艺标准、质量计划,明确质量管理重点和管理措施。分项工程施工前,认真进行技术交底,针对特殊的重要的工序,编制有针对性的技术交底单,尤其是在克服质量通病方面。对班组长和全体操作人员进行技术交底,技术交底一律以书面形式进行,主任工程师、操作人员签字齐全交至每个工人。

3)工程技术资料归档。各类现场交底资料、操作记录、材料检验记录、质量检验记录等,都要安排专职资料员管理,具体内容如下:

①质量检验评定表、质量资料检查表。

②图纸会审记录、工程变更通知单。

③隐蔽工程验收记录。

④电气测试、卫生器具24h盛水试验记录。

⑤焊接试验报告、焊条(剂)合格证。

⑥原材料器具的质保书、合格证、复试报告等。

⑦施工日记。

⑧工程合同、分包合同、协议书。

⑨工程开竣工报告、工程竣工验收证明。

⑩报价书、预算书、决算书。

⑪竣工图纸。

⑫业主监理和主管部门补充资料。

2.质量保证措施

1)建立健全质量保证体系,指定严格的奖罚措施,明确分项工程的控制重点。

2)实施“谁施工、谁负责”的原则,明确责任,质量监督员随时巡检、跟班作业,质量工程师全面控制协调,确保每个分项工程质量达到优良标准,实现创优工程的目标。

3)严把进场材料检验关。对进场的材料、构配件质量,要核对进货与样品的真伪,并提供可信的有效的原始质保书,坚决做到不合格材料不得在工程上使用。

4)样板引路。施工操作要优化工序,实行标准化操作,认真提高工序的操作水平,确保操作质量,每个分项工程或工种,大面积操作前,要作出示范样板,统一操作要求,对采用新材料、新工艺的尤其应重视。

5)加强施工过程质量监控，严格执行“三检制”(自检、互检、交接检)，自检要填写自检表，并注明日期；隐蔽工程要由监理、项目经理、质量员、班组长和相关专业人员到场验收，合格后方可进行下道工序施工。

6)实行质量否决权。不合格分项必须进行返工，发现不合格分项工程转入下道工序，要追究班组长的责任。

7)分项工程质量评定。分项工程全部过程完成后由项目经理根据质量验收评定标准，组织有关人员共同进行质量检查，主任工程师填写分项工程质量评定表交专职质检员签认，核定质量评定等级。不合格按《不合格品控制程序》处理，并征得监理认可，将评定表定期交项目技术负责人归档。

8)作好成品保护。所有现场施工人员，要像重视工序操作一样重视成品的保护，项目经理要合理安排施工工序，减少工序交叉作业，下道工序的施工可能对上道工序的成品造成影响时，应征得工序施工人员的同意，避免破坏和污染。

9)制定创优奖励规定。对分项工程验收被评为“优良”的按耗工嘉奖5%，工程被评为“市优”，对项目经理授予公司质量二等奖，获得“省优”工程的项目经理和质量科，授予公司质量一等奖。

3.安全保护措施

1)成立安全生产领导小组，领导小组组长由工程项目经理担任，由责任心强的人员专职或兼职安全检查员。

2)做好各项安全交底，施工班组前讲安全，安全员工地巡视查安全，项目经理下达生产任务的同时，布置安全工作，全面落实安全责任制。

3)严格执行安全生产制度，工地显要位置竖立安全警示牌，施工人员班前禁止喝酒，各类脚手架搭设应经安全员检查验收合格后方准使用。

4)所有机电设备必须有可靠安全接地措施，严禁带病运行，现场电工跟班作业，下班断电。

5)施工现场严禁吸烟和动用明火，如有氧气焊需开设动火证，并专人看守。

6)所有易燃易爆品应存放指定地点、周围设消防器材备用。主附楼设置灭火器、消防桶，并挂于梯间醒目处。

7)消防水源应符合消防要求，并设明显标识(夜间红色指示灯)以备应急使用。

8)特殊工种必须经过培训，并持上岗证。

9)高空作业人员，不得向下抛掷工具、料材杂物，高空作业人员应系安全带。

10)夜晚设保卫人员执班，按时巡查。

4.成品保护措施

1)提高成品保护意识，制定多工种交叉施工作业计划，既要保证施工进度，又要保证交叉施工不相互干扰，同时，以协议形式明确各工种对上道工序质量的保护责任及本道工序的防护，提高产品保护的责任心。

2)工程收尾阶段,应有专人分层、分片看管,严禁闲杂人员出入,以防产品损坏。

3)不锈钢制品、铝合金制品易磨损部位,应用塑料薄膜包裹,严禁将门窗、扶手等作为脚手板支点使用,防止砸碰损坏和位移变形。

4)油漆、涂料施工前,首先应清理好现场,防止灰尘飞扬影响油漆质量,每次油漆完成后,应清理干净滴在地面上、窗台上、墙面上及五金配件上的油漆,防止交叉污染。

5)施工中对地漏、出水口等部位应设临时堵口,禁止在已施工完面层的地面上调制油灰、油膏、油漆,防止地面污染受损。大堂地面、墙面均为浅色米黄,地面完成后应予以覆盖,防止色浆、油灰、油漆的污染,同时设置防护措施,防止磨、砸造成质量缺陷。

6)卫生器具安装前,应检查其规格、型号、质量是否符合设计要求。安装过程中要松紧适宜,安装后要加以防护,防止后道工序砸损器具,防止浆液、油漆污染器具,杜绝下道工序在器具内清洗污物,调制油灰、油膏等现象。

5. 文明施工、环境保护措施

1)主附楼施工现场应做到构件、材料分类别堆放整齐,临时设施布设有序,杜绝车辆运输中的抛洒、漏滴、争创文明施工样板工地。

2)生产垃圾及废料,做到随落随清,污水要集中排至室外排水沟或沉淀池。

3)为减少噪声,切割应集中加工,有条件时可放在有维护结构的房间内或在工厂尽量加工为成品。

4)生活用垃圾设专用垃圾箱,专人清理运输。

5)搞好职工的生活福利设施,如娱乐、游艺、卫生等。做好工地食堂的餐具消毒及环境清洁卫生等。

6)对于建筑装饰材料的选用,要从维护用户健康利益出发,以选用绿色环保产品为准则,如工程中大量使用的油漆,涂料类,要注意选用无有机挥发物的水性涂料;黏结剂采用无毒高效型的;对大理石、花岗石使用前,要测定其是否含有放射性元素,以防污染环境,对人体造成无形伤害。

6. 冬雨期施工措施

(1)冬期施工措施

1)按合同开工期,本工程一部分工序要进入冬期施工,开工前应作好冬期施工的准备工作,建立冬施质量保证体系,经常收看当地或附近的天气预报,根据气温变化采取措施,保证冬施顺利进行。

2)根据施工工期及施工工序,尽量将湿作业往前赶。如:楼地面的镶贴、外墙面装饰及内墙面的油漆等,以避开负温施工。

3)对无法避开负温施工的分项工程,应采取保温措施,包括:

①现场未有暖气供应，应将所有门窗洞用加厚透明塑料布封闭，缝隙堵严，所有门用双层棉门帘钉牢。

②电梯井、管道井采用加厚复合板涂以防火涂料钉严，不漏缝隙，步行梯门口，棉布帘钉严保温。

4）当气温低于−5℃时，大堂施工应考虑室内用自控锅炉供暖。大堂中央安装1台，其他于每层电梯厅中央安装2台，干管走入棚内，支管从房间中心部位伸出，散热器安在房间中央，不影响作业面，拆装方便，每层自成体系，互不影响。

5）对局部位置，可采取电暖器取暖，以增加热源。

（2）雨期施工措施

1）施工现场应考虑足够的防雨、防潮仓库，存放易受潮装饰材料，并配备抽湿设备和干燥吸湿材料。

2）当连续下雨，空气湿度较大时，在壁纸施工现场增加碘钨灯烘烤，并注意防火。

7.新技术、新材料应用

1）本工程穿线套管全部采用PVC阻燃套管。

2）卫生器具全部采用节水型卫生器具，灯光采用节能型高效节能灯，走廊、梯间采用声控节能灯。

3）卫生间、盥洗室采用合成高分子防水涂料或高聚物改性沥青SBS防水卷材。在门窗部位应用高性能的密封胶。

8.与各方配合措施

（1）与甲方配合措施

1）本公司历来重视与甲方（业主）的关系，不论工程大小，工期长短，公司经理每月都亲临现场了解情况，亲自指挥。

2）项目部保持每天与甲方工作联系，每周交周施工情况表，每月交月施工情况汇总，由主任工程师专职负责，做到施工与使用密切配合。

3）施工过程中对于甲方提出的各项要求，项目部以积极态度对待，并虚心听取意见和建议，做到让甲方百分之百满意。

（2）与监理配合措施

严格按照施工图纸和施工规范施工，尊重监理部门的一切管理，认真执行监理方所提出的标准要求，积极配合监理工程师的日常工作，确保工程质量优良。

9.技术经济指标

工期：150d

总工日数：40395工日

天平均人数：$\frac{40395}{1.5\times150}=179$人

天最多人数：268人

建筑面积:11500m^2

单方用工:$\frac{40395}{11500}=3.5$ 工/m^2

思　考　题

5.1　单位装饰工程施工组织设计的编制依据是什么?

5.2　单位装饰工程施工组织设计主要包括哪些内容?

5.3　单位装饰工程施工方案的选择一般包括哪些方面?

5.4　在确定施工顺序时,应考虑哪些因素?

5.5　合理选择施工方法应掌握哪几项原则?其主要内容是什么?

5.6　试述单位装饰工程施工进度计划的编制步骤。

5.7　单位装饰工程施工准备工作计划主要包括哪些内容?

5.8　单位装饰工程施工平面图设计的内容有哪些?

5.9　简述单位装饰工程施工平面图的设计要点。

5.10　单位装饰工程主要技术措施有哪些?

第六章　建筑装饰工程项目管理

本章主要介绍建筑装饰工程项目管理的基本概念，项目管理的过程，项目管理内容以及项目管理组织。重点讲述了装饰工程施工项目的技术、质量、安全和环境保护管理等主要内容。通过对本章的学习，使学生了解装饰工程项目管理的概念、过程、内容和管理组织，掌握施工项目中的技术、质量、安全管理的具体内容与要求。

6.1　基 本 概 念

6.1.1　项目及其分类

1. 项目的概念

“项目”一词已越来越广泛地被人们应用于社会经济和文化生活的各个方面。人们经常用“项目”来表示一类事物。所谓项目，是指按限定时间、限定费用和限定质量标准完成的一次性任务和管理对象。例如，一项开发、一项科研、一项设计、一幢建筑物的施工都可称为项目。项目具有一次性、目标明确性、整体性、周期性的特征，只有同时具有这些特征的任务才能称得上项目。

为了有针对性地对项目进行管理，以提高完成任务的效果水平，项目的种类应当按其最终成果或专业特征为标志进行划分，包括：科学研究项目、工程项目、投资项目、航天项目、推广项目等等。对每类项目还可以进一步分类，工程项目是项目中数量最大的一类，既可以按专业分为建筑工程、铁路工程、桥梁工程、水电工程等类项目，又可以按管理者的差别划分建设项目和施工项目等。

2. 工程项目

工程项目是指通过投资活动获得满足某种产品生产或人民生活需要的建筑物(或构筑物)的一次性任务和管理对象。建设项目及其单项工程均符合工程项目的定义，具有项目的特征，故可称其为工程项目。

3. 施工项目

一项工程项目的建成，往往需要有许多部门、许多单位的参与和配合，不同的参与者从自身角度出发，对同一工程项目的称呼有所不同。从施工管理者角度出发，对承揽到的工程项目(或其中的一个单项工程或单位工程)的施工任务及成果，均称为施工项目。但是，单位工程和专业施工企业承揽到的局部施工项目却不能称为工程项目。

6.1.2 工程项目管理的概念

1. 工程项目管理

工程项目管理是以工程项目为管理对象，为使项目取得成功(实现所要求的质量、所规定的时限、所批准的费用预算)所进行的全过程、全方位的规划、组织、控制与协调的系统管理活动。根据管理主体、管理对象、管理范围的不同，工程项目管理可分为不同的类型：建设项目管理、设计项目管理、施工项目管理、咨询项目管理、监理项目管理等。

工程项目管理的本质是工程建设者运用系统工程的观点、理论和方法，对工程的建设进行全过程和全方位的管理，实现生产要素在工程项目上的优化配置，为用户提供优质产品。

2. 施工项目管理

施工项目管理是指以施工项目经理为核心的项目经理部，对施工项目全过程进行的管理。施工项目管理是工程项目管理中历时最长、涉及面最广、内容最复杂的一种管理工作。其管理的主体、任务、内容和范围与工程项目管理有着根本的差别。

6.1.3 建筑装饰工程项目管理的概念

建筑装饰工程，作为一个工程项目的从属部分，具有独立的施工条件，属于单位工程或多个分部工程的集合，是施工项目，但不是工程项目。因此，从严格意义上讲，建筑装饰工程项目管理就是建筑装饰工程施工项目管理，具有施工项目管理的特征。具体表现如下：

(1) 建筑装饰工程项目的管理主体是建筑装饰企业，建设单位(业主)和设计单位都不能进行施工项目管理，由业主或监理单位进行的工程项目，管理中涉及的装饰施工阶段管理仍属于建设项目管理，不能算作建筑装饰工程项目管理。

(2) 建筑装饰工程项目管理的对象是建筑装饰工程施工项目，项目管理的周期也就是装饰工程施工项目的生命期。

(3) 建筑装饰工程项目管理要求强化组织协调工作。由于装饰施工项目生产活动的特殊性、项目的一次性、施工周期长、资金多、人员流动性大等特点，决定了建筑装饰工程项目管理中的组织协调工作最为艰难、复杂、多变，必须通过强化组织协调的办法才能保证项目顺利进行。

6.2 管理过程和内容

6.2.1 施工项目管理的全过程

建筑装饰工程施工项目管理是指由装饰施工企业对可能获得的施工项目开展

工作。施工项目管理的全过程包括以下5个阶段：

(1) 投标签约阶段；

(2) 施工准备阶段；

(3) 施工阶段；

(4) 验收、交工与竣工结算阶段；

(5) 用后服务阶段。

如图6.1所示。

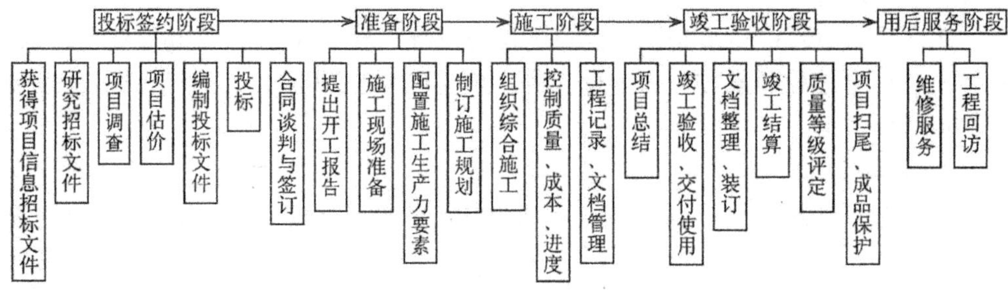

图6.1 施工项目管理全过程

6.2.2 施工项目管理的内容

在项目管理的全过程中为了取得各阶段目标和最终目标的实现，在进行各项活动中，必须加强管理工作，协调各方面工作齐头并进。

1. 建立施工项目管理组织

1）由建筑装饰施工企业采用适当的方式选聘称职的建筑装饰施工项目经理。

2）根据施工项目组织原则，选用适当的组织形式，组建施工项目管理机构，明确责任、权限和义务。

3）在遵守企业规章制度的前提下，根据施工项目管理的需要，制订施工项目管理制度。

2. 进行施工项目管理规划

施工项目管理规划是对建筑装饰工程施工项目管理目标、组织、内容、方法、步骤、重点进行预策和决策，做出具体安排的纲领性文件，主要内容有：

1）进行装饰工程项目分解，形成施工对象分解体系，以便确定阶段性控制目标，从局部到整体地进行施工活动和进行施工项目管理。

2）建立施工项目管理工作体系，绘制施工项目管理工作体系图和施工项目管理工作信息流程图。

3）编制施工管理规划，确定管理点，形成文件。

3. 进行施工项目的目标控制

施工项目的目标有阶段性目标和最终目标，实现各项目标是施工项目管理的目的所在。施工项目的控制目标分为:进度控制目标,质量控制目标,成本控制目标,安全控制目标,施工现场和环境保护控制目标。

由于在施工项目目标的控制过程中,会不断受到各种客观因素的干扰,种种风险因素有随时发生的可能性,因此应通过组织协调和风险管理,对施工项目目标进行动态控制。

4. 对施工项目的生产要素进行优化配置和动态管理

施工项目的生产要素是施工项目目标得以实现的保证,主要包括:劳动力、设备机具、装饰材料、资金、技术、施工方案、设计、时间和空间等,如图 6.2 所示。

生产要素管理的内容包括:

1) 分析各项生产要素的特点。

2) 按照一定原则、方法对装饰施工项目生产要素进行优化配置,并对配置状况进行评价。

3) 对施工项目的各项生产要素进行动态管理。

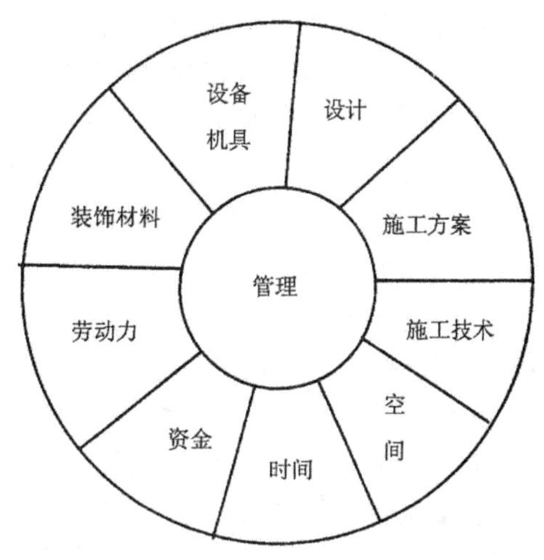

图 6.2 施工项目生产要素构成示意图

5. 合同管理

在市场经济条件下,施工项目管理是在市场条件下进行的特殊交易活动的管理,这种交易活动从投标开始,并持续于项目管理的全过程,因此,必须依法签订合同,进行履约经营。由于合同是工程过程中双方合同管理的最高行为准则,合同管理的好坏直接涉及项目管理及装饰工程施工的技术经济效果和目标实现。因此,要从投标开始,加强工程承包合同的签订,履行管理。同时为了取得经济效益,还必须注意搞好索赔,讲究方法和技巧,提供充分证据。

严格的合同管理是国际惯例。工程项目管理的国际化是一个大趋势,我国已加入 WTO,依照国际惯例对项目进行管理是施工企业开拓建筑装饰工程项目国际市场的迫切需要。这方面的国际惯例主要体现在:严格的符合国际惯例的指标制度,建设工程监理制度,国际通用的 FIDIC 合同条件等。这些都与合同管理有关。

6. 信息管理

施工项目管理是一项复杂的现代化的管理活动,要依靠大量信息,并采用现代化管理方法手段通过计算机加强对信息的管理,特别要依靠对信息的收集、整理和储存,使本项目的经验和训练得到记录和保留,为以后的项目管理服务,因此,认真记录总结建立档案和保管制度是非常重要的。

6.3 管理组织

6.3.1 施工项目管理组织机构

1. 组织及其形式

“组织”有两种含义。一是指组织机构，即按一定领导体制、部门设置、层次划分、职责分工、规章制度和信息系统等构成的有机整体，可以完成一定的任务，并为此而处理人与人、人与事、人与物的关系。二是指组织行为，即通过一定权力和影响力，为达到一定的目的，对所需资源进行合理配置，处理人与人、人与事、人与物关系的行为。合理设置项目管理的组织结构，从总体上使各部门或职位协调统一，以保证为实现项目的控制目标奠定良好的基础，这是项目管理前期工作的重点。

一个组织以何种结构方式去处理层次、跨度、部门设置和上下级关系，涉及到组织结构的类型，即组织形式。基本组织形式有以下几种：

(1) 线性组织形式

这种组织结构形式的特点，是项目管理在原建制的基础上进行适当组织结构调整，不影响原有建制就可以组织项目管理班子，项目经理直接进行单线垂直领导，系统的管理信息是逐层流动的，因此，线性组织形式信息传递简单迅速、线路清晰、责任分明，如图 6.3 所示。其适应于小型的装饰施工企业。

(2) 职能型组织形式

该组织形式是在线性组织形式基础上增加了多个职能部门，基层职能不仅必须接受上层职能部门的垂直指令，也必须接受其他职能部门的交叉指令，即命令源不是惟一的。对于项目管理，这种形式不宜提倡，如图 6.4 所示。

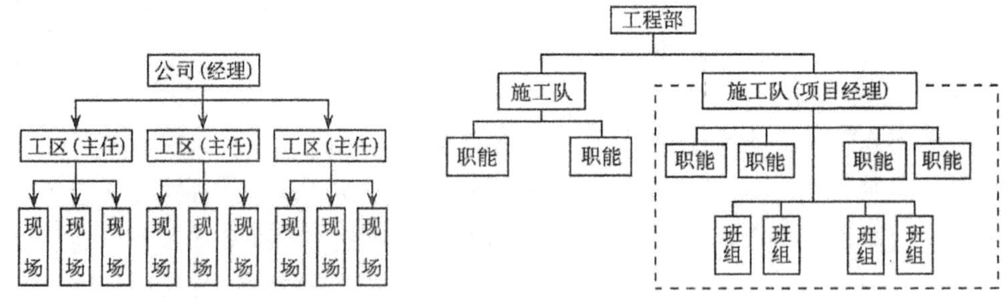

图 6.3 线性组织形式

图 6.4 职能型组织形式

(3) 矩阵式组织形式

这种组织形式是在线性组织形式基础上增加横向领导系统，两者构成有如数学上的矩阵结构。这种组织形式充分体现了项目管理的组织系统是由项目经理和各职能人员组成。其中项目经理由公司任命，职能管理人员由项目经理与企业各职能部门、业务系统双重领导。其管理信息既可以横向流动，也可以纵向流动。它的优点是：一是人才作用发挥得比较充分，有利于人尽其才，各司其责；二是职能方面通过业务系统化管理促使项目信息反馈较快；三是管理人员不必完全脱离原有职能部门，有利于加强业务单位与项目管理条块之间结合；四是生产要素集中于相应管理部门，来了就能干，干完了就走，有利于项目动态管理，优化组合。缺点是人员变动大，相对稳定性差，容易影响一些人的情绪，如图 6.5 所示。这是目前装饰施工企业中比较典型和理想的施工项目管理组织形式。

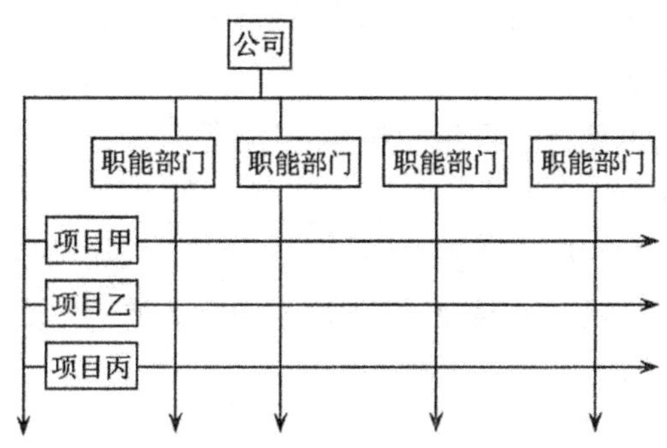

图 6.5 矩阵式组织形式

(4) 事业部制项目组织

其特征是企业成立事业部，在事业部下边设置项目经理部。事业部对企业来说是职能部门，也是一个独立单位。事业部可以按地区设置，也可以按工程类型或经营内容设置。事业部能较迅速适应环境变化，提高企业的应变能力，调动部门积极性。这种形式有利于企业延伸企业的经营职能，扩大企业的经营业务，便于开拓企业的业务领域，还有利于迅速适应环境变化以加强项目管理；缺点是企业对项目经理部的约束减弱，协调指导的机会减少等，有时会造成企业结构松散，必须加强制度约束，加大企业的综合协调能力。它适应于大型装饰施工企业，如图6.6所示。

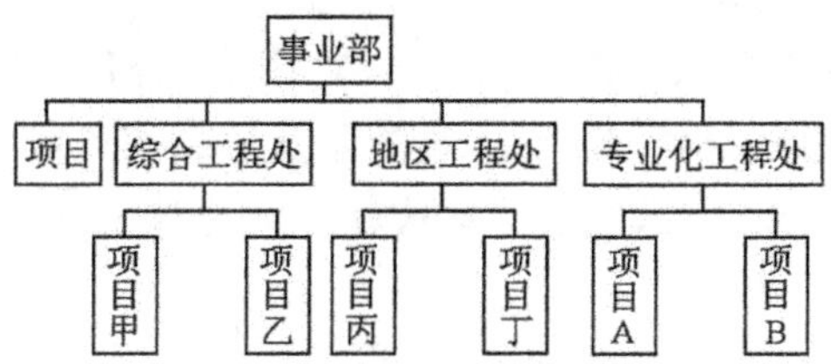

图 6.6 事业部制项目组织结构

2. 施工项目管理组织形式选择

项目组织形式的选择应由企业作出决策。要将企业的素质、任务、条件、基础，同施工项目的规模、性质、内容、要求的管理方式结合起来分析，选择适宜的项目组织形式，不能生搬硬套。对于大型装饰企业，人员素质好，管理基础强，业务综合性强，可以承担大型任务，宜采用矩阵式、事业部制组织形式；对于小型简单项目，承包内容单一，应采用线性制组织形式；在同一企业内部可根据项目特点采用几种组织形式，如将事业部或与矩阵式或线性制组织形式结合使用。

3. 施工项目管理组织机构设置的原则

施工项目管理组织机构与企业管理组织机构是局部与整体的关系，组织机构设置的目的是为了进一步充分发挥项目管理功能，提高项目整体管理效率，以达到项目管理的最终目标 。高效率的组织体系和组织机构的建立是建筑装饰施工项目管理成功的组织保证，是形成权力系统，进行集中统一指挥的基础，是建立责任制，形成信息沟通体系的前提。

设置一个好的施工项目管理组织机构，应遵循以下原则：

(1) 目的性原则

为了产生组织功能，从实现建筑装饰施工项目管理的总目标这一根本目的出发，因目标设事、因事设机构定编制；按编制岗位定人员，以责定制度授权力。

(2) 精干高效原则

施工项目管理机构的岗位设置，以能实现施工项目要求的工作任务为原则，尽量简化机构，作到精干高效；人员配置力求一专多能，一人多职，加强学习和锻炼相结合，不断提高人员素质。

(3) 管理跨度和分层统一的原则

管理跨度亦称管理幅度，是指一个主管人员直接管理的下属人员的数量。跨度大，管理人员的接触关系增多，处理人与人之间的关系的数量增大。对于施工项目管理层来说，管理跨度更应尽量少，以集中精力于施工管理。项目经理在组建组织机构时，必须认真设计切实可行的跨度和层次。

(4) 业务系统化管理原则

建筑装饰工程施工项目是一个由众多子系统组成的开放的大系统，各子系统之间，子系统内部不同组织、工种、工序之间，存在着大量结合部，这就要求项目组织也必须是一个完整的组织结构系统，在设计组织机构时，周密考虑层间关系、分层与跨度关系、部门划分、授权范围、人员配备及信息沟通等，使组织机构自身成为一个严密的、封闭的组织系统，能够为完成建筑装饰施工项目管理目标而实行合理分工协作。

(5) 弹性和流动性原则

建筑装饰工程项目的特点，决定了施工项目生产活动必然带来生产对象数量、质量和地点的变化，带来资源配置的品种和数量变化，要求管理水平和组织机构随之进行调整，以适应工程任务变动对管理机构流动性的要求。

(6) 项目组织与企业组织一体化原则

项目组织是企业组织的有机组成部分，从管理方面来看，企业是项目管理组织的外部环境，项目管理的人员来自企业，项目管理组织解体后，其人员仍回企业。施工项目的组织形式与企业的组织形式有关，不能离开企业的组织形式去谈项目的组织形式。

6.3.2 施工项目经理部的设置

施工项目经理部是施工项目管理工作班子，在项目经理领导下，作为项目管理的组织机构，负责施工项目从开工到竣工的全过程施工生产经营的管理，是施工企业在某一施工项目上的管理层，同时对作业层负有管理与服务的双重功能；也是代表企业履行工程承包合同的主体。为了充分发挥项目经理部在项目管理中的主体作用，必须对项目经理部的机构设置加以特别重视，设计好，组建好，运转好，从而发挥其应有功能。

1. 施工项目经理部的设置原则

1）根据所设计的项目组织形式设置项目经理部。不同的组织形式对项目经理部的管理方式和管理职责提出了不同的要求，提供了不同的管理环境。

2）要根据建筑装饰工程施工项目的规模、复杂程度，设置项目经理部。如大型项目经理部可以设职能部、处；中型项目经理部可以设处、科；小型项目经理部一般只需设职能人员即可。

3）项目经理部是一个具有弹性的一次性施工生产组织，随工程任务的变化而进行调整，不应搞成一级固定组织。在项目施工开始前建立，在项目竣工交付使用后项目管理任务完成，项目经理部解体。项目经理部不应有固定的作业队伍，只是根据施工需要，在企业内部市场或社会市场吸收人员，进行优化组合和动态管理。

4）项目经理部的人员配置应面向施工现场，满足现场的计划与调度、技术与质量、成本与核算、劳务与物资、安全与文明施工的需要。

5）在项目管理机构建成后，应建立有益于组织运转的工作制度。

2. 施工项目经理部管理和工作制度建立

项目经理部组建以后，作为组织建设内容之一的管理制度应立即着手建立。制定施工项目规章制度必须贯彻国家法律政策，以及部门、企业的法规制度等文件精神，不得有抵触和矛盾，不得危害公众利益，施工项目最主要的管理制度是有关工程技术计划、统计、经营核算、承担分配等各项业务管理所需要的，它们应是制定管理制度的主目标。管理制度要配套，不留漏洞，形成完整的管理制度和业务交接体系，各项管理制度之间，不能产生矛盾，并且要有针对性，任一项条款都必须具体明确；管理制度的颁布，修改、废除，要有严格程序。

施工项目经理部的工作制度包括计划、责任、监督与奖惩、核算四项工作制度。计划必须覆盖项目施工的全过程和所有方面，计划的制订必须有科学的依据，计划的执行和检查必须落实到人。责任制建立的基本要求是：一个独立的职责，必须由一个人全权负责，应做到人人有责可负。监督与奖惩制的目的是保证计划和责任制贯彻落实，对项目任务完成进行控制和激励。核算制的目的是为落实上述四项制度提供基础，控制、考核各种制度执行的情况。核算必须落实到最小的可控制单位(即班组)上，要把按人员职责落实的核算与按生产要素落实的核算、经济效益和经济消耗结合起来，建立完整的体系。

6.3.3 施工项目经理承包责任制

1. 施工项目经理承包责任制的特点

施工项目经理承包责任制，是指在工程项目建设过程中，用以确保项目承包者与企业、职工三者之间的责、权、利关系的一种管理方法和手段。它是以项目为对象，以项目经理负责为前提，以施工预算为依据，以创优质工程为目标，以承包合同为纽带，以求得最终产品的最佳经济效益为目的，实行施工项目开始到竣工验收的一次性全过程的施工承包经营管理。施工项目经理承包责任制与其他形式承包制相比有以下特点：

(1) 对象终一性

它以施工项目为对象，实行建筑产品形成过程的一次性全额承包，不同于其他行政单位实行的年度阶段承包。

(2) 主体直接性

它是在实行项目经理责任制的前提下，实行一种“经理负责、全员管理、集体承包、风险抵押、单独核算、自负盈亏”的经济责任制，它突出了项目经理个人在承包中的主要责任。因此，它既不同于领导班子集体负责的那种承包；又区别于一些单位实行的个人承包。

(3) 内容全面性

项目承包是根据先进、合理、实用可行的原则，在不超过承包费用的范围内，“包死基数，确保上缴”，并以保证提高工程质量，缩短工期，降低成本、安全、文明施工等全面经济效益为内容的承包。它明显区别于单项或利润指标的承包。

(4) 责任风险性

项目承包充分体现了“指标突出、责任明确、利益直接、考核严格”的基本要求和承包的最终结果与项目经理部职工，特别是与项目经理行政晋升和奖罚等个人利益直接挂钩。

2. 施工项目经理承包责任制应遵循的基本原则

(1) 实事求是原则

承包形式和指标基数是承包制的重要内容，企业应力求从实际出发，做到先进性、合理性和可行性。不搞“保险承包”，在指标值的确定上必须是承包者经过发奋努力能实现的先进水平；不搞“一刀切”，不同的工程类型和施工条件，采取不同的经济技术指标承包，不同的职能人员实行不同的岗位责任制，力争做到在同一起跑线上的平等竞争，减少人为的考核分配不等；不追求形式，对因不可抗力而致使合同难以实施的，应及时调整。使每个承包者既要感到风险压力，又要有充满必胜的信念。

(2) 兼顾企业、承包者和职工三者利益的原则

项目管理承包中，企业、承包者和职工三者的根本利益是一致的。由于企业肩负对国家和职工同时负责的双重职能，一方面承包制应把保证企业利益放在首位；另一方面，也应保护承包者和职工的正当利益，特别是在确定个人收入目标基数时，既要切实贯彻按劳分配，多劳多得的原则，又要避免人为的分配不公等现象。

(3) 责、权、效、利的统一是企业承包制的基本原则

在强调责、权、利的同时，还必须把“效”(即经济效益和社会效益)放在重要位置。责、权、利结合应围绕最终效益来实行。

3. 施工项目经理承包责任制中各类人员的岗位责任制

施工项目经理承包网络体系中个人岗位责任制，是经理部集体承包，个人负责的延伸。项目经理之所以能对工程项目负责，就是因为有自上而下的全员岗位责任制做“后盾”。

(1) 项目经理与企业经理之间的承包责任制

项目经理产生后，与企业经理就项目全过程管理签订目标合同书，其内容是对施工项目从开工到竣工交付使用全过程及项目经理部建立、解体和缮后处理重大问题的办理而事先形成的具有企业法规性的文件。这种合同内容往往是项目经理招标通知书中的主要内容，也是项目经理的“任职目标”。

(2) 项目经理与本部其他人员之间的责任制

项目经理在实行个人负责制的过程中，必须按“管理的幅度”和“职位匹配”等原则，将“一人负责”转变为人人尽职尽责，在内部建立起以项目经理为中心的群体责任制。首先按“双向选择，择优聘用”的原则，配备较过硬的管理班子；其次确定每一业务岗位的工作职责。按业务系统管理的方法，在系统基层业务人员的工作职责基础上，进一步将每一业务岗位工作职责具体化、规范化，尤其各业务人员之间的分工协作关系，一定要用合同书的形式规定清楚，明确各自的责、权、利。

6.4 技术管理

6.4.1 技术管理的概念

施工项目技术管理是项目经理部在项目施工的过程中，对各项技术活动过程和技术工作的各种要素进行科学管理的总称。其中各项技术活动包括图纸会审、技术交底、技术试验、科学研究等。技术工作的各种要素包括技术人员责任制、职工的

技术培训、技术装备、技术文件、资料、档案等。技术管理的目的就是运用管理的职能去组织各种技术要求的实施，促进各种技术工作的开展，鼓励各种技术项目的创新，完善各种技术规章制度。

6.4.2 技术管理的任务和要求

1. 技术管理的任务

建筑装饰工程施工项目技术管理的基本任务是：贯彻党和国家各项技术政策和法令，执行国家和上级制定的技术规范，规程，按创全优工程的要求，科学地组织各项技术工作，建立正常的技术工作秩序，提高建筑装饰施工企业的技术管理水平，不断革新原有技术和采用新技术，达到保证工程质量、提高劳动效率、实现安全生产、节约材料和能源、降低工程成本的目的。

2. 技术管理的要求

(1) 贯彻国家的技术政策

国家的技术政策是根据国民经济和生产发展的要求和水平提出来的，如现行的施工与验收规范或规程，是带有强制性和方向性的决定，在技术管理中，必须正确地贯彻执行。

(2) 按科学规律办事

技术管理一定要实事求是，采取科学的工作态度和工作方法，按科学规律组织和进行技术管理工作。对于新技术的开发和研究，应积极支持，但是新技术的推广使用，应经试验和技术鉴定，在取得可靠数据并证明确定是技术可行、经济合理后，方可逐步推广应用。

(3) 讲求经济效益

在技术管理中，应对每一种新的技术成果认真做好技术经济分析，考虑各种技术经济指标和生产技术条件，以及今后发展等因素，全面评价后的经济效益。

6.4.3 技术管理的内容和分工

1. 技术管理的主要内容

建筑装饰工程施工项目技术管理的内容，可以分为基础工作和业务工作两部分。

(1) 基础工作

基础工作是指为开展技术管理活动创造前提条件的最基本的工作。包括技术责任制、技术标准与规程、技术原始记录、技术文件管理、科学研究与信息交流等工作。

(2) 业务工作

业务工作是指技术管理中日常开展的各项业务活动。主要包括施工技术准备工作，如，施工图纸会审、编制施工组织设计，技术交底、材料技术检验、安全技术等；施工过程中的技术管理工作，如技术复核、质量监督、技术处理等；技术开发工作，如，科学技术研究、技术革新、技术进步、技术改造、技术培训等。

基础工作和业务工作是相互依赖并存的，缺一不可。基础工作为业务工作提供必要的条件，但每一项技术业务工作都必须依靠基础工作才能进行，技术管理的基本任务必须由各项具体的业务工作来完成。

2. 施工项目技术负责人的主要职责

工程技术负责人是第一线负责技术工作的人员，要对单位工程的施工组织、施工技术、技术管理、工程核算等全面负责。工程技术负责人的主要职责是：

1）搞好经济管理工作，参与开工前施工预算的编制工作与竣工后的工程结算工作。

2）搞好技术交底工作，要组织有关人员审查、学习 、熟悉图纸及设计文件，并对施工现场有关人员进行技术交底。

3）制定技术措施，负责编制施工组织计划，制定各种作业的技术措施。

4）搞好技术鉴定，负责技术复核。

5）抓好技术标准工作，负责贯彻执行各项技术标准、设计文件以及各种技术规定，严格执行操作规程、验收规范及质量检验标准。

6）搞好各项材料试验工作。

7）搞好技术革新、不断改进施工程序和操作方法。

8）搞好施工管理，负责施工日记和施工记录工作。

9）搞好资料整理，负责整理技术档案的全部原始资料。

10）搞好技术培训，负责工人技术教育等。

6.4.4 主要技术管理制度

1. 图纸会审制度

图纸会审制度是指每项工程在施工前，均要在熟悉图纸的基础上，对图纸进行会审。目的是领会设计意图，明确技术要求，发现其中的问题和差错，以避免造成技术事故和经济上的浪费。

2. 技术交底制度

技术交底是指工程开工之前，由各级技术负责人将有关工程的各项技术要求逐级向下贯彻，直到施工现场，使其与施工的技术人员和工人明确所担负任务的特点，技术要求施工工艺等，因此要制定制度，以保证技术责任制落实，技术管理体系正常运转，技术工作按标准和要求运行。

3. 材料检验制度

在施工中，使用的所有原料、材料、构配件和设备等物资，必须由供方部门提供合格证明和检验单，各种材料在使用前按规定抽样检验，新材料要经过技术鉴定合格后才能在工程上使用。

4. 技术复核制度

在现场施工中，为避免发生重大差错，对重要的或影响工程全局的技术工作。施工企业应认真健全现场技术复核制度，明确技术复核的具体项目，复核中，发现问题要及时纠正。

5. 施工日志制度

施工日志也叫施工技术日记，是工程项目施工过程中有关技术方面的原始记录，是改进和提高技术管理水平的重要工作。技术负责人应从工程施工开始到工程竣工为止，不间断地详细记录每天的施工情况。

6. 工程质量检查和验收制度

制定工程质量检查验收制度的目的是加强工程施工质量的控制，避免质量差错造成永久隐患，并为质量等级评定提供数据和情况，为工程积累技术资料。工程质量检查验收制度包括预检制度、工程隐检制度、工程分阶段验收制度、竣工检查验收制度、分项工程交接验收制度等。

7. 工程施工技术资料管理制度

工程施工技术资料是装饰施工企业根据有关规定，在施工过程中形成的应当归档保存的各种图纸、表格、文字、音像材料等技术文件材料的总称，是工程施工及竣工交付使用的必备条件，也是对工程进行检查、维护、管理、使用、改建和扩建的依据。制订该制度的目的是为了加强对工程施工技术资料的统一管理，提高工程质量的管理水平。它必须贯彻国家和地区有关技术标准，技术规程和技术规定，以及企业的有关技术管理制度。

6.4.5 主要技术管理工作

1. 设计文件的学习和图纸会审

设计文件的学习和图纸会审是施工单位熟悉、审查设计图纸，了解工程特点、设计意图和关键部位的工程质量要求，帮助设计单位减少差错的重要手段。它是项目组织在学习和审查图纸的基础上，进行质量控制的一种重要而有效的方法。

(1) 图纸会审的主要步骤

1) 识读图纸。施工队及各专业班组的各级技术人员，在施工前应认真识读、熟悉有关图纸，了解本工程、本专业设计要求达到的技术标准，明确工艺流程、质量要求等。

2) 初审图纸。在认真识读和熟悉图纸的基础上，详细核对本专业工程图的详细情况，如节点构造、尺寸等；并对设计中不明或不清的地方做好记录，以便在正式图纸会审时提出。初审一般由项目经理部组织。

3）会审图纸。在初审的基础上，监理单位或业主组织参与工程项目各方代表召开图纸会审会议，先由设计单位介绍设计意图和图纸、设计特点、对施工的要求；然后由施工单位提出图纸中存在的问题，并根据具体情况修改设计，对变动大且技术复杂的问题，应由设计方另行补图；解决存在问题，写出会议纪要，交给设计人员。

4）综合会审。它是指总承包单位或协作配合单位之间的施工图审查。在图纸会审的基础上，核对各专业之间配合事宜，搞好装饰与土建之间、装饰与室内给排水之间，装饰与建筑电气、装饰与室内设备安装之间的配合等，寻找最佳的合作方法。

（2）图纸审查的主要内容

1）设计施工图必须是有资质的设计单位正式签署的图纸。一般情况下，不是正式设计单位的图纸或设计单位没有正式签署的图纸不得施工。

2）设计计算的假定条件和采用的处理方法是否符合实际情况，施工时有无足够的稳定性，对安全施工有无影响。

3）核对各专业图纸是否齐全，各专业图纸本身及相互之间有无错误和矛盾，如各部位尺寸、平面位置、标高、预留孔洞、预埋件、节点大样和构造说明有无错误和矛盾。如果有，应在施工前通知设计单位协调解决。

4）设计单位提出的新技术、新工艺、新材料和特殊技术要求是否能做到，难度有多大，施工前应做到心中有数。

2. 施工技术交底

技术交底的目的是使参与施工的人员熟悉和了解所担负的工程特点、设计意图技术要求、施工工艺和应注意的问题。应建立技术交底责任制，并加强施工质量检验、监督和管理，从而提高装饰质量。

（1）技术交底的主要内容

1）设计交底。设计交底的目的在于使施工人员了解工程的设计特点、构造、做法、要求、使用功能以及对装饰材料的特殊要求、装饰施工要求等，以便掌握和了解设计意图和设计关键，以达到按图施工。

2）施工组织设计交底。施工组织设计交底是将施工组织设计的全部内容向班组交代，使班组能了解和掌握本工程的特点、施工方案、施工方法、工程任务的划分、进度要求、质量要求及各项管理措施等。

3）设计变更交底。它是将设计变更的结果及时向施工人员和管理人员进行统一的说明，便于统一口径，避免施工差错，也便于经济核算。

4）分项工程技术交底。它是各级技术交底的关键。其主要内容包括：施工工艺、质量标准、技术措施、安全要求及新技术、新工艺和新材料的特殊要求等。

（2）技术交底的要求

技术交底是一项技术性很强的工作，对保证质量至关重要，不但要领会设计意图，还要贯彻上一级技术领导的意图和要求。技术交底必须满足施工规范、规程、工艺标准、质量检验评定标准和业主的合理要求。所有技术交底资料，都是施工中的技术资料，要列入工程技术档案。技术交底必须以书面形式进行，经过检查与审核，有签发人、审核人、授受人的签字。整个工程施工、各分部分项工程，均须作技术交底，特殊和隐蔽工程，更应认真作技术交底。在交底时应着重强调易发生质量事故与工伤事故的工程部位，防止各种事故的发生。

3. 工程质量检查和验收

在现场施工过程中，为了保证工程的施工质量，必须根据国家规定的质量标准逐项检查操作质量和中间产品质量，并根据装饰工程的特点，在质量检查的基础上进行隐蔽工程、分项工程和竣工工程的验收。

(1) 隐蔽工程验收

隐蔽工程是指完工后将被下一道工序所掩盖的工程。这一类工程因要进行隐蔽，不能等整个工程交工验收，必须在隐蔽前进行严格检查，作出记录，签署意见，办理验收手续，不得后补。有问题需复验的，须办理复验手续，并由复验人作出结论，填写复验日期。

(2) 分项工程验收

分项工程验收，是指在某一分项工程某一阶段施工结束后在施工单位自检合格的基础上，由监理工程师或建设单位项目技术负责人组织施工、设计等单位进行检查验收。

(3) 竣工验收

竣工验收是指工程完工后和交工前进行的综合性检查验收，在正式交工验收前，施工单位要进行自检自验，发现问题及时解决。竣工验收时，由业主、设计单位、监理单位、质检部门会同施工单位对所有项目和单位工程按国家规定标准评定等级，办理验收手续，技术文件资料归档。

4. 技术措施和技术革新

(1) 技术措施

技术措施是为了克服生产中的薄弱环节，挖掘生产潜力，保证完成生产任务，获得良好的经济效果，在提高技术水平方面采取的各种手段和方法。要做好技术措施工作，必须编制技术措施计划，落实技术责任。技术措施计划的主要内容包括：

1) 引进和吸收先进的施工工艺和操作技术，加快施工进度，提高劳动生产率的措施。

2) 保证和提高工程质量的技术措施。

3) 节约劳动力、原材料、动力、燃料，降低成本，提高经济效益的技术措施。

4) 推广新技术、新工艺、新结构、新材料的措施。

5）提高机械化施工水平，改进机械设备和组织管理以提高完好率、利用率的措施。

6）保证安全施工和环境保护的措施。

7）采用现代化的管理手段和方法。

（2）技术革新

技术革新是对企业现有技术水平进行改进、更新和提高的工作。它导致技术发展量的变化，使企业的技术水平不断提高，而技术措施则是综合已有的先进经验或措施。技术革新的主要内容有：

1）改进现行施工工艺和操作技术。

2）改革原料、材料和资源的利用方法。

3）改进施工机具，改革操作方法。提高机具利用率。

4）做好技术革新成果的巩固、提高和推广。

5．施工组织设计工作

施工组织设计是一项重要的技术管理工作，由于建筑装饰工程除具有一般建筑工程特点外，还具有工期较短、质量严、工序多、材料品种复杂，与其他专业交叉等特点，在施工组织上难度较大。这就要求技术人员要充分考虑工程的特点，运用统筹的基本原理和方法，利用先进的装饰施工技术，预见性地规划和部署施工生产活动，制定科学合理的施工方案和技术组织措施，对整个建筑装饰工程进行全面规划，从而有组织，有计划、有秩序地均衡生产，优质高效地完成装饰工程。一个好的施工组织设计能够弥补装饰施工管理人员的不足。实践证明，施工组织设计无论编制的如何完善，一成不变地付诸实施的几乎没有，影响进度和组织管理的因素非常多，这就要求技术人员在组织施工过程中，还要不断地学习和总结经验，进一步提高施工组织设计编制的质量，要及时根据实际情况进行调整，不但要控制好“不变因素”，还要有预测性地掌握好“可变因素”。

6．工程技术档案工作

工程技术档案是国家整个技术档案中的一个组成部分。它是记述和反映工程施工技术科研等活动，具有保存价值，并按照一定的档案制度，真实记录集中保管起来的技术文件资料。工程技术档案工作的任务是：按照一定的原则和要求，系统地收集记录工程建设全过程中具有保存价值的技术文件资料，按归档制度加以整理，以使工程竣工验收后完整地移交给有关技术档案管理部门。

（1）工程技术档案的收集

在工程技术档案收集的过程中，首先要把工程技术档案的技术资料区分开来，然后按工程技术档案的内容和程序进行收集。分为建设单位保管的档案和施工单位保管的档案两部分。

工程交工后交由建设单位保管的档案，主要内容有：施工图和竣工工程项目一览表;图纸会审记录,设计变更和技术核定单;材料构配件和设备的质量合格证明;工程质量评定单,隐蔽工程验收记录和质量事故处理记录;设备和管线等调试、试压、试运转记录等;施工单位和设计单位提出的建筑物、构筑物、设备使用注意事项方面的文件及有关该工程的技术决定等。

供施工单位今后施工参考由企业保存的档案,主要内容有:施工组织设计及经验采用和改进记录;技术革新新建议的试验、采用、和改进记录;重大质量和安全事故情况,原因分析及补救措施记录;有关重大技术决定和其他施工技术管理的经验总结;施工日志等。

(2) 工程技术档案的整理

工程技术档案的整理工作,包括技术档案材料的系统整理和技术档案资料全面收集,在此基础上,对技术档案材料进行科学的分类和有秩序的排列。一般按工程项目进行分类,而每一类下又可以按专业分为若干类,以便查找。技术档案的目录编制,可根据企业编目的规定和习惯,按一定形式和要求编制。

6.5 质量管理

6.5.1 工程质量的基本概念

1. 工程质量

质量的概念有广义和狭义之分。

1) 广义的质量是指工程项目质量,它包括工程实体质量和工作质量两部分。工程实体质量包括分项工程质量、分部工程质量、单位工程质量。工作质量可以概括为社会工作质量和生产过程质量两个方面。

2) 狭义的质量是指产品质量,即工程实体质量或工程质量。其定义是:“反映实体满足明确和隐含需要能力的特性的总和”。

质量的主体是“实体”。“实体”可以是产品或服务,也可以是活动或过程,组织体系和人,以及以上各项的任何组合。“明确需要”是指在标准、规范、图纸、技术要求和其他文件中已经作出规定的需要;“隐含需要”是指那些被人们公认的、不言而喻的,不必明确的需要。如住宅应满足人们最起码的居住功能,即属于“隐含需要”。“特性”是指实体特有的性质,它仅反映了实体满足需要的能力。对硬件和流程性材料类的产品特性可归结为性能、可信性、安全性、适应性、经济性、时间性六个方面;对于服务,特性包括功能性、经济性、安全性、时间性、舒适性和文明性等六个方面。

2. 工程实体质量

工程实体质量在施工过程中表现为工序质量,是指施工人员在某一工作面上,借助于某些工具或施工机械对一个或若干个劳动对象所完成的一切活动的综合。工序质量包括这些活动条件的质量和活动质量的效果。

工程产品的质量是由参与建设各方完成的工作质量和工序质量所决定。构成施工过程的基本单位是工序，虽然工程产品复杂程度不同，生产过程也各不一样，但建成任何一个工程产品都有一个共同特点，即都是要经过一道一道工序加工出来的每道工序质量的好坏，最终都直接或间接地影响工程产品的质量，所以工序质量是形成工程产品质量最基本的环节。

3. 工作质量

工作质量是指参与项目建设各方为了保证工程产品质量所做的组织管理工作和各项工作的水平和完善程度。工程项目的质量是规划、勘测、设计、施工等各项工作的综合反映，而不是单纯靠质量检验检查出来的。要保证工程产品质量，就要求参与项目建设的各方有关人员对影响工程质量的所有因素进行控制，通过提高工作质量来保证和提高工程质量 。社会工作质量主要是指在社会调查、质量回访、维修服务等方面的工作好坏；生产过程质量主要包括：管理工作质量、技术工作质量、后勤工作质量等。

4. 质量控制

质量控制是指为达到质量要求所采取的作业技术和活动。质量要求需要转化为可用定性或定量的规范表示的质量特性，以便于质量控制的执行和检查。质量控制贯穿于质量形式的全过程、各环节，要排除这些环节的技术、活动偏离规范的现象，使其恢复正常，达到控制目的。质量控制的内容是采取的作业技术和活动。这些活动包括：

1）确定控制对象，例如一道工序、设计过程、制造过程等。

2）规定控制标准，即详细说明控制对象应达到的质量要求。

3）制定具体的控制方法，例如工艺规程。

4）明确所采用检验方法，包括检验手段。

5）实际进行检验。

6）说明实际与标准之间有差异的原因。

7）为解决差异而采取的行动。

6.5.2 工程质量管理

1. 质量管理的概念

质量管理是指确定质量方针、目标和职责并在质量体系中通过诸如质量策划、质量控制、质量保证和质量改进使其实施的全部管理职能的所有活动。

由定义可知，质量管理是一个组织全部管理职能的一个组成部分，其职能是质量方针、质量目标、和质量职责的制定与实施。质量管理是有计划、有系统的活动，为实现质量管理需要建立质量体系，而质量体系又要通过质量策划、质量控制、质量保证和质量改进等活动发挥其职能，可以说这四项活动是质量管理工作的四大支柱。

质量管理的目标是总目标的重要内容，质量目标和责任应按级分解落实，各级管理者对目标的实现负有责任。虽然质量管理是各级管理者的职责，但必须由最高管理者领导，质量管理需要全员参与并承担相应的义务和责任。

2. 质量管理的发展

质量管理是企业管理的有机组成部分，质量管理的发展也随着企业管理的发展而发展，其产生、形成、发展和日益完善的过程大体经历了三个阶段。

(1) 质量检验阶段

20 世纪 20～40 年代，这个时期的质量管理主要是事后把关检查，剔出废品。它的管理效能有限，按现在的观点看，它只是质量检验从经验走向科学。

(2) 统计质量管理阶段

20 世纪 40～50 年代，第二次世界大战期间，由于军需产品质量检验大多属于破坏检验，不可能进行事后检验，于是，采用“预防缺陷”的理论，对保证产品质量收到了较好的效果。这种用数理统计方法来控制生产过程影响质量的因素，把单独的质量检验变成了过程管理，使质量管理从“事后”转到了“事中”，较单纯的质量检验进了一大步。

(3) 全面质量管理阶段

20 世纪 60 年代，美国质量管理专家费根堡姆首先提出了较系统的“全面质量管理”的概念，其中心意思是，数理统计方法是重要的，但不能单纯依靠它，只有将它和企业管理结合起来，才能保证产品质量。这一理论很快应用于不同行业生产企业的质量工作。此后这一概念通过不断完善，便形成了今天的“全面质量管理”。

全面质量管理的特点是针对不同企业的生产条件、工作环境及工作状态等多方面因素的变化，把组织管理数理统计方法以及现代科学技术、社会心理学、行为科学等综合适用于质量管理，建立适用和完善的质量工作体系，对每一个生产环节加以管理，做到全面控制。通过改善和提高工作质量来保证产品质量；通过对产品的形成和使用全过程管理，全面保证产品质量；通过形成生产(服务)企业全员、全企业、全过程的质量工作系统，建立质量体系以保证产品质量始终满足用户需要，使企业使用最少的投入获取最佳的效益。

3. 工程质量管理的重要性

“百年大计，质量第一”，质量管理工作已经越来越为人们所重视，企业领导清醒地认识到了高质量的产品和服务是市场竞争的有效手段，是争取用户，占领市场和发展企业的根本保证。但是与国民经济发展水平和国际水平相比，我国的质量管理水平仍有很大差距。随着全球经济一体化进程的加快，加入世贸组织后将给我国建筑装饰业带来空前的发展机遇，近几年，我国大多数施工企业通过 ISO9000 体系认证，标志着对工程质量管理的认识和实施提高到了一个更高的层次。因此，从发展战略的高度来认识质量，质量已关系到国家的命运、民族的未来，质量管理的水平已关系到行业的兴衰、企业的命运。

工程项目投资大，消耗的人工、材料、能源多是与工程项目的重要性和在生产、生活中发挥的巨大作用相辅相成的。如果工程质量差，不但不能发挥应有的效用，而且因质量、安全等问题影响国计民生和社会环境的安全。工程项目的一次性特点决定了工程项目只能成功不能失败，工程质量差，不但关系到工程的适用性，而且还关系到人民生命财产的安全和社会安定。所以在工程建设过程中，加强质量管理，确保国家和人民生命财产安全是施工项目的头等大事。

工程质量的优劣，直接影响国家经济建设速度。工程质量差本身就是最大浪费，低劣的质量一方面需要大幅度增加维修的费用，加一方面还将给业主增加使用过程中的维修、改造费用。同时低劣的质量必然缩短工程的使用寿命，使业主遭受更大的经济损失。还会带来停工、减产等间接损失。因此质量问题直接影响着我国经济建设的进度。

6.5.3 工程质量保证体系

1. 质量体系和质量保证的概念

(1) 质量体系

质量体系是指“为实施质量管理所需的组织结构、程序、过程和资源”。组织结构是一个组织为行使其职能按某种方式建立的组织机构、职责、权限及相互关系，它是质量体系的组织和人事保障；程序是为进行某项活动所规定的途径，可分为管理性的和技术性的，通常都要求形成文件；过程是将输入转化为输出的一组彼此相应的资源和活动，质量体系的所有活动都是通过过程来完成的；资源可以包括人才资源和专业技能、制造设备、检验和试验设备、仪器仪表和计算机软件等。

质量体系的各个组成部分是相互关联的，质量体系的内容要以满足质量目标的需要为准，质量体系是实施质量方针和目标的管理系统，是组织经营管理的体系核心部分，因此，质量体系的建立和运行要以质量方针和质量目标的展开和实施为依据。一个组织只有一个质量体系，它在组织内外发挥着不同的作用，对内实施质量管理，对外实施质量保证。

(2) 质量保证

质量保证是指“为了提供足够的信任表明实体能够满足质量要求，而在质量体系中实施并根据需要进行证实的全部有计划和有系统的活动。”

质量保证是通过提供证据表明实体满足的质量要求，从而使人们对这种能力产生信任，根据目的不同可将质量保证分为内部质量保证和外部质量保证。前者指的是在一个组织内部向管理者提供证据，以表明实体满足质量要求，取得管理者的信任，让管理者对实体质量放心；后者指的是在合同或其他情况下，向顾客或其他方提供足够的信任，让他们对实体的质量放心。因此，信任是质量保证的前提，信任的依据是质量体系的建立和有效的实施。

综上所述，工程质量保证体系，就是施工企业以建筑装饰工程施工项目为对象，以控制、保证和提高工程质量为目标，把生产各阶段的各个环节都按规定的质量标准控制起来，并把各个部门和每个人的工作相互关联地有机联系起来，形成一个严密、协调，能够保证产品质量的整体。

2. 工程项目质量体系要素

质量体系要素是构成质量体系的基本单元，它是产生和形成工程产品的主要因素，建筑装饰施工企业要根据企业自身的特点，参照质量管理和质量保证国际标准和国家标准中所列的质量体系要素的内容，选用和增删要素，建立和完善施工企业的质量体系，并把质量管理和质量保证落实到施工项目上。一方面要按企业质量体系要素的要求，形成本工程项目的质量体系，并使之有效运行，达到提高工程质量和服务质量的目的；另一方面，工程项目要实施质量保证，特别是业主或第三方提出的外部质量保证要求，以赢得社会信誉，并且是企业进行质量体系认证的重要内容。

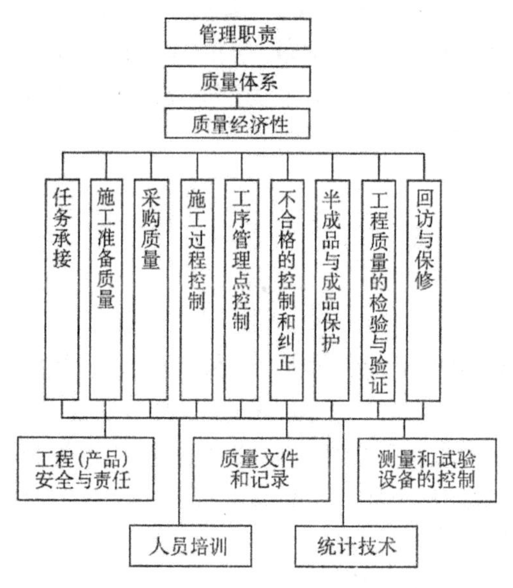

图 6.7 建筑装饰施工企业质量体系要素构成

装饰工程作为实施建筑工程项目的一部分，其施工过程的管理体系与建筑工程基本一致，整个施工过程管理由 17 个要素构成，如图 6.7 所示。

3. 工程项目质量体系原理与原则

工程项目质量体系从属于施工企业的质量体系，其建立包括五个方面：质量环、质量体系结构、质量体系文件、质量体系审核和质量体系的评审和评价。

(1) 质量环

对施工企业来说，每个项目的实施都经历一个从承揽任务到竣工、回访、维修的循环过程。根据建筑装饰工程项目质量形成的全过程，其质量环建议分为以下几个阶段：

1) 任务承接。

2) 施工准备。

3) 材料采购。

4）施工生产。

5）试验和检验。

6）功能检验。

7）竣工交验。

8）回访与维修。

（2）工程项目质量体系结构

质量保证体系结构是指质量保证体系内各要素的构成、内容、各个部分组织配合和相互关系等结合的总体。工程项目经理是工程项目的第一负责人，应对工程质量方针目标的制定与质量体系的建立和有效运转全面负责，由质量责任和权限，组织机构、资源和人员、工作程序四个方面构成。

（3）质量体系文件

质量体系文件是质量体系存在的具体体现，是质量体系运行法规性依据，通过对各类活动、方法作出规定，使与质量有关活动，都能做到有章可循，有法可依。质量体系文件可由多个层次的文件组成，一般包括质量手册、质量体系程序和其他质量文件等。

质量手册是供方的纲领性文件，它阐述了供方的质量方针，规定了质量体系的基本结构，对质量体系标准中的全部适用要素进行了描述。质量手册是对质量体系进行管理的依据，是质量体系审核和评价的依据，也是质量体系存在的重要依据。质量体系程序 文件是质量手册的支持性文件，应与质量方针相一致。质量体系程序文件是对实施质量体系要素所涉及到的各职能部门的各项活动所采取方法的具体描述，应具有可操作性和可检查性。程序文件通常包括：活动的目的和范围；做什么和谁来做；何时何地和如何做；应使用什么材料、设备和文件；如何对活动进行控制和记录。

（4）质量体系审核

为了查明质量体系中各要素的实施效果，是否达到预期的质量目标所进行的活动。包括审核的实施、报告结果和纠正措施。

（5）质量体系的评审和评价

在审核的基础上，企业领导对企业的质量体系是否符合质量方针的要求和质量体系有效运转情况进行评审和评价，以及由于各方面的发展和客观环境的变化，组织对质量体系的重新修改等。主要包括以下几个方面：

1）质量体系主要素的审核结果。

2）质量体系达到质量目标的有效性。

3）质量体系适应新技术、新工艺、市场社会环境条件变化而进行修改的建议。

质量体系评审和评价后，应向企业或项目领导提交有关结果、结论和建议的书面报告，以便采取有效的、必要的改进措施。

6.5.4 ISO9002 工程质量体系认证

1. 质量认证的概念

质量认证是第三方依据程序对产品、过程或服务符合规定的要求给予书面保证(合格证书)。质量认证分为产品质量认证和质量体系认证两种。

(1) 产品质量认证

产品质量认证又分为合格认证和安全认证,产品合格认证自愿进行。与人身安全有关的产品,国家规定必须经过安全认证,如电线电缆、电动工具、低压电器等。

(2) 质量体系认证

由于工程行业产品具有单件性,不能以某个项目作为质量认证的依据,因此只能对企业的质量体系进行认证。质量体系认证是指根据有关的质量保证模式标准,由第三方机构对供方(承包方)的质量体系进行评定和注册的活动。质量体系认证有如下特征:

1) 认证的对象是质量体系而不是工程实体。

2) 认证的依据是质量保证模式标准,而不是工程的质量标准。

3) 认证的结论不是证明工程实体是否符合有关的技术标准,而是质量体系是否符合标准,是否具有按规范要求,保证工程质量的能力。

4) 认证的合格标志是取得质量体系认证证书和体系认证标记。证书和标记只证明该企业的质量体系符合某一质量保证标准,不证明该企业生产的任何产品符合产品标准,因此,认证合格标志,只能用于宣传,不得用于工程实体。

5) 认证由第三方进行,与第一方(供方或承包商)和第二方(需方或业主)既无行政隶属关系,也无经济上的利益关系,以确保认证工作的公正性。

2. 质量管理和质量保证标准的形成

随着技术的进步和工艺水平的不断提高,质量管理理论和实践向更深层次发展,在全面质量管理发展初期,世界各发达国家和企业纷纷制定自己的国家标准和企业标准,以适应全面质量管理的需要。近几十年,由于国际化的市场经济迅速发展,国际间商品和资本的流动空间增长,国际间的经济合作、依赖和竞争日益增强,有些产品已超越国界形成国际范围的社会化大生产,全球经济一体化趋势已成必然。为了解决国际间质量争端,消除和减少技术壁垒,有效地开展国际贸易,加强国际间技术合作,统一国际质量工作语言制定共同遵守的国际规范,各国政府、企业和消费者都需要一套通用的、具有灵活性的国际质量保证模式。在总结发达国家质量工作经验基础上,20 世纪 70 年代末,国际标准化组织(ISO)着手制定国际通用的质量管理和质量保证标准,1987 年 3 月正式颁布了 ISO9000 系列质量管理及质量保证标准,可以认为是质量管理国际化的一个规范性和依据性文件。此后又不断对它进行补充、完善。1994 年又颁布了修订本。该标准一经发布,相当多的国家和地区表示欢迎，等同或等效采用该标准，指导企业开展质量工作。

3. ISO9000族标准简介

我国从1992年10月份起等同采用这套标准，国际标准化组织1994年对此套标准修订后，我国及时将其转化为国家标准。

(1) ISO9000族标准的结构

ISO9000族标准的结构，如图6.8所示。

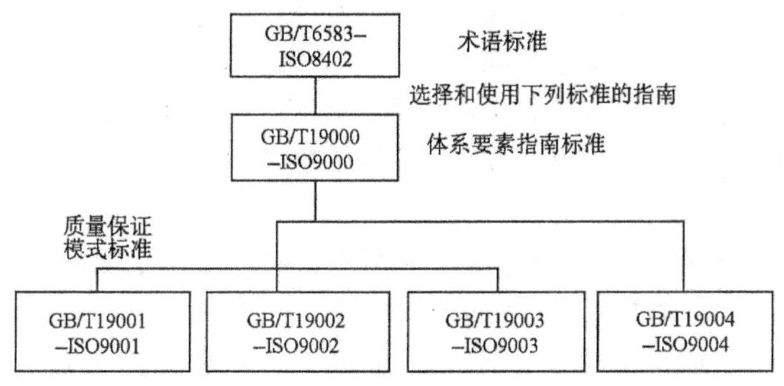

图6.8 ISO9000系列标准结构

ISO9000族标准包括：

1) ISO9000至9004的所有国际标准，包括ISO9000至9004的各分标准。

2) ISO10001至10020的所有国际标准，包括各分标准，属于支持性技术标准。

3) ISO8402术语标准。

(2) 构成ISO9000系列标准的五个标准

1) ISO9000-1:1994《质量管理和质量保证标准第一部分：选择和使用指南》。

2) ISO9001:1994《质量体系、设计、开发、生产、安装和服务的质量保证模式》。

3) ISO9002:1994《质量体系、生产、安装和服务的质量保证模式》。

4) ISO9003:1994《质量体系、最终检验、试验的质量保证模式》。

5) ISO9004-1:1994《质量管理和质量体系要素第一部分：指南》。

(3) ISO9000族标准的用途

ISO9000族标准适用于以下4种状况：

1) 质量管理情况。一个组织的质量体系要满足内部管理的需要，使影响产品的技术、管理和人的因素处于受控状态，同时，还应满足顾客的要求和第三方认证的要求。

2) 合同情况。顾客要求供方长期、稳定地提供合格产品，不仅关心产品的性能指标或技术规范，还要关心供方质量保证的能力，如果组织的质量体系不完善，则技术规范本身就不可能始终满足顾客的需求，因此，顾客往往会在合同中对供方的质量体系提出质量保证要求，作为技术规范中有关产品的补充，使其成为供方质量体系的一部分，在履行合同期内，顾客可对供方在合同中规定的质量体系要求进行检查评定。

3）第二方认定或注册。这种情况往往用于评价和选择合格的分供方（分包商），供方为了确保原材料，构配件等外购物资的质量，对提供这些物资的分供方的质量体系，进行评价，对经认定合格的分供方可以注册，供方将在注册的名录中选择符合要求的分供方。

4）第三方认证或注册。在第三方认证的情况下，认证机构要评价申请认证组织的质量体系，符合规定要求的准予注册。认证机构还要定期和不定期地对注册组织的质量体系监督审核，以确保质量体系的有效性。第三方认证的结果能向顾客提供信任，因而可取代第三种情况或减少评定的范围。

4. ISO9002 质量体系认证

根据质量管理和质量保证体系标准范围和内容，我国的建筑业所涉及的设计、科研、房地产开发、市政、施工、试验、质量监督、建设监理等企事业单位，在建立企业内部质量管理体系时，毫无疑问，应该选择 ISO9004 标准，这是一致的，由于这些单位又有各自的特点，所建立的质量体系在也是不相同的，这主要是质量形成的过程不同而造成的。因此，建筑装饰施工企业在按照 ISO9004 标准建立质量体系的基础上，选择 ISO9002 标准质量保证模式，作为企业建立质量体系的依据。

该标准适用于设计已定型、生产过程复杂或产品价值昂贵的生产条件，阐述了从原材料采购至产品交付使用全过程的质量体系要求。要求生产企业质量体系提供严格控制生产过程质量的证据，保证生产和安装阶段各环节符合规定的要求，及时解决生产过程中发现的问题，防止、避免不合格产品的发生及重复出现。标准强调预防与检验相结合，并依次范围规定了质量体系的内容和工作程序。

因此，对建筑装饰施工企业而言，ISO9002 质量体系认证就是根据 ISO9002 质量保证模式标准，由第三方机构对本企业的质量进行评定和注册的活动。

6.5.5 建筑工程质量验收

1. 工程质量验收的依据

(1)建筑工程质量验收应按照《建筑工程施工质量验收统一标准》(GB50300-2001)和有关各专业工程质量验收规范规定的程序、方法、内容和质量标准进行

与建筑装饰有关的规范包括：《钢结构工程施工质量验收规范》(GB50205-2001)，《木结构工程施工质量验收规范》(GB50209-2002)，《建筑装饰装修工程施工质量验收规范》(GB50210-2001)，装饰施工中涉及的水、电暖风项目还应执行《建筑给水、排水及采暖工程施工质量验收规范》(GB50242-2002)，《通风与空调工程施工质量验收规范》(GB50243-2002)、《建筑电气工程施工质量验收规范》(GB50303-2002)除了上述施工验收规范外，还应执行相应的设计规范、规程及材

料质量标准，如《建筑内部装修设计防火规范》(GB50222)、《玻璃幕墙工程技术规范》(JGS102)等。

(2)建筑工程验收应符合工程勘察，设计文件和设计变更

勘察设计文件和设计变更是施工的依据，同时也是验收的依据。施工图设计文件应经过审查，并取得施工图设计文件审查批准书。施工单位应严格按图施工，不得擅自变更，如有变更，应有设计单位同意的变更书面文件。

(3)工程质量控制各阶段的验收记录

验收记录包括：施工单位为了加强施工过程质量控制，采取的各种有效措施、记录、工序交接检验收记录以及相关技术管理资料，同时也包括建设(监理)对各阶段的施工质量验收记录。

2. 工程质量验收的有关规定

(1)参加工程质量验收的各方人员应具备规定的资格

这里的资格既是对验收人员的专业知识和实际经验的要求，同时也是对其技术职务、执业资格的专业要求。如单位工程检查人员，应具有丰富的经验，分部工程应由总监理工程师组织验收，不能由专业监理工程师替代等。

(2)工程质量验收均应在施工单位自行检查评定的基础上进行

依据《中华人民共和国建筑法》和《建设工程质量管理条例》的规定“建筑施工企业对施工工程质量负责，施工单位必须建立健全施工质量的检验制度”，所以，工程质量验收的基础是分项工程检验批；验收前应由施工企业先行自检评定，检查结果能够满足设计和相关专业验收规范的规定，达到质量合格标准后，方可提交建设或监理单位进行验收。

(3)隐蔽工程应在施工单位检查合格后，于隐蔽前通知有关单位检查验收，并应形成验收文件

隐蔽工程的质量检查和记录是《建设工程质量管理条例》赋于施工单位的质量责任，通过自检确认隐蔽工程项目符合验收规范的要求后，于隐蔽前尚应通知建设单位和质量监督机构。所有隐蔽工程的检查验收，建设单位可按合同约定由监理单位代为验收并形成记录文件。工程质量监督机构对隐蔽工程的检查验收，按有关监督管理规定办理。

(4)对涉及结构安全的试块，试件以及有关材料，应按规定进行见证取样检测

见证检验是指在建设单位或工程监理单位人员的见证下，由施工单位的现场试验人员对工程中涉及结构安全的试块，试件和材料在现场取样，并送至有检测资格的单位进行检测。

(5)检验批的质量应分别按主控项目和一般项目检查验收

1)主控项目是对材料、构配件或建设工程项目的质量起决定性影响的检验项目。这些检验项目若不符合规定的质量标准，将会直接影响结构安全或使用功能，

且将影响到工程的合理使用年限的要求。

2)一般项目是对材料、构配件或建筑工程项目的质量不起决定性作用的检验项目。

(6)对涉及结构安全和使用功能的重要分部工程,应按有关专业规范的规定进行抽样检测

(7)承担见证取样检测及有关结构安全检测的单位应具有相应资质

进行抽样检测的单位应通过省级以上建设行政主管部门对其资质的认可和质量技术监督部门对其计量的认证。

(8)工程的观感质量应由验收人员通过现场检查,并应共同确认

工程观感质量验收是评价工程所达到的质量水平。建设单位应根据建设部建[2000]142号通知要求,组织勘察、设计、施工、监理单位和其他有关方面的专家组成验收组,进行竣工验收。同时,验收人员应通过现场检查共同对工程的观感质量予以确认,作出正确的综合评价。对于观感差的应进行返修或协商验收。

3.工程质量验收的划分

随着经济发展和施工技术进步,建筑规模较大的工程项目和具有综合使用功能的建筑物越来越多,这些建筑物施工周期长,受多种因素影响,诸如后期建设资金不足、部分停建缓建,为便于局部建成局部使用,尽快发挥效益,《建筑工程施工质量验收统一标准》将建筑工程质量验收划分为单位(子单位)工程、分部(子分部)工程、分项工程和检验批,这样有利于正确评价工程质量和验收。

(1)单位工程的划分

1)具备独立施工条件并能形成独立使用功能的建筑物及构筑物为一个单位工程,通常由建筑、结构与建筑设备安装共同组成。

2)建筑规模较大的单位工程,可将其能形成独立使用功能的部分为一个子单位工程。

子单位工程的划分一般可根据工程的建筑设计分区、结构缝的设置位置,使用功能显著差异等实际情况,在施工前由建设、监理、施工单位共同商定,并据此收集整理施工资料和验收。

3)当建筑工程只有装饰装修分部(子分部)工程时,该工程作为单位工程验收,并严格执行《建筑装饰装修工程质量验收规范》(GB50210-2001)的规定。

(2)分部工程划分

1)分部工程的划分应按专业性质、建筑部位确定。

按《建筑工程施工质量验收统一标准》(GB50300-2001),建筑与结构工程划分为地基与基础、主体工程、建筑装饰装修(含地面、抹灰、门窗工程)和建筑屋面等四个分部工程。

建筑设备安装工程按工程专业划分为建筑给水排水及采暖工程、建筑电气工

程、智能建筑工程、通风与空调工程及电梯工程等五个分部工程。

2)当分部工程较大或较复杂时,可按材料种类、施工特点、施工工序、专业系统及类别等划分为若干子分部工程。

装饰装修工程中涉及到十个子分部工程,设备安装工程涉及到几十个子分部工程,建筑屋面分部可划分为卷材防水、涂膜防水、刚性防水、瓦屋面、隔热屋面等五个子分部工程。

(3)分项工程的划分

分项工程的划分应按主要工种、材料、施工工艺、设备类别进行。它可由一个或若干个检验批组成,检验批可根据施工及质量控制和专业验收需要按照楼层、施工段、变形缝等进行划分。如:涂饰工程中按材料不同分为水性涂料涂饰、溶剂型涂料涂饰、美术涂饰等,抹灰工程按施工工艺不同分为一般抹灰、装饰抹灰、清水砌体勾缝三个分项,又如轻质隔墙工程按材料及施工特点不同分为板材隔墙、骨架隔墙、活动隔墙等。设备安装中的室内给水系统按设备类别及工艺不同分为给水管道及配件安装、室内消火栓系统给水设备安装、管道防腐、绝热等。

建筑装饰装修子分部、分项工程可按表 6.1 进行划分。

表 6.1 建筑装饰装修子分部工程、分项工程的划分

项次	子分部工程	分项工程
1	抹灰工程	一般抹灰,装饰抹灰,清水砌体勾缝
2	门窗工程	木门窗制作与安装、金属门窗安装、塑料门窗安装、特种门安装、门窗玻璃安装
3	吊顶工程	暗龙骨吊顶、明龙骨吊顶
4	轻质隔墙工程	板材隔墙、骨架隔墙、活动隔墙、玻璃隔墙
5	饰面板(砖)工程	饰面板安装,饰面砖粘贴
6	幕墙工程	玻璃幕墙、金属幕墙、石材幕墙
7	涂饰工程	水性涂料涂饰、溶剂型涂料涂饰、美术涂饰
8	裱湖与软包工程	裱糊、软包
9	细部工程	橱柜制作与安装、窗帘盒、窗台板和暖气罩制作与安装,门窗套制作与安装,护栏和扶手制作与安装,花饰制作与安装
10	建筑地面工程	基层,整体面层,板块面层,竹木面层

(4)检验批的划分

检验批是工程质量正常验收过程中的最基本单元,分项工程划分成检验批进行验收有助于及时纠正施工中出现的质量问题,确保工程质量,也符合施工实际需要。根据检验批划分原则,通常多层及高层建筑工程中主体分部的分项工程可按楼层或施工段来划分检验批,单层建筑工程中的分项工程可按变形缝等划分检验批;

地基基础分部工程中的分项工程一般划分为一个检验批，有地下室的基础工程可按不同地下室划分检验批；屋面分部工程中的分项工程，不同楼层屋面可划分为不同的检验批；其他分部工程中的分项工程，一般按楼层划分检验批；对于工程量较少的分项工程可统一划分为一个检验批；安装工程一般按一个设计系统或设备组别划分为一个检验批；室外工程统一划分为一个检验批，散水、台阶、明沟等含在地面检验批中。

4. 工程质量验收的方法

《建筑工程施工质量验收统一标准》(GB50300-2001)，对单位(子单位)、分部(子分部)分项、检验批六个验收层次的验收，仅规定了验收方法，给出了合格的条件，相关专业规范仅提出了合格要求，无优良条件，施工企业可自行制定标准(企业制定的质量指标必须高于国家技术标准水平)，以此提高施工质量等级层次。也就是说现行国家质量验收标准作为强制性标准，对于工程质量验收只设合格一个质量等级，如果在工程质量验收合格之后，希望评定更高的质量等级可以按照另外制定的推荐性标准或企业标准执行。

(1)隐蔽工程验收及材料复验。

1)隐蔽工程验收

建筑装饰装修工程施工过程中，应按《建筑装饰装修工程质量验收规范》(GB50210-2001)和《建筑地面工程施工质量验收规范》(GB50209-2002)的要求对隐蔽工程进行验收，验收的项目详见表 6.2。

隐蔽验收完毕按表 6.3 填写隐蔽工程验收记录。

表 6.2　建筑装饰装修工程需隐蔽验收的项目

序号	子分部工程	需隐蔽验收的项目
1	抹灰工程	1. 抹灰总厚度大于或等于 35mm 时的加强措施 2. 不同材料基体交接处的加强措施
2	门窗工程	1. 预埋件和锚固件 2. 隐蔽部位的防腐、填嵌处理
3	吊顶工程	1. 吊顶内管道设备的安装及水管试压 2. 木龙骨防火、防腐处理 3. 预埋件或拉结筋 4. 吊杆安装 5. 龙骨安装 6. 填充材料的设置
4	软质隔墙工程	1. 骨架隔墙中设备管线的安装及水管试压 2. 木龙骨防火、防腐处理 3. 预埋件或拉结筋 4. 龙骨安装 5. 填充材料的设置

续表

序号	子分部工程	需隐蔽验收的项目
5	饰面板(砖)工程	1. 预埋件(或后置埋件) 2. 连接节点 3. 防水层
6	幕墙工程	1. 预埋件(或后置埋件) 2. 构件的连接节点 3. 变形缝及墙面转角处的构造节点 4. 幕墙防雷装置 5. 幕墙防火构造
7	涂饰工程	无
8	裱糊与软包装工程	无
9	细部工程	1. 预埋件(或后置埋件) 2. 护栏与预埋件的连接节点
10	建筑地面工程	各构造层

6.3 隐蔽工程验收记录表

装饰装修工程名称		项目经理	
分项工程名称		专业工长	
隐蔽工程项目			
施工单位			
施工标准名称及代号			
施工图名称及编号			
隐蔽工程部位	质量要求	施工单位自查记录	监理(建筑)单位验收记录
施工单位自查结论	施工单位项目技术负责人 年　月　日		
监理(建设) 单位验收结论	监理工程师(建设单位项目负责人): 年　月　日		

2)材料复验。

根据《建筑装饰装修工程质量验收规范》(GB50210-2001)和《建筑地面工程施工质量验收规范》(GB50209-2002)规定，现场使用材料需进行复验，以保证建筑物的结构安全和主要使用功能满足要求。进行复验的项目见表6.4。

表6.4 建筑装饰装修工程需复验的材料

序号	子分部工程名称	需复验的项目
1	抹灰工程	水泥的凝结时间和安定性
2	门窗工程	1.人造木板的甲醛含量 2.建筑外墙金属窗、塑料窗的抗风压性能、空气渗透性能和雨水渗漏性能
3	吊顶工程	人造木板的甲醛含量
4	轻质隔墙工程	人造木板的甲醛含量
5	饰面板(砖)工程	1.室内用花岗石的放射性 2.粘贴用水泥的凝结时间、安定性和抗压强度 3.外墙陶瓷面砖的吸水率 4.寒冷地区外墙陶瓷面砖的抗冻性
6	幕墙工程	1.铝塑复合板的剥离强度 2.石材的弯曲强度;寒冷地区石材的耐冻融性;室内用花岗石的放射性 3.玻璃幕墙用结构胶的邵氏硬度、标准条件拉伸粘结度、相容性试验;石材用结构胶的粘结强度;石材用密封胶的污染性。
7	涂饰工程	无
8	裱糊与软包工程	无
9	细部工程	人造板的甲醛含量
10	建筑地面工程	1.基土土质、压实系数 2.碎石、碎砖、粒径、密实度、含泥量 3.混凝土强度 4.水泥安定性、强度 5.木材含水率

(2)检验批质量验收

1)检验批应按下列规定进行验收。

根据强化验收，完善手段和过程控制的原则，规定了检验批的检验方法。检验按资料检查和实体质量检查两种方式进行。

资料检查的内容包括原材料、构配件及器具设备等的质量证明以及进场复检报告;施工过程中各工序检查记录;检验批内按规定抽样检验的试验报告;对结构安全有影响的见证检验报告;隐蔽工程检查记录及施工单位的企业标准及操作规程等。这些资料反映了施工过程中质量控制情况。

实体质量检验是反映检验批实际质量的直接手段。通过抽样试验测定子样的某些性能，从而从计量、计数的角度反映检验批相应性能的质量状况，上述检验分为主控项目和一般项目，并对验收批的验收结果起不同的控制作用。实体质量检验的抽样方案和检验方法由各专业工程质量验收规范规定。

2)检验批质量合格判定应符合下列规定。

①主控项目和一般项目的质量经抽样检验必须合格。

由于主控项目是对检验批质量起决定性影响的检验项目，是保证工程安全和使用功能的重要检验项目，是对安全、卫生、环境保护和公共利益有重要影响的检验项目。故必须全部符合相关专业工程验收规范规定的质量指标，主控项目不允许有不符合要求的检验结果。如果发现主控项目有不合格点、处、构件，必须修补、返工或更换，最终使其达到合格为止。

一般项目是指主控项目以外的对检验批质量有影响的检验项目，只是对不影响工程安全、使用功能、重点的美观项目适当放宽要求。这些项目在验收时，绝大多数被抽查的处(件)，其质量指标都必须达到80%及以上要求(个别项目为90%以上)，其余样本不得有影响使用功能或明显影响装饰效果的缺陷，其中有允许偏差的检验项目，其最大偏差不得超过规范规定允许偏差值的1.5倍。具体应根据各专业验收规范的规定执行。

②具有完整的施工操作依据和质量检查记录。

检验批合格质量除主控项目和一般项目的质量经抽样检验符合要求外，其施工操作依据的技术标准应符合设计、验收规范的要求。采用企业标准的不能低于国家行业标准。有关质量检查的数据、评定由施工单位、项目和专业质量检查员填写，检查验收记录及结论由监理工程师填写完整。

上述两项均符合要求，该检验批质量方能判定合格，若其中一项不符合要求，该检验批质量则不得定为合格。

检验批质量验收记录表见《建筑工程施工质量验收统一标准》(GB50300-2001)附录D中表D.0.1。

(2)分项工程质量验收

分项工程质量验收合格应符合以下规定：

1)分项工程所含的检验批均应符合合格质量的规定。

2)分项工程所含的检验批的质量验收记录应完整。

分项工程的验收在检验批的基础上进行。一般情况下，两者具有相同或相近的性质，只是批量的大小不同而已。因此，将有关的检验批汇集构成分项工程。分项工程合格质量的条件比较简单，只要构成分项工程的各检验批的验收资料文件完整，并且均已验收合格，则分项工程验收合格。

分项工程质量验收记录表见《建筑工程施工质量验收统一标准》(GB50300-2001)附录E中表E.0.1。

(3)分部工程质量验收

分部工程仅含一个子分部时，应在分项工程质量验收基础上，直接对分部工程进行验收，当分部工程含两个及两个以上分部工程时，则应在分项工程质量验收的基础上，先对子分部工程分别进行验收，再将子分部工程汇总成分部工程。

分部(子分部)工程质量验收合格应符合以下规定：

1)分部(子分部)工程所含分项工程的质量均应验收合格。

装饰装修工程应具备《建筑装饰装修工程质量验收规范》各子分部工程规定检查的文件和记录，各子分部工程中的分项工程质量均应验收合格。

2)质量控制资料应完整。

质量控制资料完善是工程质量合格的重要条件，在分部工程质量验收时，应根据各专业工程质量验收规范中对分部或子分部工程质量控制资料所作的具体规定，进行系统的检查，着重检查资料齐全、项目完整、内容准确和签署的规范性。

3)建筑装饰装修有关安全及功能的检验和抽样检测结果，应符合相关专业质量验收规范的规定。

这项检查是在施工单位自查全部合格基础上，由监理单位实施抽查，施工单位应予配合。房屋建筑功能质量因关系到用户切身利益，是用户最为关心的，检查时应从严把握，对于查出的影响使用功能的质量问题，则应调整抽样方案，或扩大抽样样本数量，甚至采用全数检查方案。

主要功能抽查完成后，总监理工程师填写抽查意见，并给出“符合”或“不符合”验收规范的结论。

建筑装饰装修安全、功能抽查项目应符合表6.5的要求。

表6.5　建筑装饰装修安全和功能检测项目表

项次	子分部工程	检测项目
1	门窗工程	1.建筑外墙金属窗的抗风压性能、空气渗透性能和雨水渗漏性能 2.建筑外墙塑料窗的抗风压性能、空气渗透性能和雨水渗漏性能
2	饰面板(砖)工程	1.饰面板后置埋件的现场拉拔强度 2.饰面砖样板件的粘结强度
3	幕墙工程	1.硅酮结构胶的相容性试验 2.幕墙后置埋件的现场拉拔强度 3.幕墙的抗风压性能、空气渗透性能、雨水渗透性能及平面变形性能
4	建筑地面	1.有防水要求的建筑地面子分部工程的分项工程施工质量的蓄水检验记录，并抽查复验认定。 2.建筑地面板块面层铺设子分部工程和木、竹面层铺设子分部工程采用的天然石材、胶粘剂、沥青胶结料和涂料等材料证明资料

4)观感质量验收应符合要求。

观感质量验收是指在分部所含的分项工程完成后，在前三项检查的基础上，对已完工部分工程的质量，采用目测、触摸和简单量测等方法进行的一种宏观检查方式。

观感质量并不给出“合格”或“不合格”的结论，而是给出“好、一般或差”的总体评价，所谓“一般”是指经观感质量检查能符合验收规范的要求，所谓“好”，是指在质量符合验收规范的基础上，能达到精致、流畅、匀净的要求，所谓“差”是指勉强达到验收规范的要求，但质量不够稳定，离散性较大，给人以粗疏的感觉。观感质量验收中若发现有影响安全、功能的缺陷，或明显影响观感效果的缺陷，则应处理后再进行验收。

分部(子分部)工程质量验收应在施工单位自行检查合格的基础上进行，勘察、设计单位应在有关的分部工程验收表上签署验收意见，监理单位总监理工程师填写验收意见，并给出“合格”或“不合格”的结论。

分部(子分部)工程质量验收表应按《建筑工程施工质量验收统一标准》(GB50300-2001)附录F中表F.0.1要求填写。

(4)单位(子单位)工程质量验收

单位(子单位)工程质量验收合格应符合下列规定：

1)单位(子单位)工程所含分部(子分部)工程的质量均应验收合格。

此项工作，总承包单位事前作好准备，将所有分部(子分部)工程质量验收的记录表及时收集整理，依序装订成册。

2)质量控制资料应完整。

单位(子单位)工程质量控制资料检查的项目应按《建筑工程施工质量验收统一标准》(GB50300～2001)附录G表G.0.1.2要求进行，并应认真填写检查记录。

3)单位(子单位)工程所含分部工程有关安全和功能的检测资料应完整。

4)主要功能项目的抽查结果应符合相关专业质量验收规范的规定。

5)观感质量验收应符合要求。

观感质量验收是全面评价一个分部、子分部、单位工程的外观及使用功能质量，促进施工过程的管理、成品保护，提高社会效益和环境效益。观感质量检查绝不是单纯的外观检查，而是实地对工程的一个全面检查，核实质量控制资料，核查分项、分部工程验收的正确性，及对在分项工程中不能检查的项目进行检查等。如门窗启闭是否灵活，关闭后是否严密等。

建筑装饰装修工程的观感质量检查应符合《建筑装饰装修工程质量验收规范》(GB50210-2001)和《建筑地面工程施工质量验收规范》(GB50209-2002)中的具体要求。

观感质量检查应在施工单位自查的基础上进行，总监理工程师在观感质量检查记录表中填写观感质量综合评价，并给出“符合”或“不符合”要求的结论。

观感质量检查记录表见《建筑工程施工质量验收统一标准》(GB50300-2001)附录G中表G.0.1-4。

对于建筑装饰装修工程还应在竣工验收前对室内环境质量进行检测，其质量指标应符合国家标准《民用建筑工程室内环境污染控制规范》(GB50325)的规定。

对有特殊要求的建筑装饰装修工程如音乐厅、剧院、电影院、会堂等建筑对声学、光学会有很高的要求，大型控制室、计算机房等建筑对屏蔽绝缘等方面有特殊处理的，一些实验室和车间有超净、防霉、防辐射等要求，为满足这些特殊要求，设计上往往采用一些特殊的装饰装修材料和工艺，此类工程验收时，除执行建筑装饰装修规范外还应按照设计规定对特殊要求进行检测和验收。

上述几项工作完成后应按《建筑工程施工质量验收统一标准》(GB50300-2001)附录G中表G.0.1.1填写单位工程质量竣工验收记录。

(5)对建筑工程质量不符合要求时的处理规定

1)经返工重做或更换器具、设备的检验批，应重新进行验收。

2)经有资质的检测单位检测鉴定能够达到设计要求的检验批应予以验收。

3)经有资质的检测单位检测鉴定达不到设计要求，但经设计单位核算认可能够满足结构安全和使用功能的检验批，可预以验收。

4)经返修或加固处理的分项、分部工程，虽然改变外形尺寸但仍能满足安全使用要求，可按技术处理方案和协商文件进行验收。

5)通过返修或加固处理仍不能满足安全使用要求的分部(子分部)工程、单位(子单位)工程，严禁验收。

5. 工程质量验收程序和组织

(1)检验批和分项工程质量验收的程序和组织

检验批和分项工程质量验收应由监理工程师或建设单位项目技术负责人组织施工单位工程项目技术负责人等进行验收。

1)检验批和分项工程验收突出了监理工程师和施工者负责的原则

2)监理工程师拥有对每道施工工序的施工检查权，并根据检查结果决定是否允许进行下道工序的施工。对于不符合规范和质量标准的验收批，有权并应要求施工单位停工整改、返工。

3)分项工程施工过程中，应对关键部位随时进行抽查。

(2)分部工程质量验收的程序和组织

分部工程应由总监理工程师或建设单位项目负责人组织施工单位项目负责人和技术、质量负责人等进行验收。

分部工程是单位工程的组成部分，因此分部工程完成后，在施工单位项目负责人组织检验评定合格后，向监理单位或建设单位项目负责人提出分部工程验收的报告。

(3)单位工程质量验收的程序和组织

1)单位工程完成后,施工单位应自行组织有关人员进行检查评定并向建设单位提交工程验收报告。

施工单位在单位工程完成后,首先要依据建筑工程质量标准、设计图纸等组织有关人员进行自检,并对检查结果进行评定,符合要求后,形成质量检验评定资料。施工单位应当按照国家竣工验收有关规定,竣工验收时应提供完整的技术资料和管理资料。

2)单位工程竣工后应由建设单位负责人组织施工(含分包单位)、设计监理等单位负责人及技术、质量负责人、总监理工程师进行竣工验收。

3)单位工程有分包单位施工时,分包单位对所承包的工程项目应按标准规定的程序检验评定,总包单位应参加检验评定合格后,将工程有关资料交总包单位。

由于《建设工程承包合同》的双方主体是建设单位和总承包单位,因此,总承包单位应按照承包合同的权利义务对建设单位负责。分包单位对总承包单位负责,亦应对建设单位负责。因此,分包单位对承建的项目进行验收后,应将工程的有关资料移交总包单位,待建设单位组织验收时,分包单位负责人应参加验收。

(4)建筑工程验收的组织协调

工程验收意见不一致时的组织协调部门可以是当地建设行政主管部门,或其委托的部门(单位),也可是各方认可的咨询单位。

(5)建筑工程竣工备案制

建设工程竣工验收备案制度是加强政府监督管理,防止不合格工程流向社会的一个重要手段。建设单位应依据国家有关规定,在工程竣工验收合格后的15日内按有关程序规定要求,到县级以上人民政府建设行政主管部门或其他有关部门备案。建设单位办理工程竣工验收备案应提交以下材料。

1)房屋建设工程竣工验收备案表。

2)建设工程竣工验收报告(包括工程报建日 期、施工许可证号,施工图设计文件审查意见,勘察、设计、施工、工程监理等许可单位分别签署的工程验收文件及验收人员签署的竣工验收原始文件,市政基础设施的有关质量检测的功能性试验资料以及备案机关认为需要提供的有关资料)。

3)法律、行政法规规定应由规划、消防、环保等部门出具的认可文件或者准许使用的文件。

4)施工单位签署的工程质量保修书、住宅工程的《住宅工程质量保修书》和《住宅工程使用说明书》。

5)法规、规范规定必须提供的其他文件。

6.6 安全管理

6.6.1 安全管理的概念

施工项目安全管理，就是施工过程中，组织安全生产的全部管理活动。保持生产活动中人的安全与健康，保证生产顺利进行是安全管理的中心问题。宏观的安全管理包括劳动保护、安全技术和工业卫生三个方面。从生产管理的角度，安全管理应概括为：在进行生产管理的同时，通过采用计划、组织、技术等手段依据并适应生产中人物、环境因素的运动规律，使其向积极方面充分发挥，而又利于控制故障不会发生的管理活动。

建筑装饰工程施工项目的全部生产活动，是在特定空间进行的人、财、物动态组合的过程。在生产过程中，人员的频繁流动、生产周期相对较长，产品的一次性，协调工作的复杂性等特点决定了组织施工生产的特殊性和动态的管理过程。

安全管理重点在施工现场的管理，施工现场中直接从事生产作业的人员密集，资料集中，存在着空中危险因素，因此施工现场属于事故多发的作业现场。

施工现场的安全管理主要是组织实施企业按管理规划，指导、检查和决策，控制人的不安全行为和物的不安全状态，也是脱险与避免伤害事故，保证生产过程最佳安全状态的根本环节。主要包括四个方面内容：安全组织管理，场地设施管理，行为控制和安全技术管理。

6.6.2 安全管理的原则

为有效的将生产要素的状态控制好，在实施安全管理过程中，必须正确处理好五种关系，坚持六项基本管理原则。

1. 正确处理五种关系

(1) 安全与危险并存

安全与危险在同一事物中是相互对立和相互依赖而存在的。因为有危险，才要进行安全管理，防止危险、保持生产的安全状态，必须采取多种措施，以预防为主，危险因素是可以控制的。

(2) 安全与生产的统一

生产是人类社会存在和发展的基础。如果生产中人、物、环境都处于危险状态，生产则无法顺利进行，生产有了安全保障，才能持续、稳定地发展。

(3) 安全与质量的包含

从广义上看，质量包含安全工作质量，安全概念也包含着质量，互为作用，互为因果。

(4) 安全与速度互为保障

速度应以安全作保障，安全就是速度。生产中蛮干、乱干，在侥幸中求得速度，缺乏真实与可靠，一旦酿成不幸，非但无速度可言，反而会增加时间。

(5) 安全与效益的兼顾

在安全管理中，投入要适度、适当，精打细算，统筹安排，既要保证安全生产，又要经济合理，还要考虑力所能及。单纯为省钱忽视安全生产或单纯追求不惜资金的盲目高标准，都是要不得的。

2. 坚持六项安全基本管理原则

(1) 管生产同时管安全

安全寓于生产之中，并对生产发挥促进和保证作用。因此，安全与生产有时会出现矛盾，但从安全、生产管理的目标、目的看，表现出高度一致和完全的统一。安全管理是生产管理的重要组成部分，安全与生产在实施过程中，两者存在着密切的联系，存在着共同管理的基础。

(2) 坚持安全管理的目标性

安全管理的内容是对生产中的人、物、环境因素状态的管理，有效的控制人的不安全行为和物的不安全状态，消除和避免事故，达到保证劳动者的安全与健康的目的。没有明确目的的安全管理是一种盲目行为。在一定意义上，盲目的安全管理，可能纵容危害人的安全与健康因素，向更为严重的方向发展和转化。

(3) 必须贯彻预防为主的方针

安全生产的方针是"安全第一，预防为主"，它表明在生产范围内，安全与生产的关系，肯定安全在生产活动中的位置与重要性。在生产活动中，针对生产的特点，对生产因素采取管理措施，有效地控制不安全因素的发展与扩大，把可能发生的事故，消灭在萌芽状态，以保证生产活动中人的安全与健康。

(4) 坚持"四全"动态管理

安全管理涉及到生产活动的方方面面，涉及到从开工到竣工交付的全部生产过程，涉及到全部的生产时间，涉及到全部变化着的因素。因此，生产活动中必须坚持"全员、全过程、全方位、全天候"的动态管理。

(5) 安全管理重在控制

在安全管理四项重要内容中，虽然都是为了达到安全生产的目的，但是对生产因素状态的控制与安全管理目标的关系显得更直接、更为突出。因此对生产中人的不安全行为和物的不安全状态的控制，必须看作是动态安全管理的重点。

(6) 在管理中发展、提高

既然安全管理是在变化着的生产活动中管理，其管理就意味着是不断发展的、变化的，以适应变化的生产活动，消除新的危险因素。然而更为需要的是探索新的规律，总结管理、控制的办法与经验，指导新的变化后的管理，从而使安全管理不断地上升到新的高度。

6.6.3 安全管理措施

1. 安全责任制

施工项目经理在承担控制、管理施工生产进度、成本、质量、安全等目标的同时,必须同时承担进行安全管理、实现安全生产的责任。

(1) 建立、完善以项目经理为首的安全生产领导组织,有组织、有领导的开展安全管理活动,承担组织、领导安全生产的责任。

(2) 建立各级人员安全生产责任制度 ,明确各级人员的安全责任。抓制度落实、抓责任落实,定期检查安全责任落实情况。安全组织管理制度主要包括:安全生产教育制度,安全生产检查制度,安全技术措施制度,伤亡事故报告及处理制度,职工劳动用品的发放制度等。

(3) 施工项目应通过监察部门的安全生产资质审查,并得到认可。

一切从事生产管理与操作的人员,依照其从事的生产内容,分别通过企业、施工项目的安全审查,取得安全操作认可证,持证上岗。特种作业人员、除经企业的安全审查,还需按规定参加安全操作考核,取得监察部门核发的《安全操作合格证》,坚持"持证上岗"。施工现场出现特种作业无证操作现象时,项目经理必须承担管理责任。

(4) 项目经理负责施工生产中物的状态审验与认可,承担物的状态漏验、失控的管理责任。接受由此而出现的经济损失。

(5) 一切管理、操作人员均需与项目经理签订安全协议,向项目经理做出安全保证。

(6) 安全生产责任落实情况的检查,应认真、详细的记录,作为分配、补偿的原始资料之一。

2. 安全教育与训练

(1) 一切管理、操作人员应具有基本条件与较高的素质

1) 具有合法的劳动手续。没有痴呆、健忘、精神失常、颠疯、脑外伤后遗症、心血管疾病、晕眩、以及不适于从事操作的疾病。没有感官缺陷,感性良好;有良好的接受、处理、反馈信息的能力。

2) 具有适于不同层次操作所必须的文化。输入的劳务,必须具有基本的安全操作素质,经过正规训练、考核及输入手续完备。

(2) 安全教育、训练的目的与方式

安全教育、训练包括知识、技能、意识三个阶段的教育。

1) 安全知识教育。使操作者了解、掌握生产操作过程中,潜在的危险因素及防范措施。

2) 安全技能训练。使操作者逐渐掌握安全生产技能,获得完善化、自动化的行

为方式，减少操作中的失误现象。

3）安全意识教育。在于激励操作者自觉坚持实行安全技能。

（3）安全教育的内容随实际需要而确定

1）新工人入场前应完成三级安全教育。

2）结合施工生产的变化、适时进行安全知识教育。

3）结合生产组织安全技能训练，干什么训练什么，反复训练、分步验收，以达到完善化、自动化的行为方式，划为一个训练阶段。

4）安全意识教育的内容不易确定，应随安全生产的形势变化，确定阶段教育内容。

5）受季节、自然变化影响时，针对由于这种变化而出现生产环境、作业条件的变化进行的教育，其目的在于增强安全意识，控制人的行为，尽快地适应变化，减少人为失误。

6）采用新技术，使用新设备、新材料。推行新工艺之前，应对有关人员进行安全知识、技能、意识的全面安全教育，激励操作者实行安全技能的自觉性。

（4）加强教育管理，增强安全教育效果

1）教育内容全面，重点突出，系统性强，抓住关键反复教育。

2）反复实践，养成自觉采用安全操作方法的习惯。使每个受教育的人，了解自己的学习成果。鼓励受教育者树立坚持安全操作方法的信心，养成安全操作的良好习惯。

3）告诉受教育者怎样做才能保证安全，而不是不应该做什么。

4）奖励促进，巩固学习成果。

（5）进行各种形式、不同内容的安全教育，同时应把教育的时间、内容等清楚地记录在安全教育记录本或记录卡上

3. 安全检查

（1）安全检查的形式和内容

安全检查的形式有普遍检查、专业检查和季节性检查，还可以进行定期、突击性特殊检查。

安全检查的内容主要是查思想、查管理、查制度、查现场、查隐患、查事故处理。

1）施工项目的安全检查以自检形式为主，是对项目经理至操作生产全部过程、各个方位的全面安全状况的检查。检查的重点以劳动条件、生产设备、现场管理、安全卫生设施以及生产人员的行为为主。发现危及人的安全因素时，必须果断的消除。

2）各级生产组织者，应在全面安全检查中，透过作业环境状态和隐患，对照安全生产方针、政策、检查对安全生产认识的差距。

3）对安全管理的检查，主要是：安全生产是否提到议事日程上，各级安全责任

人是否坚持“五同时”(指在计划、布置、检查、总结、评比生产工作的同时,要计划、布置、检查、总结、评比安全生产工作)。业务职能部门、人员,是否在各自业务范围内,落实了安全生产责任。专职安全人员是否在位、在岗。具体内容如下:

①安全教育是否落实,教育是否到位。

②工程技术、安全技术是否结合为统一体。

③作业标准化实施情况。

④安全控制措施是否有力,控制是否到位,有哪些消除管理差距的措施。

⑤事故处理是否符合规则,是否坚持“三不放过”的原则。

(2) 安全检查的组织

1) 建立安全检查制度,按制度要求的规模、时间、原则、处理等方面的全面落实。

2) 成立由第一责任人为首,业务部门、人员参加的安全检查组织。

3) 安全检查必须做到有计划、有目的、有准备、有整改、有总结、有处理。

(3) 安全检查的准备

进行安全检查前,必须做好充分的准备工作,其内容主要包括思想准备和业务准备。

1) 思想准备。发动全员开展自检,自检与制度检查结合,形成自检自改,边检边改的局面。

2) 业务准备。确定安全检查目的、步骤、方法。成立检查组,安排检查日程。分析事故资料,确定检查重点,把精力侧重于事故多发部位和工种的检查。规范检查记录用表,使安全检查逐步纳入科学化、规范化轨道。

(4) 安全检查方法

常用的有一般检查方法和安全检查表法。

1) 一般检查方法。常采用看、听、嗅、问、测、验、析等方法。

看:看现场环境和作业条件,看实物和实际操作,看记录和资料等。

听:听汇报、听介绍、听反映、听意见或批评、听机械设备的运转响声或承重物发出的微弱声等。

嗅:对挥发物、腐蚀物、有毒气体进行辨别。

问:评影响安全问题,详细询问,寻根究底。

查:查明问题、查对数据、查清原因、追查责任。

测:测量、测试、监测。

验:进行必要的试验或化验。

析:分析安全事故的隐患、原因。

2) 安全检查表法。

这是一种原始的、初步的定性分析方法,它通过事先拟定的安全检查明细表或清单,对安全生产进行初步的诊断和控制。安全检查表通常包括检查项目、内容、回答问题、改进措施、检查措施、检查人等内容。

4. 作业标准化

按科学的作业标准规范人的行为，有利于控制人的不安全行为，减少人的失误。

(1) 制定作业标准的方法

1) 采取技术人员、管理人员、操作者三结合的方式，根据操作的具体条件制定作业标准。坚持反复实践、反复修订后加以确定的原则。

2) 作业标准要明确规定操作程序、步骤。

3) 尽量使操作简单化、专业化，尽量减少使用工具、夹具次数，以降低操作者熟练技能或注意力的要求，使作业标准尽量减轻操作者的精神负担。

4) 作业标准必须符合生产和作业环境的实际情况，不能把作业标准通用化。不同作业条件的作业标准应有所区别。

5) 作业标准必须考虑到人的身体运动特点和规律，作业场地布置、使用工具设备、操作幅度等，应符合人体学的要求。

(2) 作业标准训练的方法

1) 训练要讲求方法和程序，宜以讲解示范为先，符合重点突出、交待透彻的要求。

2) 边训练边作业，巡检纠正偏向。

3) 先达标、先评价、先报偿，不强求一致。多次纠正偏向，仍不能克服习惯操作、操作不标准的，应得到负报偿。

6.7 环境保护管理

《中华人民共和国环境保护法》中把环境定义为“影响人类生存和发展的各种天然和经过人工改造的自然因素的总体，包括大气、水、海洋、土地、矿藏、森林、草原、野生生物、自然遗迹、人文遗迹、自然保护区、风景名胜、城市和乡村等”。按照环境的功能不同，可以把环境分为生活环境和生态环境。

由于人类活动或自然原因使环境条件发生不利于人类的变化，以致影响人类的生产和生活，给人类带来灾害，这就是环境问题。这里讲的环境问题主要包括人类活动给自然环境造成的破坏和环境污染这两大类。

在工业化高度发达的今天，环境问题对人类的生存构成了相当严重的威胁，人类要生存，实现可持续发展，必须重视环境问题，实施环境保护是每个地球人的职责。

建筑装饰工程施工过程中，不可避免引起环境污染，对装饰材料的选择使用不当，造成的环境问题更大。在组织施工过程中，采取有效措施，控制和消除环境污染是建筑装饰工程施工项目管理的重要内容，同时，还需要认真学习并实施ISO14000有关要求。

6.7.1 工程建设环境保护的有关规定

工程建设过程中的环境问题主要是环境污染，包括大气污染、水体污染、土壤污染、生物污染等由物质引起的污染和噪声污染、放射性污染等由物理因素引起的污染。

现有的有关法律、法规、标准主要有《环境保护法》、《建筑法》、《水污染防治法》、《大气污染防治法》、《固体废物污染环境防治法》、《环境噪声污染防治法》、《建筑施工场界噪声限值及其测量方法》、《建设工程施工现场管理规定》、以及各地区制定的地方条例等。对工程建设环境保护的有关规定如下：

(1) 把环境保护工作纳入计划，建立环境保护责任制度。

(2) 采取有效措施防治施工过程中产生废气、废水、废渣、粉尘、恶臭气体、放射性物质以及噪声、振动、电磁、波辐射等对环境的污染和危害。

(3) 施工单位应当采取下列防止环境污染的措施：

1) 妥善处理泥浆水，未经处理不得直接排入城市排水设施和河流。

2) 除设有符合规定的装置外，不得在施工现场熔融沥青焚烧油毡、油漆以及其他会产生有毒有害烟尘和恶臭气体的物质。

3) 使用密封式的圈筒或者采取其他措施处理高空废弃物。

4) 采取有效措施控制施工过程中的扬尘。

5) 禁止将有毒有害废弃物作土方回填。

6) 对产生噪声、振动的施工机械，应采取有效控制措施，减轻噪声干扰。

(4) 在城市市区范围内，施工过程中使用机械设备，可能产生环境噪音污染的，施工单位必须在工程开工十五日以前向工程所在地县级以上地方人民政府环保行政主管部门申报工程的项目名称、施工场所和期限，可能产生的环境噪声值以及所采取的环境噪声污染防治措施的情况。

(5) 在城市市区噪声敏感建筑物集中区域内，禁止夜间进行产生环境噪声的建筑施工作业，但抢修，抢险作业和因生产工艺上要求或者特殊需要必须连续作业的除外。因特殊需要必须连续作业的，必须有县级以上人民政府或者其有关主管部门的证明。

(6) 在对已竣工交付使用的住宅楼进行室内装修活动时，应当限制作业时间，并采取其他有效措施，以减轻、避免对周围居民造成环境噪声污染。

(7) 建设工程施工由于受技术，经济条件限制，对环境的污染不能控制在规定范围内的，建设单位应会同施工单位事先报请当地人民政府建设行政主管部门和环境保护行政主管部门批准。

(8) 排放污染物超过国家或地方规定的污染物排放标准的，依照国家规定缴纳超标准排污费，并负责治理，严重的限期治理。

(9) 造成环境污染危害的，有责任排除危害，并负责对受害者赔偿损失。并视情况给予责任人及单位行政处分。

(10) 中华人民共和国缔结或者参加的与环境保护有关的国际条约，同中华人民共和国的法律有不同规定的，适用国际条约的规定，但中华人民共和国声明保留的条款除外。

6.7.2 施工现场及装饰用材的环境保护管理

1. 施工现场环境保护管理

施工现场环境保护是保证人们身体健康，消除外部干扰、保证施工顺利进行的需要，也是现代化大生产的客观要求，是国家和政府的要求，是施工企业的行为准则。

做好施工现场环境保护主要采取如下措施：

(1) 实行目标责任制

把环保指标以责任书的形式层层分解到有关单位和个人，列入承包合同和岗位责任制，建立环保自我监控体系，项目经理是环保工作的第一责任人，是施工现场环境保护自我监控的领导者和责任者，要把环境保护政绩作为考核各级领导的一项重要内容。

(2) 加强检查和监控工作

加强检查和监控工作，主要是加强对施工现场粉尘，噪声、废气的监控和监测及检查工作。

(3) 对施工现场的环境要进行综合治理

综合治理重点是三个方面：一是要监控；二是要会同周边单位协调环保工作，齐抓共管；三是要做好宣传教育工作。

(4) 严格执行国家法律、法规，制定相关技术措施

(5) 积极采取防止大气污染的措施

防止大气污染的措施主要包括：水泥、木材、瓷砖的切割粉尘等，采用局部吸尘，控制污染源等方法解决。

(6) 积极采取措施防止噪声污染

通过控制和减弱噪声源，控制噪声的传播来减弱和消除危害。

2. 装饰用材的环境保护管理

装饰用材的环境保护管理包括两个方面：一是材料的选用；二是材料使用操作过程中污染源的控制和污染物的处理。建筑装饰材料发展迅速，现代建筑装饰较传统的装饰做法有了极大地改变，如今的墙面装饰已由高级装饰涂料、中高档壁纸替代大白、普通瓷砖进行装饰；地面装饰也不再是灰、冷、硬的水泥地面，而多采用通

体砖、玻化砖、复合地板、高档塑料地板，地毯等进行装饰；顶棚过去一般不装饰，现在做吊顶已成为一种时尚，有石膏板吊顶、塑料装饰板吊顶、装饰玻璃吊顶，金属吊顶等等。过去只有星级宾馆的卫生间才安装浴缸，冲淋设备，如今卫生间装饰热正在家庭装饰中兴起；厨房装饰已开始淘汰水泥槽、白瓷砖灶台，向不锈钢灶台等高档材料发展；普通钢窗、木窗已不能满足装饰的要求，而逐渐被塑料门窗、铝合金门窗所代替。装饰建材行业的人们极尽所能地满足对建筑的装饰要求。装饰材料更新快，品种多，性能各异，运输、保管、堆放和施工操作要求严格等。因此，造成对环境的潜在威胁越来越大。

(1) 装饰材料的选用

由于一些装饰材料在施工和使用过程中确实挥发、散发着有害的气体和物质，污染室内空气，引起各种疾病，影响人们的身体健康，因此选用时要特别注意，首先选择环保建材或低污染、无毒的建材。造成室内环境污染的材料主要有以下几种：

1) 个别品种的花岗石、大理石、瓷砖、粉煤灰砖等产品会有镭、钍、γ 射线、氡气等放射性物质，使用前注意进行鉴别和测定。

2) 一些油漆、涂料等有机建材，含苯、酚、蒽、醛及其衍生物等有毒物质，人体长期在超标的有毒物质中生活，会导致病变和致癌。如溶剂多彩涂料，在其油滴中，甲苯和二甲苯的含量占 20%～50%，而苯在工作场所中，允许值为 $5mg/m^3$，在居室中 $0.8mg/m^3$ 以上为超标。

3) 人造板材如胶合板、纤维板、包茬板等以及某些胶合剂，是常用的装饰材料。但这些材料常会有甲醛、苯、和其他挥发性物质。这些挥发性有机物容易挥发，污染室内空气，刺激人体皮肤黏膜，特别是眼睛、鼻器官，引起眼睛涩痛、呼吸道发炎、咳嗽、头昏、头痛等。我国《工业企业设计卫生标准》(TJ37)对居住大气中的有害物质最高允许浓度要求中提出：甲醛一次检出量要求$\leqslant 0.05mg/m^3$。国内的绿色建材产品中，都有明确担保，产品中不能含有甲醛、苯等。

4) 用于内外墙装饰和室内吊顶的石棉纤维水泥制品，所含的微细石棉纤维被人吸入后轻者引起难以治愈的石棉肺病，重者会引起各种癌症，给患者带来极大的痛苦，为此一些国家(如德国、法国、瑞典、新加坡等)已禁止生产使用一切石棉制品。

(2) 施工中对污染源的控制

装饰工程施工过程中污染源主要有以下几类：水泥、木屑粉尘、机械设备运转噪声，有毒气体等。

1) 粉尘的控制。主要是水泥粉尘、木屑和瓷砖切割时飞起的碎屑等。在施工中设置必要的吸尘罩、滤尘器和隔尘设施，可有效地防止粉尘的飞扬和扩散，同时还可回收粉尘以利再用。

2) 噪声控制主要是减弱噪声源发出的噪声和控制噪声的传播。从改革工艺入手，以无声的工具代替有声的工具，如用液压机代替锻造机、风动铆钉机等来减弱设备运转的噪声;对发生噪声的设备质量、频率和振幅等进行必要的限制或控制间歇的使用设备法;通过采取消声措施,来控制噪声的传播。主要措施如下:

①在发出噪声的设备上安装消声器,只允许气流通过而阻止声音通过。如通风机、压缩机、鼓风机、电动机进排气口处设置消声器。

②在引起噪声较大的地方,用吸声材料与吸声结构吸收声音来减弱噪声的传播。

③采用把发声的物体、场所封闭起来与周围隔绝的方法。

④用隔振的方法来隔绝固体声的传播。如在振源与结构间装设减振器或减振垫层。

⑤用阻尼材料敷设在易受激振的薄金属板材或管道上,可以有效地控制振动和噪声。

(3) 有毒气体和废弃物的排放控制

建筑装饰工程施工中,使用涂料和油漆较多,使用中有毒物质,主要是苯的浓度在局部范围内较大,危及现场及周边人员的身体健康。为此,需要采取综合性预防措施,使苯在空气中的浓度下降。

1) 尽量改用无毒或低毒物代替苯。作为涂料溶剂可以用甲苯、二甲苯代替苯;有的可用混合物;可用醋酸戊酯、丙酮或醇类代替苯。

2) 在喷漆上采用新工艺,如电泳喷漆、静电喷漆、热喷漆等。

3) 采用密闭操作和局部抽风排毒设备。

4) 对操作人员来说,选择配带送风式防毒面具。

废弃物,主要是各种液体装饰材料的残渣、残液、废水以及固体包装物、废弃物、下脚料等。要进行分类和妥善处理,不能在环境中吸收、消化的要送垃圾处理场,同时,可以进行加工回收和再利用。废水废液的遗弃要经过消毒处理,不能直接排放,以免造成地下水源的污染或向环境中散发有害气体。

思 考 题

6.1 简述建筑装饰工程项目管理与工程项目管理的区别。

6.2 建筑装饰工程项目管理全过程分哪几个阶段?管理的内容有哪些?

6.3 建筑装饰工程项目管理主要有哪些组织形式?各有何特点?

6.4 什么是施工项目经理承包责任制?有哪些特征?

6.5 产品质量认证与质量体系认证的区别在哪里?

6.6 简述装饰施工企业 ISO9002 质量体系认证的意义及要求。

6.7 建筑装饰工程质量检验评定的主要依据有哪些?依据中主要规定了哪些方面的内容?

6.8 分项工程质量检验评定的内容包括哪些方面?

6.9 建筑装饰工程质量验收分哪几个阶段,如何验收?

6.10 建筑装饰工程安全管理的具体原则是什么?其管理措施有哪些?

6.11 试述建筑装饰工程环境保护的意义及其措施。

第七章　建筑装饰工程招标与投标

本章简要介绍建筑装饰工程招标与投标的基本概念，重点论述了招标与投标应具备的条件，招标和投标的组织与准备，装饰项目投标的决策与策略等内容。通过对本章的学习，使学生对装饰工程招标与投标的基本知识有所了解，并初步掌握装饰工程招标与投标的基本方法。

7.1　概　　述

建筑装饰工程是建筑工程的组成部分，根据国际惯例和国家政府主管部门的规定，建筑装饰工程的招标仍属于建筑工程的招标投标范围，由国家和地方建委招投标主管部门统一管理。建筑工程招标投标是国际上广泛采用的工程承发包交易方式，我国目前也在大力推行和加强建筑工程的招标投标管理和建筑工程招标投标承包制。实行招标的目的是为计划兴建的工程项目选择适当的承包商，承包商则通过投标竞争来实现自己的工程任务和盈利计划。

7.1.1　招标与投标基本概念

招标与投标是一种商品交易行为，它包括招标与投标两方面内容。是指招标人通过发布公告。吸引众多投标者，前来参加投标，择优选定，最后达成协议。买卖双方在进行商品交易时，一般要经过协商洽谈、付款、提货等几个环节。招标与投标则属于洽谈这一环节。招标人进行招标，实际上是对自己所想购买的商品询价。所以，人们把这样一种商品交易行为统称为招标与投标。目前，招标与投标在国际上广泛采用，不仅政府，企事业单位用它来购原材料、器材和机械设备，而且各种工程项目也日益用这种形式进行物资采购和工程承包，它是商品经济发展的结果。

建筑装饰工程招标，是指招标人（业主）根据拟装饰工程项目的规模、内容、条件和要求拟成招标条件，通过招标公告或邀请等形式，使自愿参加投标的承包商根据业主的要求投标，这个过程称为招标。招标人通过招标的手段，利用投标人之间的竞争，达到货比三家，从中择优选定能保证工程质量、工期及报价合适的目的。

建筑装饰工程投标，是指投标人（或企业）获得招标信息后，根据招标文件中所提出的各项条件和要求，对招标项目估算工程造价、提出施工方案等，在规定的日期内填写标书并递交给招标人，参加竞争并争取中标，这个过程称为投标。投标人在中标后，也可按规定条件，对部分工程进行二次招标，即分包转让。

7.1.2 招标与投标的作用

招标与投标是市场经济发展的必然产物，是市场竞争的结果。建筑装饰工程实行招标与投标。对于改进施工企业的经营管理和装饰施工技术水平，保证建筑装饰业的健康发展，具有强有力的推动作用。主要体现在以下几方面：

1. 提高施工企业的经营管理水平

招标、投标使建设单位(业主)和施工企业进入建筑装饰业市场进行公平交易、平等竞争，迫使施工企业必须提高自身的经营管理水平和工作效率，能以高质量、低成本、短工期的良好信誉参加市场竞争，并立于不败之地。

2. 提高装饰企业的技术水平，保证装饰工程质量

招标、投标制的推行，迫使施工企业立足培养高素质的技术人才，并采用先进的施工工艺和施工机具，从而达到提高工程质量的目的。

3. 缩短工期，降低造价、节约资金

实行招标、投标制后，工程合同工期明显低于现行定额工期，工程能提前交付使用，提前发挥经济效益。

7.1.3 招标与投标程序

建筑装饰工程招标与投标是一个连续的过程，必须按照一定的程序来进行。现分述如下：

1. 招标程序

招标的一般程序如图 7.1 所示，具体步骤是：

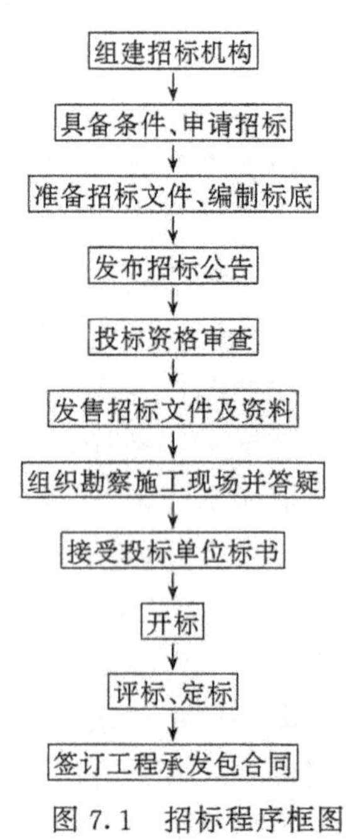

图 7.1 招标程序框图

(1) 组建招标工作机构

招标工作机构通常由建设方负责或授权的代表和建筑师、室内设计师、预算经济师、水电、通信、设备工程师、装饰工程师等专业技术人员组成。其组成形式主要有三种：一是由建设方的基建主管部门抽调或聘请各专业人员负责招投标的全部工作；二是由政府主管部门设立的招投标办公机构，统一办理招投标工作；三是有资格的建筑咨询机构受建设方委托负责招标的技术性和事务性工作，但决策仍由建设方作出。

(2) 提出招标申请并进行招标登记

由建设单位向招投标管理机构提出申请，申请的主要内容包括：工程项目名称，建设地

点，招标方式，要求投标单位的资质等级、承包方式，施工前期准备情况等。经招投标管理机构审查批准后，进行招标登记，领取工程招标申请书。招标申请书格式见表7.1所示。

(3) 准备招标文件、编制标底

招标文件是招标单位编制投标报价的主要依据，由建设单位自行编制或委托其他机构代办，为贯彻公平竞争的原则，在准备招标文件时，还应制定相应的评标办法。

当招标文件中的商务条款一经确定，即可进入标底编制阶段，标底编制完后应将必要的资料报送招标管理机构审定。

(4) 发布招标公告

建设单位根据招标方式的不同，发布招标公告或招标邀请函。

表7.1 招标申请书

<table>
<tr><td>工程项目</td><td></td><td>建设地点</td><td></td></tr>
<tr><td>批准投资及计划建设文号</td><td></td><td>投资额(元)</td><td></td></tr>
<tr><td>设计单位</td><td></td><td>投资来源</td><td></td></tr>
<tr><td>工程内容</td><td colspan="3"></td></tr>
<tr><td>施工前期准备工作情况</td><td colspan="3">1.二次装饰条件　2.空调安装　3.施工图
4.概预算(标底)　5.施工执照</td></tr>
<tr><td>材料、设备情况</td><td colspan="3">1.钢材　2.木材　3.水泥　4.沥青　5.玻璃</td></tr>
<tr><td>要　求</td><td colspan="3">1.质量类别：　2.工期：　3.承包方式：　4.材料供应：</td></tr>
<tr><td>申请招标方式</td><td colspan="3">招标单位(盖章)
负责人(签字)</td></tr>
<tr><td>审批意见</td><td colspan="3">审批单位(盖章)
批准人(签字)</td></tr>
<tr><td>备　考</td><td colspan="3"></td></tr>
</table>

填表日期　　年　　月　　日

(5) 投标资格审查

招标领导小组对投标人(承包企业)进行工程投标资格审查是一项很重要的工作。按照国家现行规定，只有通过招标资格审查合格后，才具有参加该项工程投标的资格。对装饰企业的资格审查，应着重调查企业过去承包类似工程的质量及企业的管理水平、队伍素质、技术装备情况、社会信誉等。

(6) 向通过资格审查的投标单位发售招标文件、设计图纸和有关技术资料。

(7) 组织投标单位代表勘察施工现场并解答文件中的疑点。

(8) 按期接受投标企业报送的投标书。

(9) 按期开标、定标，向中标单位发出中标通知书。

(10) 招标单位与中标单位签订装饰工程承发包合同。

2. 投标程序

投标程序即指投标过程中各项活动的步骤与相关内容，反映各工作环节的内在联系和逻辑关系，其程序如图 7.2 所示。具体步骤是：

(1) 根据获得的招标信息，编制投标书，并按期参加投标。

(2) 接受招标单位对企业的资格审查。

(3) 资格审查通过后，向招标单位领取招标文件及图纸等资料。

(4) 仔细阅读和分析招标文件，研究制定承包方案、计算投标价。

(5) 参加勘察施工现场，修改、落实施工方案和标价。

(6) 按招标文件要求编制投标书，并在规定的时间内报送招标单位。

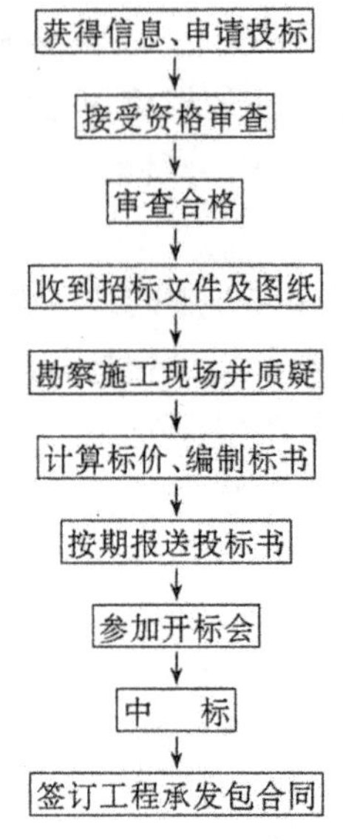

图 7.2　投标程序框图

(7) 按时参加开标会，若中标，在规定的时间内与招标单位签订工程承发包合同。

7.2　招　　标

7.2.1　招标的类型及范围

1. 招标的类型

(1) 装饰设计招标

一般是对大型高档建筑的公共部分如大堂、多功能厅、会议厅、大小餐厅、高级办公空间、娱乐空间等精装饰部分进行装饰设计招标：一般要求先绘制平面图、主要立面图、剖面图和彩色效果图及设计估算报价书等方案设计文件，待方案设计中标后，再进行施工图绘制。

(2) 装饰施工招标

一般是对建筑高级装饰部分进行施工招标，如室内的公共空间工程；建筑外部装饰如玻璃幕墙工程，外墙石材饰面工程，外墙复合铝板工程等。

施工招标的工程内容又分为包工包料，包工不包料和建设方供主材、承包方供辅料等几种形式。

2. 施工招标的范围

施工招标的范围既包括室内装饰工程，也包括水、暖、电、通风等工种的支路管线工程，有的还包括建筑室外工程及周边环境艺术工程，如园林绿化、造景、门前广场、雕塑品等。

7.2.2 招标的基本方式

装饰工程招标的基本方式与土建工程一样，主要有竞争性和非竞争性两类。

1. 竞争性招标

竞争性招标又可分为公开招标和邀请招标两种。

(1) 公开招标

公开招标是一种无限竞争性招标。这种方式是由招标单位通过报刊、电台、电视等公共传播媒介，发布招标公告，使所有符合招标条件的承包企业都有同等机会参与投标竞争，使业主在众多的投标单位中有充分的选择余地，有利于选择到满意的承包企业。

采用这种招标方式的优点是，机会均等，打破垄断，形成全面竞争，从而可促使承包企业努力提高装饰质量，缩短工期，降低成本；招标单位可以在众多的投标单位中选择报价合理、技术优良、工期较短、信誉良好的承包企业。其不足是：投标单位多，审查工作量大，招标费用较多。

(2) 邀请招标

邀请招标是一种有限竞争性招标，也称为选择招标或指定性招标。招标单位不公开发布招标公告，而是根据工程特点和装饰要求，招标单位依据自己掌握的信息和资料向所熟悉的、具备相应的装饰资质等级的装饰企业发出邀请函参加投标竞争。

采用这种招标方式的优点是：被邀请参加竞标的承包企业数量少，招标工作量小，可以节省招标费用，而且由于对这些承包企业的技术、经济信誉比较了解，能确保装饰质量和进度。其不足是限制了参与竞争的范围，选择余地小，可能会失去技术上和报价上有竞争力的投标者。

2. 非竞争性招标

非竞争性招标又称协商议标、谈判招标。这种形式不须通过公开招标或有限招标而由招标单位直接邀请某一承包企业进行协商，当协商不成立时，再邀请第二家、第三家进行协商，直至达成协议为止。

这种议标形式虽能节约时间，能较快确定装饰承包企业，尽快开展工作，但有损于招标的公开、公正和公平原则。因此，仅适用于不宜公开招标的国家重要机关、专业性强，特殊要求多和保密性强以及投资额不超过 50 万元的装饰工程，并应报县级以上建设行政主管部门，经批准后方可进行。

7.2.3 招标应具备的条件

实行招标发布的建筑装饰工程,必须具备下列条件方可申请批准招标:

1) 具有法人资格。

2) 招标工程项目已列入国家或地方计划。

3) 建筑装饰资金已落实。

4) 建筑装饰施工图纸已完成,技术资料已准备好。

5) 有当地建设主管部门的有关批文、证件。

7.2.4 招标前的准备

1. 编制招标文件

招标单位在工程招标前必须编制好招标文件。招标文件是招标单位介绍工程概况和说明工程质量要求、标准的书面文件,是工程招标的核心,是提供给投标单位编制标书的具体依据,同时也是建设单位(业主)与中标单位签订合同的依据。

招标文件的编制由招标单位负责,要求详尽、简明。其内容主要包括:

(1) 工程综合说明

工程综合说明内容包括:工程项目名称、工程范围、建筑面积、工期要求、技术要求、质量标准、现场条件、招标方式、投标企业的资质等级要求等。

(2) 设计图纸及有关资料

装饰工程的设计图纸,应达到一定的设计深度、细度,包括彩色效果图、设计说明、工程做法表、特殊技术要求、门窗表、平面、立面、剖面图、构造节点大样、综合吊顶平面及水、电、通风、消防各专业图纸。

技术资料应明确招标工程适用的施工验收规范或验收标准,有关施工方法与要求,对材料、成品、半成品的检验和保管说明等。

(3) 工程量清单

工程量清单是投标单位计算标价和招标方评标的依据。它通常以每一单位工程为对象,按分部分项列出工程数量。其格式如表 7.2 所示。

表 7.2 ××(单位工程)工程量表

编　号	单项工程名称	简要说明	单位	工程数量	单价/元	总价/元
1	2	3	4	5	6	7

注:表中第 1～5 栏由招标单位填列,第 6～7 栏由投标单位填列,表中关于工程项目的划分和计量方法,应执行有关统一的规定,以使招标与投标单位在工程项目划分和工程量计算方面口径统一。

(4) 由银行出具的建筑资金证明和工程款的支付方式

(5) 主要材料来源和供应方式,加工定货情况和材料设备价差的处理方法

(6) 特殊工程,采用新材料,新工艺,新技术的施工要求,检验标准

(7) 投标书的编制要求及评标、定标原则

(8) 投标、开标、评标、定标等活动的日程安排

(9)《建筑装饰工程施工合同条件》及调整要求

(10) 其他要求说明的事项

2. 编制标底

工程标底又称“招标价”,由招标单位自行编制或委托经建设行政主管部门认定具有编制标底能力的机构编制,并经招标办公室审定。按照规定,工程施工招标必须编制标底。

(1) 标底的作用与分类

1) 标底的作用。标底是招标单位确定工程总造价的依据,是进行招标和评标的主要依据之一。标底代表建筑装饰工程计划价格,其金额应控制在工程的计划投资范围内,以免工程造价突破投资。同时,主管部门也可根据标底对建筑装饰工程产品的价格进行有效的监督。

标底是衡量投标单位对工程报价高低的标准。凡经审定的标底,反映一定时期装饰工程造价的社会平均水平。而投标单位在报价时根据各自的优势所提出的价格,则是企业个别水平,一般应略低于社会平均水平,即报价应等于或低于标底。这样的标底就可以用来审核各投标单位工程报价的高低,并判断其合理程度。

标底是保证工程质量的基础。经审定的标底,应能充分体现当地建筑装饰市场的水平,即在保证工程质量、工期前提下的合理价格。这样,能避免招标单位片面压价,又可防止投标单位盲目投低价。因此,准确的标底是工程质量可靠的经济保证。

2) 标底的分类。根据不同工程的特点,标底主要有以下几种:

①按建筑装饰工程量的单位造价包干的标底(m^3,m^2,m,km)。

②按装饰施工图预算包干的标底。

③按装饰施工图预算加系数一次性包干的标底。

④按扩大初步设计图纸及说明书资料实行总概算交钥匙包干的标底。

(2)标底编制应遵循的原则

1) 标底价格应由成本、利润、税金等组成。一般应控制在批准的总概算及投资包干的限额内。

2) 标底价格不仅应考虑人工、材料、机械台班等价格变动因素,而且还应考虑施工不可预见费、包干费和措施费等,工程要求优良的,还应增加相应费用。

3）一个工程只能编制一个标底。

(3) 标底编制的主要依据

1）设计图纸及有关资料。

2）招标文件。

3）国家和省市现行的装饰定额、参考定额和费用定额及政策性调整文件。

4）地区材料、设备预算价格价差。

5）工程现场施工情况及运输条件。

3. 发布招标公告或邀请招标函

当采用公开招标方式进行招标时，应根据工程规模和性质在当地或全国性报纸或电视上发布招标公告。其内容包括：

1）招标单位和招标工程名称。

2）招标工程内容简介。

3）工程承包方式。

4）投标单位资格要求。

5）领取招标文件的时间、地点和应缴费用等。

采用邀请招标方式进行招标时，应由招标单位向预先选定的装饰企业发出邀请招标函，也可以先发布公告，公开邀请建筑装饰企业报名参加预审，从中选定若干邀请对象，然后发函邀请其参加投标。

4. 对投标方进行资格审查

投标方资格审查的目的，在于了解投标方的技术和财务实力及管理经验，以限制不符合要求条件的承包商盲目参加投标。在发售招标文件之前由招标方负责资格审查，合格者才准许购买招标文件。

(1) 资格审查的内容

投标方资格审查的主要内容包括：

1）建筑装饰企业营业执照和建筑装饰资质等级证件。

2）主要施工经历及业绩。

3）技术力量简况。

4）施工机械装配状况。

5）装饰企业的资金和财务情况。

6）已施工工程照片、资料等。

(2) 资格审查的程序

资格审查的程序，通常由投标方按照招标方的要求在规定的时间内向招标单位购买投标企业简况调查表（如表 7.3 所示），表格按规定填写后，交回招标单位，同时交验有关证件；招标方审查后，分别将审查结果通知各申请投标单位。

表 7.3　申请投标企业简况调查表

企业名称		法人代表	
总部地址		技术负责人及职称	
企业在编职工人数	全员　　人，其中技术工人　　人，工程技术人员　　人	企业等级及证号 工商营业执照及证号	
		开户银行及账号	
准备参加本工程施工的概况			
本地投标许可证证号及有效期限		驻本地负责人 驻本地地址	
本地职工人数	总计人，　　其中：技术工人　　人，工程技术人员　　人	本工程负责人及职称	

主要施工机械	机械设备名称	台数	机械设备名称	台数	机械设备名称	台数

过去5年中完成或正在施工的主要工程

工程项目名称	已完工或在建	结构	层数	建筑面积/m²	质量评定等级	开、竣工年月	备注

参加本工程的主要负责人及工程技术人员简历

申请投标单位补充说明

申请投标单位(公章)

负责人(签名)

年　　月　　日

招标单位审查意见

审查人(签名)

招标单位(公章)

年　　月　　日

注意事项：1. 请认真地如实填报。

2. 送交本调查表的同时交验下列证件的复制件：(1)企业技术等级证书；(2)工商营业执照；(3)外地建筑装饰企业投标许可证。

7.2.5 招标过程中的组织

1. 向审查合格后的投标单位发售招标文件及设计图纸

招标单位向通过投标资质审查合格的企业正式发出招标邀请，并在规定的时间、地点发(售)招标文件，并办理签收手续，向招标单位交纳保证金。

2. 组织投标单位勘察现场并答疑

招标单位发出招标文件后，需要组织投标者进行现场勘察，并回答招标文件中的疑点，使投标者了解装饰工程的现场条件及环境特点，以便编制投标书及投标注意事项。

对投标方提出的疑问，应以书面记录方式，印发给各投标方，作为招标文件的补充。

招标答疑记录表，如表 7.4 所示。

表 7.4 工程招标答疑记录

时间：

地点：

主持人(注明姓名、职务和所代表的单位，并签名)

参加人(注明姓名、职务和所代表的单位，并签名)

问　题	提 问 人	答　案	解 答 人

投标方对招标文件中的疑问，一般应预先以书面提出，也可在交底会上临时口头提出。招标方对所提疑问应一律在答疑会上公开解答。在开标之前，不应与任何投标方的代表单独接触和个别解答任何问题。

3. 接受投标文件

招标文件中要明确投标者投送投标文件的地点、期限和方式。投标人送达投标文件时，招标单位应检验文件的密封是否符合要求，合格者发给回执，否则拒收。

7.2.6 开标、评标与定标

1. 开标

开标由招标单位邀请上级主管部门、招标办、建设银行、公证处和标底编审单位参加，并成立评标小组，按招标文件规定的时间、地点公开进行。

开标的一般程序如下：

1) 由招标工作人员介绍各方到会人员，宣布会议主持人及招标方法人代表证件或法人代表委托书。

2) 会议主持人检验投标企业法人或其指定代理人身份证件、委托书。

3) 主持人宣布评标、定标办法和评标小组成员名单。

4）主持人当众检验启封投标书。其中属于无效标书：①标书未密封；②未加盖单位公章或法人印章；③投标书未按规定的格式填写，内容不全或字迹模糊不清；④投标书逾期送达；⑤投标单位未参加会议。凡属上述情况之一者，须经评标小组半数以上成员确认并在公证人监督下当众宣布。

5）投标企业法人代表或其指定的代理人声明，对招标文件是否确认。

6）按标书送达时间或以抽签方式排列投标企业唱标顺序。

7）各投标企业代表按顺序唱标。装饰工程唱标可唱总标价，也可按不同的装饰工程部位（如大堂、多功能会议厅等），分块进行唱标，分别进行评标。

8）当众启封并公布标底。

9）招标方指定专人监唱，作好开标记录（最好是在工程开标汇总表上记录），并由各投标企业的法人代表或指定的代理人在记录上签字。

装饰工程开标汇总表，如表 7.5 所示。

表 7.5　装饰工程开标汇总表

建设项目名称												
序号	投标企业	报价（万元）			施工日历天	开工日期	竣工日期	分部分项工程			投标企业法定代表人签名
		总计	装饰工程	水电安装				大堂	宴会厅	客房	
1											
2											
3											
4											
5											
…											

开标日期：×年×月×日

记录：

招标单位

评标小组代表：

本表一式二份，一份盖章后报上级招标管理机构。

2. 评标

评标在开标后由招标单位组织评标工作小组对各投标人的投标书进行审查、评比和分析的过程，是整个招标投标的重要环节。

评标工作小组成员应建设单位或代理招标单位、标底编制单位（如建筑装饰咨询机构）、设计单位、资金提供单位等组成。评标工作小组成员要与工程规模和技术复杂程度相适应，一般 5～9 人为宜，大型项目可增至 11 人左右。其中建设单位的人数一般不得超过总人数的 1/3。

评标工作小组组长由招标工作小组组长担任，成员中必须有装饰工程师、经济师，大中型项目应有高级工程师、高级经济师参加。

评标人评标时应采用科学方法，以公正平等、经济合理、技术先进为原则，并按规定的评标条件进行评标。

(1) 评标条件

评标的条件绝不是简单地比较投标单位的投标报价，而应从多方面进行综合分析比较，其主要条件如下：

1) 投标报价合理。对国内招投标的装饰工程项目来讲，所谓报价合理并不是报价越低越合理，而是指报价与标底接近，而报价不超过预先规定的允许幅度。它不同国际招标的报价可以自由浮动，这是以保证投标企业的正当经济利益为前提的。因此，不能只讲报价越低越好。

2) 工期适当。满足招标文件中提出的工期要求。

3) 施工方案先进可行。要求一般装饰工程有施工方案，大中型项目应有施工组织设计，达到先进合理、切实可行，并有严格的质量保证体系和措施，能够在技术上保证装饰工程质量达到规范规定的质量标准和需求的质量要求。

4) 企业的社会信誉良好。企业的信誉主要取决于信用合同，遵守法律，工程质量和服务质量良好，承担过较多的类似工程，质量可靠。

(2) 评标办法

目前常用的评标办法主要有条件对比法和打分评标法两种。

1) 条件对比法。条件对比法也称综合分析评比法。通过对投标单位能力、业绩、信誉、投标价格、工期质量、施工方案等条件进行定性的分析和比较，最后确定中标单位。这种方法，由于没有对各投标书的量化比较，评标的科学性差，主观随意性强，透明度不高，很难做到公正合理。因而，仅适用于装饰量较小或规模不大的改建项目招投标。

2) 打分评标法。打分评标法也称综合评估法。通过对各投标书的报价、工期、施工方案及主要材料用量、质量业绩、企业信誉等进行综合评议。按照评标办法中规定的打分标准及分数比例打分，最后以总得分最高为中标单位。表 7.6 所示为“打分法”各评标因素分值的示例，各项评分条件的权重和增减分数应视投标项目的具体情况而定。

3. 定标

定标，又称决标，是招标单位根据评标工作小组评议的结果，择优确定中标单位的过程。

中标单位确定后，应由招标单位填写中标通知书，经上级主管部门审核签发后，通知中标单位，同时抄送未中标单位。未中标的投标单位应在接到通知一周内退回招标文件及有关资料，招标单位同时退还投标保证金。

表 7.6　评标因素分析示例

评标因素	基本分值	评分标准说明	得分值
报价			
工期			
施工方案			
质量业绩			
企业信誉			
合计			

中标单位通知书格式如下所示：

中 标 通 知 书

招标单位　　　　　　招标工程(招标文件　　　号)

通过定标(议标)已确定　　　　　　　　为中标单位,中标标价为人民币　　元,工期　天,工程质量必须达到国家施工验收规范的要求。希望接到通知后,3 天内起草承包合同,　　　月　　　日携带合同稿到招标单位共同协商签订,以利工程顺利进行。

定标单位:盖章

年　　月　　日

4. 签订承发包合同

中标单位接到中标通知书后,应在一定期限内(一般不超过一个月)与招标单位就签订承发包合同进行磋商,双方在合同条款商定一致,达成共识后,立即签订合同。至此中标单位转变为承包单位,并对承包的工程负有经济和法律责任。

7.3　投　　标

7.3.1　投标的基本条件

根据建设部颁发的《工程建设施工招标、投标管理办法》的规定,一般具备下列条件时,才可以进行投标。

1) 必须具有工商行政部门核准发给的营业执照和承包工程人的许可证件。

2) 必须具有法人资格及建筑装饰资质证件。

3) 符合招标单位提出的条件和要求,中标后能及时施工。

具备投标条件的装饰企业,可根据招标信息和企业的等级条件,向招标方提出申请,提交投标申请书,该申请书必须按照招标单位发售的投标申请文件要求填报,做到实事求是,简明扼要,符合要求。申请书内容可参阅表 7.3 中的相关内容。

提交投标申请书后，必须接受招标方的资格审查，资格审查合格者即可领取招标文件。

7.3.2 投标的准备工作

投标的准备工作对整个投标活动至关重要，其目的是为了编制一个比较完善的投标文件，提出一个合理的、有竞争力的工程报价。投标准备工作内容一般包括：研究招标文件、参加招标答疑、勘察施工现场、调查投标环境。

1. 研究招标文件

建筑装饰企业报名参加或接受邀请参加某一装饰工程的投标，通过了资格审查，取得了招标文件后，首先的工作是仔细认真研究招标文件，充分了解和掌握招标文件的内容，以便安排投标工作布署。研究招标文件的重点主要有以下几方面：

1）对工程的综合说明仔细阅读，以获得对工程全貌的了解。

2）熟悉设计图纸及有关特殊要求，详细了解各部位工艺做法和对材料品种、加工规格要求，对整个建筑装饰设计及其各部位详细的尺寸，以及各专业图纸之间的关系都要吃透，发现不清楚或相互矛盾之处，要提请招标方解释或订正。

3）研究合同主要条款，明确中标方应承担的义务、责任及应享有的权利。重点是承包方式、竣工时间及奖罚规定，材料供应及价款结算办法，工程变更、停工、窝工损失处理办法等。因这些因素关系到施工方案的安排，资金的周转、成本费用，最终都会反映在标价上，所以要必须认真研究，以利于减少承包风险。

全面研究了招标文件，对工程本身和招标的要求基本了解掌握之后，投标单位就可以制定投标计划，有秩序地开展工作，以争取中标。

2. 参加招标答疑会

参加投标竞争要对招标文件的所有问题能清楚正确的了解，是保证投标准确性的首要条件。投标单位对招标文件中存在的模糊概念和把握不准之处以及设计图纸中的有关疑问或各专业间的有关问题，都应在招标答疑会上提出，以求得清楚准确的答案，为投标工作创造有利的条件。

3. 勘察施工现场

装饰工程施工是在土建施工和水暖、电、通风、烟感、喷淋、音像、电视、消防监控等各专业系统施工后的基础上进行的。因而需要对土建施工的质量情况及各专业设备系统工程配合施工情况进行全面的勘测、调查、了解、掌握。各专业施工进度直接关系到装饰施工进场条件和装饰施工进度计划的制定，同时对场地的道路、施工用水、用电、通风设施、冬季施工供暖情况及垂直运输、材料堆场、临时设施（办公室、材料库、宿舍）等情况也要相应了解清楚。

4. 调查投标环境

投标环境是指中标工程的自然、经济和社会条件。这些条件是工程施工的制约或有利因素，它必然影响工程成本，是投标单位报价时必须考虑的，所以要在报价前了解清楚。通常要调查以下几项内容：

（1）自然条件

主要是当地常年最高和最低气温，风雨的频率、强度等影响施工的因素。这些资料可请招标方提供，或从当地气象部门取得。

（2）装饰材料供应

装饰材料包括高档石材、木板材、轻钢龙骨、石膏板材、电器、装饰辅料、卫生洁具、五金件的配套供应能力和价格，当地租赁建筑机械、脚手架的价格及供给可能性等。

（3）其他相关情况

水、暖、电、通风、空调等各专业分包商的分包能力及分包条件。水暖、电、通风各专业材料设备的供应能力及价格。

（4）交通运输条件

了解当地及其承包工程的交通运输条件和有关事项。

7.3.3 投标文件的编制与报送

1.投标文件的编制

编制投标文件，首先要正确把握投标报价技巧与策略，并以此策略统揽投标文件其他内容的编制，以求达到中标的目的。

编制投标文件一般从校核工程量以及编制施工方案入手，然后估算出成本、算出标价，提出保证工程质量、进度和施工安全的主要技术措施，确定计划开工、竣工日期及总进度，最后编写投标文件的综合说明，以及对招标文件中合同条款的确认意见。

（1）计算或校核工程量

工程量是计算报价的重要依据。一般建筑装饰招标文件中都有工程量清单，但因装饰设计图纸细致复杂，如平面图中有时绘有活动的家具，立面图中绘有高级装饰艺术品等。因此，很难做到工程量和工程项目编制完全一致。要求投标方在做标价前应认真阅读施工图纸，校核工程量及工程项目明细表。核对时不必全部重新算一遍，可以重点核对。核对的内容主要包括：项目是否齐全，有无漏项或重复，工程量是否正确，工程做法与用料量是否与图纸相符。可采用重点抽查核对，即选择工程量大，工艺复杂、造价较高的项目若干，按图详细计算。一般项目只粗略估算，基本合理就可以。

核对过程中，若发现招标文件中所列工程量与校核结果不符或漏项时，可以在标函中加以说明，留待中标后签订合同时，再予以纠正。

（2）编制施工方案

一般装饰工程编制施工方案，大中型装饰工程编制施工组织设计是投标报价的一个前提条件，也是招标单位评标时考虑的关键因素之一。编制施工方案，应由投标单位的技术负责人主持进行。

关于保证装饰工程质量进度和施工安全的主要技术组织措施和计划开工、竣工日期及工程总进度的确定，因与施工方案关系密切，所以在编制施工方案的同时，上述内容应同时考虑，按招标文件要求的表达方式予以表达。

(3) 估算成本

投标单位根据招标文件、当地的概(预)算定额、取费标准等有关规定，结合企业自身的管理水平、技术措施和施工方法等条件，在充分调查研究，切实掌握自己的企业成本的基础上，最后得出估算成本，这种估算成本的方法称为施工图预算编制法，它估算出的成本比较准确，是目前投标单位最常用的方法。但工作量大，花费时间较长(实际上编制投标文件的时间是非常有限的)。当时间比较紧迫时，可按经验估算出一个综合的工程量，然后套用预算定额来估算成本，或按平方米造价指标估算成本。

估算成本确定后，再通过工程项目投标决策，最后形成标价。

(4) 编写投标文件的综合说明

投标文件的综合说明，主要是说明投标企业的优势(如对类似工程施工的丰富经验，机械装配水平的先进程度、技术力量强、企业的社会信誉高等)，编制投标文件的依据及投标文件包括的主要内容等。必要时，也将对招标文件中合同的主要条款的确认意见一并写入。

2. 标书的报送

标书编制完毕，应将正本与副本(两份)，装入密封袋中，袋口加密封条，并加盖两枚企业公章和法人代表印鉴的骑缝章，在规定的期限内送达投标方指定地点。标书应派专人送达。招标方接到投标书，经检查确认投标书袋填写合格、密封无误后，应登记签收，并装入专用标箱内。

投标企业在标书发出后，如发现有遗漏或错误，允许进行补充修正，但必须在投标截止日前以正式函件送达招标方，过时无效。凡符合上述条件的补充修订文件，应视为标书附件，作为评标、决标的依据之一。

7.3.4 投标决策与策略

1. 投标决策

投标企业通过资格预审，取得了招标文件，调查了投标环境后，所面临的是否投标的问题，也就是要作出投标或不投标的决策。

对某工程是否投标，除了作好建筑装饰市场的信息收集之外，还要对建设单位作必要的调查，而更重要的是要作好投标前的分析，主要包括：

(1) 施工企业自身的业务能力水平和当前的经营状况

主要是分析企业的施工能力、工人和技术人员的操作技术水平、机械设备能力、设计能力，对装饰工程的熟悉程度和管理水平以及以往对类似工程的经验，中标承包后对今后本企业的影响。

(2) 投标工程项目的特点和招标单位基本情况分析

主要是分析投标工程项目所在地的技术经济条件，装饰材料价格及供应情况，投标工程本身施工技术复杂的难易程度，施工在技术和经济方面有无风险，是否能取得较大的近期利润，是否能带来新的投标机会；分析招标单位的经济实力，社会信誉高低等。

通过上述各项因素的综合分析，如果得出利大于弊的判断，就应该果断决定报名参加投标。反之，则应放弃投标。

2. 投标策略

建筑装饰企业参加投标竞争，目的在于得到对自己最有利的施工合同，从而获得尽可能多的盈利。为此，作出投标决策以后，必须研究投标策略，投标策略作为投标取胜的方式、手段和艺术，贯穿于投标竞争的始终。正确的策略来自实践经验的积累和对客观规律的认识，以及对投标竞争具体情况的了解、掌握与分析，同时也与决策者的判断力、组织和价值观念有密切关系。投标策略的内容主要有以下几方面：

(1) 靠经营管理水平高取胜

主要靠做好施工组织设计，采用合理的装饰施工技术和先进的施工机械，安排紧凑的施工进度，精心采购质量好的装饰材料、力求节省管理费用等，从而有效的降低工程成本而获得较大的利润。

(2) 靠缩短装饰工期取胜

在招标文件要求工期的基础上，采取有效措施，将工期再提前若干天，并能保证装饰工程质量，使招标工程早交工、早使用、早受益。以吸引业主。

(3) 靠改进设计取胜

通过仔细研究原设计图纸，若发现有明显不合理之处，可提出改进设计的建议和能切实降低造价、增强美观的措施。

(4) 采用低利策略

主要适用于装饰企业任务不足时，可以低利承包部分工程，尤其是对初到新的地区，为了打入这个地区的装饰市场，建立信誉，也往往采用这种策略。

(5) 采用长远发展的策略

着眼于长远发展，以争取将来的优势，为了掌握某种有发展前途的装饰施工技术，宁可在当前工程上以微利甚至无利的价格，参与竞争，这是一种较有远见的策略。

以上这些策略投标单位应根据具体情况灵活运用。

思 考 题

7.1 装饰工程招标与投标的作用是什么?

7.2 装饰工程招标与投标的基本程序有哪些?

7.3 装饰工程招标的方式有哪几种?各有什么优缺点?

7.4 装饰工程投标应具备的基本条件是什么?

7.5 对投标企业进行资格审查的目的是什么?审查的具体内容有哪些?

7.6 投标企业投标前应作好哪几方面的准备工作?

7.7 装饰工程项目投标策略主要有哪些?

第八章　建筑装饰工程合同管理

本章主要介绍合同的基本概念、分类及合同管理，重点论述了合同的谈判与签订，合同的履行，对合同的索赔作了简单介绍。通过本章的学习，使学生掌握合同管理的基本知识，学会以法律的手段管理装饰工程。

8.1　概　　述

装饰工程建设是一项综合性技术经济活动，涉及面广，工期长，同时，新型材料不断出现，参加单位和协作单位多，在工程实施中必须加强各方的配合协作工作，而合同正是各项目参加者的连接纽带，通过签订合同和合同管理，确定各方的权利和义务，规范各方的行为，保证工程的顺利实施。

8.1.1　工程合同的基本概念

1. 合同与合同法的概念

(1) 合同的概念

合同又称契约。《中华人民共和国合同法》(以下简称为合同法)第二条规定：合同是平等主体的自然人、法人、其他组织之间设立、变更、终止民事权利义务关系的协议。

合同有广义和狭义之分。广义的合同是指两个以上的民事主体之间，设立、变更、终止民事权利义务关系的协议；狭义的合同是指债权合同，即两个以上的民事主体之间，设立、变更、终止债权债务关系的协议。广义的合同除了民法中债权合同之外，还包括物权合同、身份合同、以及行政合同和劳动法中的劳动合同等。《合同法》中所称的合同，是指狭义上的合同。

(2) 合同法的概念

第九届全国人民代表大会第二次会议通过的《中华人民共和国合同法》，是一部关系公民、法人和其他组织的切身利益，完善市场交易规则，发展社会主义市场经济的重要法律，也是一部统一的较为完备的合同法。合同法是调整平等主体的自然人、法人、其他组织之间在设立、变更、终止合同时所发生的社会关系的法律规范的总称。

(3) 合同法的基本原则

《合同法》的基本原则是指导整个合同法律规范和合同行为的准则，主要包括：

1）平等原则。在合同法律关系中，当事人之间的法律地位平等，任何一方都有权作出决定，一方不得将自己的意愿强加给另一方。

2）合同自由原则。即只有在双方当事人经过协商，意思表示完全一致，合同才成立。合同自由包括缔造合同自由、选择合同相对人自由、确立合同内容自由、选择合同形式自由、变更和解除合同自由。

3）公平原则。即在合同的订立和履行过程中，公平合理的调整合同当事人之间的权利义务关系。

4）诚实信用原则。是指在合同的订立和履行过程中，合同当事人应当诚实守信，以善意的方式履行其义务，正确适当地行使合同规定的权利，全面履行合同规定的义务。同时，还应当维护当事人之间的利益及当事人利益与社会利益之间的平衡。

5）遵守法律和行政法规原则。即当事人订立、履行合同应当遵守法律、行政法规及尊重社会公认的道德规范。

6）合同严守原则。即依法成立的合同在当事人之间具有相当于法律的效力，当事人必须严格遵守、不得擅自变更和解除合同，不得随意违反合同规定。

7）鼓励交易原则。即鼓励合法正当的交易。如果当事人之间合同的订立和履行符合法律和行政法规的规定，则当事人各方的行为应当受到鼓励和法律的保护。

2. 工程合同的基本概念

（1）建设工程合同的概念

我国《合同法》规定，建设工程合同是承包人进行工程建设，发包人支付价款的合同。进行工程建设的行为包括勘察、设计、施工，建设工程实行监理的，发包人也应当与监理人订立委托监理合同。

建设工程合同是一种承诺合同，合同订立生效后双方应当严格履行。同时，建设工程合同也是一种双务、有偿合同，当事人双方在合同中都有各自的权利和义务，在享有权力的同时必须履行义务。从合同理论上说，建设工程合同是广义的承揽合同的一种，但由于工程建设合同在经济活动、社会生活中的重要作用，以及在国家管理、合同标的等方面均有别于一般的承揽合同，我国一直将建设工程合同列为单独的一类重要合同。

（2）建设工程合同的特征

1）合同主体的严格性。建设工程合同主体一般只能是法人。发包人只能是经过批准进行工程项目建设的法人，必须有国家批准建设项目，落实投资计划，并且应当具备相应的协调能力；承包人则必须具备法人资格，而且应当具备相应的从事勘察设计、施工等资质。无营业执照或无承包资质的单位不能作为建设工程合同的主体，资质等级低的单位不能越级承包建设工程。

2）合同标的特殊性。建设工程合同标的是各类建筑产品，建筑产品的形态是多种多样的，就是采用同一张图纸施工，建筑产品往往也是不同的，由于建筑安装工程产品（如住宅、厂房等）的固定性和生产的流动性、单一性，加之建筑安装工程产品体积庞大，消耗的人力、财力、物力多，决定了建筑工程合同标的特殊性。

3）合同履行期限的长期性。建设工程由于产品结构复杂、体积庞大，建筑材料类型多，工作量大、投资巨大，使得建筑工程的生产周期与一般工业产品的生产相比较要长得多，这导致建设工程合同履行期限较长。而且，因为投资的巨大，建设工程合同的订立和履行一般都需要较长的准备期。同时，在合同的履行过程中，还可能因为不可抗力、工程变更、材料供应不及时等原因导致合同期限的延长。所有这些情况，决定了建设工程合同的履行期限具有长期性。

4）投资和程序上的严格性。由于我国目前对固定资产投资还实施计划管理。这就决定了建设工程施工合同的计划性，不完全取决于合同双方的主观愿望，合同必须受制于国家的法规、建设法规以及国家和地方批准的固定资产投资计划，按照国家规定的建设程序和施工程序办事。否则，合同不得签订。在建设工程施工合同中，有关价款协议是以国家或地方统一规定的概（预）算定额、材料预算价格和取费标准为依据，同时，合同的内容也是法定的。有些省市政府部门还专门设立了建设合同鉴证机构，对建筑安装工程承包合同予以审查鉴证，经该机构鉴证的合同才有效。

8.1.2 工程合同的分类

1．按承包的范围和数量分类

（1）建设工程总承包合同

发包人将工程建设的全过程发包给一个承包人的合同。通常由建设单位（业主）将全部建筑安装工程交给一个施工企业总包，并签订工程总承包合同，其整个建设项目的施工任务由总包企业负责完成。

（2）建设工程承包合同

发包人如果将建设工程的勘察、设计、施工等的每一项分别发包给一个承包人的合同即为建设工程承包合同。

（3）工程分包合同

经合同约定和发包人认可，从工程承包人的工程中承包部分工程而订立的合同即为建设工程分包合同。如机械化施工工程分包合同、设备安装工程分包合同、分部或分项工程分包合同（如基础工程、铝合金门窗工程、装饰工程、防水工程等）等。

2．按完成承包的内容分类

按完成承包的内容来划分，建设工程合同可以分为建设工程勘察合同、建设工程设计合同和建设工程施工合同三类。

3. 按合同计价方式分类

业主与承包商所签订的合同，按支付方式不同，可划分为总价合同、单价合同和成本加酬金合同三种类型。建设工程勘察、设计合同和设备加工采购合同，一般为总价合同；而建设工程施工合同则根据招标准备情况和工程项目不同，可选择适用的一种合同。

(1) 总价合同

总价合同又分固定总价合同、可调整总价合同和固定工程量总价合同。

1) 固定总价合同。合同双方以招标时的图纸和工程量等说明为依据，承包商按招标时业主接受的合同价格承包实施，并一笔包死。合同履行过程中，如果业主没有要求变更原定的承包内容，完成承包内容后，不论承包商的实际成本是多少，均按合同价获得项目款的支付。

2) 可调整总价合同。这种合同与固定总价合同基本相同，但合同周期较长，只是在固定总价合同基础上，增加合同履行过程中因为市场价格浮动等因素，对承包价格调整的条款。

3) 固定工程量总价合同。在工程量报价单内，业主按单位工程及分项工程内容列出实际工程量，承包商分别填报各项内容的直接费单价，然后再汇总算出总价，并据以签订合同。合同内原定工作内容全部完成后，业主按总价支给承包商全部费用。如果中途发生设计变更或增加新的工作内容，则用合同内已确定的单价来计算新增工程量而对总价进行调整。

(2) 单价合同

单价合同是指承包商按工程量报价单内分项工程内容填报单价，以实际完成工程量所报单价计算结算款的合同。承包商填报的单价应为计算各种摊销费用以后的综合单价。合同履行过程中无特殊情况，一般不得变更单价。单价合同的执行原则是，工程量清单中分项开列的工程量，在合同实施过程中允许有上下浮动变化，但该项工作内容的单价不变，结算支付时以实际完成工程量为据。因此，按投标书报价单中预计工程量乘以所报单价计算的合同价格，并不一定就是承包商完成实施合同中规定的任务所获得的全部款项，可能比它多，也可能比它少。

单价合同大多用于工期长、技术复杂、实施过程中发生各种不可预见因素的大型复杂工程的施工，以及业主为缩短项目建设周期，初步设计完成后就进行施工招标的工程。

(3) 成本加酬金合同

成本加酬金合同，是将工程项目的实际投资划分为直接成本费和承包商完成工作后应得酬金两部分。实施过程中发生的直接成本费由业主实报实销，另按合同约定的方式付给承包商应得的报酬。成本加酬金合同大多适用于边设计边施工的紧急工程或灾后修复工程，以议标方式与承包商签订合同。由于在签订合同时，业主还提供不出可供承包商准确报价的详细资料，因此，在合同内只能商定酬金的计算办法。

8.1.3 工程施工合同的管理

工程施工合同的管理是多方面的，它包括建设行政部门对施工合同的管理，监理工程师及业主方的合同管理，承包商的合同管理。现分述如下：

1. 建设行政部门对施工合同的管理

《建设工程施工合同管理办法》对建设工程施工合同应如何进行管理做了专门规定。其中，各级政府建设行政主管部门要按照转换政府职能的要求，对施工合同进行以下管理：

1）宣传贯彻国家有关经济合同方面的法律法规和方针政策。

2）贯彻国家制订的施工合同示范文本，并组织推行和指导使用。

3）组织培训合同管理人员，指导合同管理工作，总结交流工作经验。

4）对施工合同签订进行审查，监督检查合同履行，依法处理存在的问题，查处违法行为。

5）制订签订和履行合同的考核指标，并组织考核，表彰先进的合同管理单位。

6）确定损失赔偿范围。

7）调解施工合同纠纷。

2. 工程项目中监理工程师的合同管理

在施工合同中，监理工程师单位一般派出项目总监理工程师作为甲方代表。施工合同规定：实施社会监理的工程，甲方委托的总监理工程师按协议条款的规定，部分或全部行使合同甲方代表的权力，履行甲方代表的职责。

在工程施工合同招标的过程中，项目监理工程师应该按照《建设工程施工合同管理办法》中的有关规定，认真协助业主组织好工程施工合同的招标工作，制定招标文件，选择理想的承包商。帮助业主作好评标，与承包商的谈判，签订施工合同。

在工程施工合同履行过程中，必须根据项目监理合同的规定，做好以下合同管理工作：

（1）工期管理

按施工合同规定，对承包方的施工进度计划进行审核、批准，并在实施过程中，及时进行检查督促。

（2）质量管理

装饰质量管理主要包括对工程中所使用的装饰材料、成品、半成品质量进行及时检验；作好施工过程中隐蔽工程、中间及全部竣工工程的质量验收。

（3）结算管理

要严格结算管理。其中，竣工结算是施工合同履行的重要步骤，也是施工合同履行管理的最后阶段。在工程办理完竣工结算手续后，发包方应按有关部门规定的工程价款结算办法和施工合同内规定结算程序，办理工程价款结算拨付手续。工程竣工结算和拨款完毕后，施工合同即履行完毕，终结双方的权利义务关系。有保修期的施工合同，在合同规定的保修期内，发包方与承包方之间在保修条款内仍存在权利义务关系。

3. 工程项目中业主方的合同管理

业主方的合同管理包括两阶段管理：

(1) 合同签订过程中的管理

合同签订过程中的管理主要包括：组建招标机构，编制招标文件，发布招标公告，审查招标单位资格，并将结果通知投标单位；组织召开开标会，做好评标工作，发出中标通知；认真做好与中标单位的谈判，签订装饰工程合同。

(2) 合同履行过程中的管理

当一个工程开工之后，现场具体的监督和管理工作全部都交给工程师负责了，但是业主也应指定业主代表负责与工程师和承包商的联系，处理执行合同中的有关具体事宜。对一些重要的问题，如工程的变更、支付、工期的延长等，均应由业主负责审批。在合同履行过程中，如果承包商违约，业主有权终止合同并授权其他人来完成合同。

4. 工程项目中承包商的合同管理

承包商的合同管理也同样分两阶段管理：

(1) 合同签订过程中的管理

这一阶段的管理主要是指项目承揽前期的管理。对招标项目的承包条件和施工难度进行全面分析，结合企业的自身情况，对投标作出慎重决策；认真研究项目的招标文件，发现并记录存在问题，及时求得解答；制定科学合理的施工方案，编制项目施工规划；分析合同文件，制定标价，编制项目投标文件，按时报送招标单位；做好中标后的谈判准备工作，通过协商签订装饰施工合同。

(2) 合同履行过程中的管理

合同履行中的管理主要包括：成立合同管理机构，确定合同管理负责人和成员；建立合同管理档案，做好合同文件、签证和单据的保管工作；建立合同管理的信息系统，经常核对施工中的项目与原标书、图纸是否相符，如有错、漏需增加款项费用的同时，应及时与业主代表联系，确认结算；做好工程记录及标书以外的零星用工，机械台班记录，并由业主代表确认；实行项目跟踪管理，不断积累合同索赔基础数据，及时向建设单位或保险公司索赔。

8.2 合同的主要内容

8.2.1 国内工程合同的主要内容

为了规范建筑装饰工程的市场行为，维护承发包双方利益，根据有关工程建设施工的法律法规及我国装饰装修工程施工的实际情况，建设部与国家工商行政管理局于1996年11月12日联合颁布了《建筑装饰工程施工合同》示范文本，其主要内容如下：

1. 装饰工程项目承包合同包括的主要文件

1）装饰工程项目承包合同协议书。

2）中标函。

3）投标书。

4）装饰工程施工合同条件(通用条件及专用条件)。

5）施工与验收规范。

6）装饰施工图纸。

7）标价的工程量表。

8）其他。

2. 装饰工程承包合同协议书的主要内容

1）简要说明。

2）工程名称和地点。

3）工程承包范围和内容(工程项目一览表)。

4）开、竣工日期和价款。

5）材料设备供应及质量标准。

6）施工设计文件、概预算和技术资料的提供日期。

7）工程质量要求、检验与验收方法。

8）工程价款的支付和结算。

9）双方的权利义务和责任及相互协作事项。

10）违约责任及处理办法。

11）争议解决方式。

12）奖惩事项。

13）仲裁。

14）合同未尽事项的解决。

15）工程质量保修期与保修条件。

根据装饰工程承包合同提要及工程规模的大小、复杂程度等具体情况，合同(协议)的具体内容和执行可参照国家工商行政管理局、建设部1996年11月《建筑装饰工程施工合同》示范文本。

8.2.2 国际工程承包合同的主要条款

1. 国际工程合同的主要内容

自20世纪40年代以来，随着国际工程承包事业的不断发展，逐步形成了国际工程施工承包常用的一些标准合同条件。目前国际上常用的施工合同条件主要有：

国际咨询工程师联合会(FIDIC)编制的各类合同条件;英国土木工程学会的"ICE土木工程施工合同条件",英国皇家建筑师学会的"RIBA/JCT 合同条件";美国建筑师学会的"AIA 合同条件";美国承包商总会的"AGC 合同条件";美国工程师合同文件联合会的"EJCDC 合同条件";其中以国际咨询工程师联合会编制的"土木工程施工合同条件",英国土木工程师学会的"ICE 土木工程施工合同条件"和美国建筑师学会的"AEA 合同条件"最为流行。大部分国际通用的施工合同条件一般都包含两部分内容:通用条件和专用条件。

(1) 通用条件

所谓"通用",其含义是工程建设项目不论属于哪个行业,也不管处于何地,只要是土木工程类的施工均可适用。条款内容涉及:合同履行过程中业主和承包商各方的权利与义务,工程师(交钥匙合同中为业主代表)的权力和职责,各种可能预见到事件发生后的责任界限,合同正常履行过程中各方应遵循的工作程序,以及因意外而使合同被迫解除时各方应遵循的工作准则等。

(2) 专用条件

专用条件是相对于"通用"而言,要根据准备实施的项目的工程专业特点,以及工程所在地的政治、经济、法律、自然条件等地域特点,针对通用条件中条款的规定加以具体化。可以对通用条件中的规定进行相应补充完善、修订或取代其中的某些内容,以及增补通用条件中没有规定的条款。专用条件中条款序号应与通用条件中要说明条款的序号对应,通用条件和专用条件内相同序号的条款共同构成对某一问题的约定责任。如果通用条件内的某一条款内容完备、适用,专用条件内可不再重复列此条款。

2. FIDIC 土木工程施工合同条件的主要内容

《土木工程施工合同条件》是 FIDIC 最早编制的合同文本,也是其他几个合同条件的基础。该文本适用于业主(或业主委托第三人)提供设计的工程施工承包,以单价合同为基础(也允许其中部分工作以总价合同承包),广泛用于土木建筑工程施工、安装承包的标准化合同格式。土木工程施工合同条件的主要特点表现为:条款中责任的约定以招标选择承包商为前提,合同履行过程中建立以工程师为核心的管理模式。该规范合同文本包括以下几个主要文件的标准格式和内容:通用条件,专用条件,投标书和协议书。

(1) 通用条件

所谓"通用",含义是工程建设项目只要是属于土木工程类施工,不管是工业民用建筑,还是水电工程,或是公路、铁路交通等各建筑行业均可适用。通用条件共有25 节、72 条、194 款。内容包括:

1) 定义与解释。

2) 工程师及工程师代表的职责和权力。

3）转让与分包。

4）合同文件。

5）承包人的一般义务。

6）对劳务、材料与工程质量的要求。

7）开工时间与延期的规定。

8）维修与缺陷。

9）工程变更或增减。

10）施工机械、临时工程与材料。

11）工程的量方。

12）暂定金额。

13）指定分包人。

14）证书与付款。

15）对于承包人违约等事由的补救及权限。

16）特殊风险。

17）合同中途停止。

18）争端的调解。

19）业主的违约。

20）造价的变更。

（2）专用条件

专用条件部分是根据具体项目的工程特点、工程所在国（地区）的特殊条件，对通用条款进行选择、补充或修正。在草拟合同条件时，对专用条件部分，要根据工程的具体条件进行编写，不能像通用条件部分，条款序号依次排列，几乎全盘照抄。凡合同条款的这两个部分不一致之处，均以第二部分为准。但要注意通用条件和专用条件的条款序号要对应，它们是相辅相成，不可分离的。两者结合在一起构成了决定合同双方权利和义务的条件。

专用条件主要包括以下三方面的内容：

1）疏浚与填筑工程的有关条款。

2）对通用条件中条款的修正、补充或代替条款。

3）作为合同文件组成一部分的某些文件的标准格式。如业主可以接受的履约保证书或履约担保书的标准格式等。

（3）投标书和协议书

FIDIC 编制了标准的投标书及其附件格式。投标书中的空格只需投标人填写具体内容，就可与其他材料一起构成投标文件。投标书附件是针对通用条件中某些具体条款需要作出规定的明确条件，如担保金额的具体数值或为合同价的百分数。颁发开工通知的时间和竣工时间，承包人工期的每天赔偿金及最高限额的具体数值等。这部分内容的所有详细数字都要在标书文件发出前由招标单位填写好。另外，附件中还包括应附加的相应具体条款。如单项或单位工种的竣工时间具体要求，资金的具体规定，工种预付款的规定等。

协议书是业主和中标的承包商签订施工合同的标准文件，只要双方在空格内填入相应内容，并签字或盖章后即可生效。

FIDIC《土木工程施工合同条件》属于双务合同，即施工合同的签约双方（业主和承包商）都既承担部分风险，又各自分享一定的利益。它是世界各国土木工程建设管理百余年的经验的总结，科学地把土建工程技术、管理、经济、法律和各自的权利、义务有机地结合起来，用合同的形式固定下来。FIDIC《合同条件》虽不是法律，也不是法规，但它是一种国际惯例，在国际承包和咨询界拥有崇高的信誉，被许多国家（地区）广泛采用。许多国家根据 FIDIC《合同条件》，结合自己国家的特点，制定出本国的《土建工程合同条件》，作为法定的示范文本，在从事国际工程（包括国内的涉外工程）建设中，都采用国际通用的 FIDIC《合同条件》。

8.3 合同的谈判与签订

工程施工合同具有履行周期长、条款内容多、涉及面广的特点，合同中确定的甲、乙各方的权利义务及其合同价格，是影响企业利益的主要因素，而合同谈判和签订是获得尽可能多利益的最好机会。合同签订前，合同当事人可以利用法律赋予的平等权利，只要其合法、有效，且具有法律约束力，就受到法律保护。对合同谈判与签订应引起足够的重视，从而能从合同条款上全力维护己方的利益。

8.3.1 合同谈判

合同谈判，是合同签订双方对是否签订合同以及合同具体内容达成一致的协商过程。通过谈判，能够充分了解对方及项目的情况，为高层决策提供信息和依据。

1. 合同谈判的准备工作

合同谈判是高竞争的场合，涉及的内容繁多，十分复杂，为使谈判取得成功，认真做好各方面的准备工作十分必要。常见的准备工作包括以下几方面：

(1) 谈判的组织准备

成立强有力的谈判组织机构，合理选调具有丰实的专业知识、技术素质高，便于组织协调的人员参加。对谈判组长即主谈的人选，更是关键，一般要求主谈具有以下四个方面基本素质：①具有较强的业务能力和应变能力；②具有较宽的知识面和丰富的工程经验与谈判经验；③具有较强的分析判断能力且决策果断；④年富力强，思维敏捷、精力充沛。

国际工程谈判还要配备专业能力强，特别是外语写作能力较强的翻译。谈判组员以 3～5 人为宜，可根据谈判不同阶段的要求，进行阶段性的更换，以确保谈判小组的知识结构与能力素质的针对性，取得谈判的最佳效果。

(2) 谈判的资料准备

谈判前要准备好自己一方谈判使用的各种参考资料，准备提交给对方的文件资料以及计划向对方索取的文件资料清单。资料准备可以起到双重作用。其一是双方在某一具体问题上争执不休时，提供论据、背景资料，可起到事半功倍的作用，其二是防止谈判小组成员在谈判中出现口径不一的情况，以免造成被动。

(3) 谈判前的具体分析

在获得基础材料、背景材料的基础上，即可作一定分析。俗话说“知彼知己，百战不殆”，谈判的重要准备工作就是对己方和对方进行充分分析。

1) 对己方的分析。签订工程施工合同前，首先要确定工程施工合同的标的物，即拟建工程项目。发包方必须运用科学研究的成果，对拟建项目的投资进行综合分析、论证和决策。有关项目的技术资料和文件已经具备，建设单位便可进入工程招投标程序，和众多的工程承包单位接触，此时便进入建设的工程合同签订前的实质性准备阶段。发包方还应该实地考察承包方以前完成的各类工程质量和工期，注意考察承包方在被考察工程施工中的主体地位，是总包方还是分包方。不能仅通过观察下结论，最佳的方案是亲自到过去与承包方合作的建设单位进行了解。结合承包方交的投标文件，作出正确的选择。在发包实践中，发包方往往单纯考虑承包方的报价，不全面考察承包方的资质和能力，这只会导致合同无法顺利履行，受损害的还是发包方自己。因此，全面考察选择一个合适的承包方，是发包方最重要的准备工作。

对于承包方而言，在获得发包方发出招标公告或通知的消息后，不应一味盲目地投标，应该首先作一系列调查研究工作，它包括项目的规模如何，是否适合自身的资质条件，发包方的资金实力如何等等。这些问题可以审查有关文件，譬如发包方的法人营业执照、立项批复等。承包方为了承接项目，往往主动提出某些让利的优惠条件，但是在项目是否真实、建设资金是否落实等原则性问题上不能让步，否则，即使在竞争中获胜，即使中标承包了项目，一旦发生问题，合同的合法性和有效性便得不到保证，这种情况下，受损害最大的往往是承包方。

2) 对对方的分析。对对方谈判人员的分析，即了解对手的谈判组由哪些人员组成，了解他们的身份、地位、权限、性格、喜好等。以注意与对方建立良好的关系，发展谈判双方的友谊，争取在到达谈判桌以前就有了亲切感和信任感，为谈判创造良好的氛围。对对方实力的分析，指的是对对方资信、技术、物力、财力等状况的分析。在当今信息时代，很容易通过各种渠道和信息传递手段取得有关资料。

实践中，对于承包方而言，一是注意审查发包方是否为工程项目的合法主体。二是注意调查发包方的资信情况，是否具备足够的履约能力。如果发包方在开工伊始就发生资金紧张问题，就很难保证今后项目的正常进行，就会出现目前建筑市场上屡禁不止的拖欠工程款和垫资施工现象。

对于发包方而言,则须注意承包方是否有承包该工程项目的相应资质。

3）对谈判目标进行可行性分析。分析工作中还包括分析自身设置的谈判目标是否正确合理、是否切合实际、是否能为对方接受,以及对方设置的谈判目标是否正确合理。如果自身设置的谈判目标有疏漏或错误,或盲目接受对方的不合理谈判目标,同样会造成项目实施过程中的无穷后患。在实际操作中,由于建筑市场目前是发包方市场,承包方中标心切,故往往接受发包方极不合理的要求,比如带资垫资、工期极短等,造成其在今后发生回收资金、获取工程款、工期反索赔方面的困难。

（4）拟定谈判方案

在上述对已方与对方分析完毕的基础上,可总结出该项目的操作风险、双方的共同利益、双方的利益冲突,以及双方在哪些问题上已取得一致,哪些问题还存在着分歧甚至原则性的分歧等。从而拟定谈判的初步方案,决定谈判的重点,在运用谈判策略和技巧的基础上,获得谈判的胜利。

2. 谈判的策略和技巧

谈判是通过不断的会晤确定各方权利、义务的过程,它直接关系到谈判桌上各方最终利益的得失。因此,谈判决不是一项简单的机械性工作,而是集合了策略与技巧的艺术。常见的谈判策略和技巧主要包括以下方面:

1）掌握谈判议程,合理分配各议题的时间。

2）高起点战略。

3）注意谈判氛围,创造信任感。

4）拖延和休会,私下接触,打破僵局。

5）避实就虚,声东击西,先苦后甜策略。

6）合理分配谈判角色。

7）充分利用专家的作用。

在限定的谈判空间和时限中,合理、有效地利用以上各谈判策略和技巧,将有助于获得谈判的优势。

3. 谈判的内容

合同谈判的内容包括以下几方面:

（1）工作内容

主要是指承包商所承担的工作范围,包括施工、材料和设备的供应,工程量的确定,质量要求及其他的责任义务等。这些内容在合同签订时要做到范围清楚、职责分明,以防报价漏项及引发施工过程中的矛盾。

（2）工程价格

价格是装饰施工合同的主要内容之一,是双方讨论的关键,它包括单价、总价、工资、加班费和其他各项费用,付款方式和付款的附带条件等。价格主要是受工作内容、工期和其他各项义务的制约。在进行工程价格谈判时，一定要注意以下几个方面：

1）是采用固定价格投标，还是同时考虑合同可包括一些引起伸缩性条款来应付货币贬值、物价上涨等变化因素，即遇到货币贬值等因素时合同价格是否可以调整等。

2）有无可能采用成本加酬金合同形式。

3）在合同期间，业主是否能够保证一种商品价格的稳定。如在国际承包活动中，有些国家虽然要求承包商用固定价格投标，但可保证少数商品价格稳定。如水泥、装饰面材等，若此类商品价格上涨，则合同价可以提高。

（3）项目工期

工期是施工合同的关键条件之一，是影响价格的一项重要因素，同时它是违约预期罚款的惟一依据。工期确定是否合理，直接影响着承包商和业主的经济效益，是否早日投入使用，因此工期确定一定要讲究科学性、可操作性。

（4）工程的变更和增减

工程变更应有一个合适的限额，超过限额，承包商有权修改单价。对于单项工程的大幅度变更，应在工程施工前提出，并争取规定限期。超过限期大幅度增加单项工程，由业主承担材料、工程价格上涨而引起的额外费用；大幅度减少单项工程，业主应承担材料已订货而造成的损失。

（5）工程验收

验收主要包括对中间和隐蔽工程的验收、竣工验收和对材料设备的验收。在审查验收条款时，应注意验收范围、验收时间和验收工程质量标准等问题是否在合同中明确表明。因为验收是承包工程实施过程中的一项重要工作，它直接影响工程的工期和质量问题，需要认真对待。

（6）违约责任

为了确认违约责任，处罚得当，在审查违约责任条款时，应注意以下两点：

1）要明确不履行合同的行为，如合同到期后未能完工，或施工过程中施工质量不符合要求，或劳务合同中的人员素质不符合要求，或业主不能按期付款等。在对自己一方确定违约责任时，一定要同时规定对方的某些行为是自己一方履约的先决条件，否则不应构成违约责任。

2）针对自己关键性的权利，即对方的主要义务，应向对方规定违约责任。如承包商必须按期、按质完工，业主必须按规定付款等，都要详细规定各自的履约义务和违约责任。规定对方的违约责任就是保证自己享有的权利。

4. 谈判注意事项

1）谈判要抓住实质性问题，不要在枝节问题上争论不休，做到实质性问题不轻易让步，枝节问题上宽宏大量。

2）谈判中要注意口径统一，避免本方不能自圆其说。

3）谈判的主要负责人不宜急于表态，应先让副手主谈，以便找出问题症结，留有余地。

4）谈判要有礼貌，态度要诚恳、友好，当意见不一致时不能急躁，不能感情冲动。

5）谈判时必须记录，但不宜录音，以免造成情绪紧张，影响谈判效果。

8.3.2 合同签订

合同签订是指承发包双方当事人在谈判中经过相互协商最后就各方的权力、义务达成一致意见的过程，签约是双方意志统一的表现。

1. 合同签订的基本原则

为保护合同当事人的合法权益，维护社会正常的经济秩序，保证工程建设顺利进行，合同双方在签订合同和合同条款确认时，应遵循以下原则：

(1) 合法原则

《中华人民共和国合同法》中指出："订立合同必须遵守国家的法律，必须符合国家政策和计划的要求。"这就要求在签订工程承包合同时，必须符合国家现行法令、法规和政策的要求，签订合同双方当事人必须共同遵守基本准则。

(2) 平等互利、协商一致的原则

无论是上级领导机关还是下级机关，其地位都是平等的，其利益都是相互的。协商一致就是合同双方当事人在平等互利的基础上，签订合同中的所有条款，都要经过双方充分协商，达成一致意见。任何一方不得把自己的意志强加给对方，任何单位和个人不得非法干预，这是签订合同的前提和基本原则。

(3) 等价有偿原则

等价有偿是指一方付出一定的劳动，另一方必须按价值相等的原则给予相应的报酬，不允许一方无偿占有和使用另一方财产，这是平等互利原则的重要体现。

(4) 签订书面合同原则

《中华人民共和国合同法》规定，合同除即时能结清者外，其他均应采用书面形式，不可采用口头协商。发生纠纷时，有据可查，便于仲裁和处理。

2. 合同的签订条件

签订装饰工程合同应具备以下条件：

(1) 装饰设计图纸和概预算已通过审查并批准。

(2) 签订合同的当事人双方均具有法人资格和均有履行合同的能力。

(3) 现场条件已具备。如新建建筑的主体已完工，改造工程的土建部分已完成，结构构件强度已满足装饰要求，装饰队伍可随时进入施工现场等。

3. 合同签订应注意的事项

签订装饰工程承包合同应注意以下事项：

(1) 必须遵守现行法规

装饰工程承包项目种类多，材料品种复杂，工期紧，在签约合同时应根据具体情况，由当事人协商订立各项条款。应认真执行国务院发布的《建筑工程勘察设计合同条例》第五条和《建筑安装工程承包合同条例》第六条的有关规定。

(2) 必须确认合同的真实性和合法性

签订装饰合同应注意装饰工程项目的合法性，装饰项目是否经有关招标投标管理部门批准；注意当事人的真实性，防止那些不具备法人资格，没有管理能力、施工能力的单位或个人充当施工方；同时，还要视施工条件，如：装饰工程施工条件是否具备（包括土建完成情况、水电暖、通风、空调、消防系统等专业的完成情况、作业面等）。

(3) 明确合同依据的规范标准

合同必须依照国家颁发的有关定额、取费标准、工期定额、质量验收规范、标准执行，双方当事人应该核定清楚后签约。

(4) 合同条款必须确切、具体。

4. 合同的审查

为了进一步加强建设工程合同的宏观管理与监督，进一步培育、发展和规范我国的建筑市场，许多地方的建设行政主管部门会同工商行政管理机构，成立了建设工程合同管理的专门机构，负责本地区建设工程合同的审查、签证及监督管理工作。合同审查的范围如下：

(1) 是否有违反法律、法规和违反合同签订原则的条款。

(2) 双方是否具备相应资质和履行合同的能力。

(3) 合同条款是否完备、内容是否详尽准确。

(4) 工期、质量和合同价款等条款是否符合《建设工程施工合同管理办法》的有关规定。

通过合同审查，还可以发现合同中存在的内容含糊、概念不清之处或未能完全理解的条款，并加以仔细研究、认真分析，采取相应措施，以减少合同中的风险、失误，有利于合同双方合作愉快，促进工程项目施工的顺利进行。

对于一些重大的工程项目或合同关系和内容很复杂的工程，合同审查的结果应经律师或合同法律专家核对评价，或在其直接指导下进行审查后，才能正式签订双方间的施工合同。

8.4 合同的履行

合同履行的过程即是完成整个合同中规定的任务的过程，也即是一个工程从准备、施工、竣工，试运行直到维修期结束的全过程。合同履行必须遵循全面履行与实际履行的原则，认真执行合同的每一条款。在工程项目实施阶段，合同中业主、承包商作为合同当事人以及监理工程师要严格履行彼此之间的职责、权利和义务。

8.4.1 合同履行的原则

1. 全面履行原则

全面履行原则是指合同双方必须按照合同规定的全部条款履行。包括履行的地点、方式、期限、合同的价款、装饰项目的数量和质量等都应完全按照合同的规定履行。

2. 实际履行原则

实际履行原则是指合同双方必须依据合同规定的标的物履行。由于工程建设项目具有不可代替性、较强的计划性、建设标准的强制性，这一原则在工程建设中显得尤为重要。合同当事人不能以支付违约金来代替合同的履行。例如，装饰项目不符合国家强制性标准的规定，施工单位不能以支付违约金了事，必须对工程进行返工或修理，使其达到国家强制性标准的规定。

8.4.2 合同履行中承包商的准备工作

合同签订后，承包商要竭尽全力做好开工前的准备工作并尽快开工，避免开工准备不足而延误工期。准备工作主要包括以下方面：

1. 人员与组织准备

人员与组织准备是合同履行准备工作的核心内容，也是履行合同效果的决定因素。其主要工作内容有：

(1) 项目经理人员确定

项目经理是项目施工的直接组织者与领导者，其能力与素质直接关系到项目管理的成败，因而要求项目经理必须具备有较强的组织管理能力和市场竞争意识，掌握扎实的专业知识与合同管理知识，具有丰实的现场施工经验和较强的协调能力，并且能吃苦耐劳，敢于拼搏。

(2) 项目经理部其他人员的选择

项目经理部是项目管理的中枢，其人员组成的原则是：充分支持专业技术组合优势，力求精简、高效，由项目经理全权负责。

(3) 施工作业队伍选择

选择信誉好，能确保工期质量，并能较好地降低工程成本的施工作业队伍与分包单位，与之签订协议，明确他们的责、权、利。进行必要的技术交底及相关业务技能培训。

2. 施工准备

主要包括以下内容：

1）接受现场。

2）领取装饰施工图等有关文件。

3）建立现场生活及生产营地。

4）编制施工进度计划及付款计划，材料采购等。

5）签订有关分包合同等。

3. 办理有关保修及保险（若合同有规定）

4. 筹措流动资金，保证装饰施工顺利进行

5. 学习合同文件

在执行合同前，要组织有关人员认真学习合同文件，掌握各合同条款的要点与内涵，以利执行“全面履行与实际履行”的合同履行原则。

8.4.3 施工合同履行中双方的职责

在工程项目施工合同中，明确合同当事人双方即业主和承包商的权力、义务和职责，同时也对业主委托的监理工程师的权力、职责的范围做好明确、具体的规定。当然，监理工程师的权利、义务在业主与监理单位签订的监理委托合同中，也有明确与具体的规定。

1. 业主的职责

业主及其所指定的业主代表，负责协调监理工程师和承包商之间的关系，对重要问题作出决策。在合同实施阶段的主要职责包括：

1）指定业主代表，委托监理工程师，并以书面形式通知承包商，如系国际贷款项目则还需通知贷款方。

2）办理工程开工所需的各种报建手续。

3）批准承包商发包部分工程的申请。

4）及时提供装饰施工图纸，或批准承包商负责装饰图纸的设计。

5）在承包商有关手续齐备后，及时向承包商拨付款项。

6）及时签发工程变更命令，并确定这些变更的单价与总价。

7）及时答复承包商的信函。

8）及时组织工程局部验收及竣工验收。

9）批准监理工程师上报的有关报告。

10）主持解决合同变更和纠纷处理。

2. 监理工程师的职责

监理工程师是独立于业主与承包商之外的第三方，受业主的委托并根据业主的授权范围，代表业主对工程进行监督管理，主要负责工程的进度控制、质量控制

和投资控制以及协调工作。其具体职责如下：

1）协助业主评审投标文件，提出决策建议，并协助业主与中标者商签承包合同。

2）按照合同的要求，全面负责对工程的监督、管理和检查，协调现场各承包商的关系。

3）审查承包商的施工组织设计、施工方案和施工进度计划并监督实施，督促承包商按期或提前完成工程，进行进度控制。

4）负责有关装饰图纸的解释、变更和说明，发出图纸变更命令，并解决现场施工出现的设计问题。

5）监督承包商认真执行合同中的技术规范、施工要求和图纸设计规定，以确保装饰质量能满足合同要求。及时检查装饰工程质量，特别是隐蔽工程，及时签发现场验收合格证书。

6）严格检查材料、半成品、设备的质量和数量。

7）进行投资控制。负责审核承包商提交的每月完成的工程量及相应的月结算财务报表，处理价格调整中的有关问题并签署合同支付款数额，及时报业主审核支付。

8）做好施工日记和质量检查记录，以备检查时用。根据积累的工程资料，整理工程档案。

9）在装饰工程快结束时，核实最终工程量，以便对工程的最终支付，参加工程验收或受业主委托负责组织竣工验收。

10）协助调解业主和承包商之间的各种矛盾，当承包商或业主违约时，按合同条款的规定，处理各类问题。

11）定期向业主提供工程情况汇报，并根据工地发生的实际情况及时向业主呈报工程变更报告，以便业主签发变更命令。

这里需要特别指出，监理工程师受业主委托，履行施工合同中规定的职责，行使合同中规定或隐含的权力，但监理工程师不是签订合同的一方，无权变更合同，也无权解除合同规定的承包商的义务，除非业主另外授权。

3. *承包商的职责和义务*

（1）职责

在合同履行中承包商的职责主要包括：

1）制定工程实施计划，报呈监理工程师批准。

2）按照合同要求采购工程所需的材料、设备，按照有关规定提供检测报告或合格证书，并接受监理工程师的检查。

3）进行施工放样及测量，报呈监理工程师检查批准。

4）制定各种有效的质量保证措施并认真执行，根据监理工程师的指示，改进质量保证措施或进行缺陷修补。

5）制定安全施工、文明施工等措施并认真执行。

6）采取有效措施，确保工程进度。

7）按照合同规定完成有关的工程设计，并报监理工程师批准。

8）按照监理工程师指示，对施工的有关工序，填写详细的施工报表，并及时要求监理工程师审核确认。

9）做好施工机械的维护、保养和检修，以保证施工顺利进行。

10）及时进行场地清理、资料整理等工作，完成竣工验收。

（2）义务

除了上述的基本要求外，承包商还必须履行如下强制性义务：

1）执行监理工程师的指令。

2）接受工程变更要求。

3）严格执行合同中有关期限的规定（主要指开竣工时间、合同工期等）。

4）承包商必须信守价格义务。

8.5 索　　赔

8.5.1 索赔的概念

随着法律意识和合同意识的不断增强，索赔一词已越来越为人们所熟悉。索赔是指在合同实施过程中，合同当事人一方因为对方不履行或者未能正确履行合同义务，以及其他非自身责任的因素而遭受损失时，依据法律、合同规定及惯例，向对方提出要求赔偿的权利。

在工程建设中，索赔有广义和狭义之分。广义的索赔包括承包商向业主提出的索赔以及业主向承包商提出的索赔。狭义的索赔特指承包商向业主提出的索赔，而将业主向承包商提出的索赔称为反索赔。

索赔是一种正当的权利要求，也是承包商保护自己的一种有效手段，只要发生了超出原合同规定的意外事件而使承包商遭受损失，且该事件的发生也不能归责于承包商，则无论是时间上还是经济上，只要承包商认为不能从原合同的规定中获得该损失的补偿，他均可向业主主张自己的权利。

8.5.2 发生工程索赔的因素

引起施工索赔的原因多种多样，有的是因业主或者监理工程师的不当行为引起的，也有的是因现场条件、合同变更、法律法规变更等引起，以下是一些主要原因：

(1) 业主违约

业主违约常常表现为业主或者其代理人未能按合同约定为承包商提供必要的现场施工条件，或者未能在规定时间内付款。如业主未能按约定的时间将工程交给承包商进行装修，工程师未能在规定的时间内发出有关图纸、指令或批复，未及时交付由业主负责的材料和设备，超出合同中的有关规定，不正确地干预承包商的施工过程等。

(2) 合同缺陷

合同缺陷常常表现为合同文件规定不严谨甚至矛盾，合同中的遗漏或错误，包括合同条款中的缺陷，技术规范中的缺陷以及设计图纸的缺陷等。在此情况下，工程师有权作出解答。但如果承包商按此解释执行而造成成本增加或者工期延误，则承包商可以据此提出索赔。

(3) 不利自然条件和客观障碍

即指作为一个有经验的承包商无法合理预料到的不利自然条件和客观障碍，如经现场调查无法发现，业主提供的资料中也未提到的客观障碍，如战争、地震、洪涝灾害、市场物价上涨等。

(4) 工程师指令

工程师指令通常表现为工程师为了保证合同目标顺利实施，或者为了降低因意外事件对工程所造成的影响，而指令承包商加速施工，进行某项工作，更换某些装饰材料，采取某种措施或者暂停施工等。

(5) 合同变更

合同变更常常表现为设计变更、施工方法变更、增减工程量及合同规定的其他变更。对于因业主或者工程师方的原因产生变更而使承包商遭受损失，承包商可以提出索赔要求，以弥补自己所不应该承担的损失。

(6) 法律法规变更

法律法规变更通常是直接影响到工程造价的某些法律法规的变更，如税收变化、利率变化以及其他收费标准的提高等。如果因国家法律法规的变化而导致承包商施工费用增加，则业主应向承包商补偿该增加的支出。

(7) 其他承包商的干扰

这通常是指因其他承包商未能按时、按序、按质进行施工，或者承包商之间配合协调不好，给承包商造成干扰，如土建施工承包商未能按时完工而延误了装饰施工承包商的开工时间等。

(8) 第三方面的影响

通常表现为因与工程有关的其他第三方问题而引起的对本工程的不利影响。如银行付款延误，因运输原因而造成装饰材料未能按时抵达施工现场等。

索赔可能是由上述某一种原因引起的，也可能是综合影响因素造成的。在干扰事件出现后，工程师应当对承包商所提出的索赔加以认真分析，分清各自应承担的责任，以保证索赔更加合理公正。

8.5.3 索赔的依据和证据

索赔要有依据和证据，每一施工索赔事项的提出都必须做到有理有据、合法，也就是说索赔事项是工程承包合同中规定的，要求索赔是正当的。提出索赔事项必须依据法律、法规、条例及双方签订的合同，同时必须有完备的资料作为凭据。

1. 索赔的依据

当承包商在施工过程中遇到上述原因所产生的干扰事件而遭受损失后，承包商就可以根据责任原因，寻找索赔依据，向业主方提出索赔。索赔的依据包括装饰工程施工合同中的有关条款以及《建筑法》、《合同法》、建筑装饰法规的具体规定。承包商在索赔报告中必须明确指出索赔要求是按照合同的哪一个条款提出的，或者是依据何种法律的哪一条规定提出的。寻找索赔理由，主要是通过合同分析和法律分析进行。

2. 索赔的证据

证据作为索赔文件的一部分，直接关系到索赔能否成功。工程师在对索赔进行审核时，往往重点审查承包商提出的索赔依据是否可靠合理，所提供的证据是否确实、充分。因此，作为承包商，如果希望索赔能够达到预期效果，必须辅以大量证据，以证明自己的索赔要求。因此，在装饰工程施工过程中，承包商应始终做好资料的积累工作，建立完善的资料记录制度，认真系统地积累施工进度、质量以及财务收支资料。对于要发生索赔的一些项目，从干扰事件出现时起，就要有目的地收集证据资料，系统记录施工过程中所发生的情况，妥善保管开支收据，有意识的为索赔积累必需的文件。工程项目资料包括下列几个方面：

(1) 经签证认可的设计图纸、技术规范和实施性计划

这些是最直接的资料，也是施工索赔的主要依据。如实施性计划，即各种施工进度图表，从中可直接看出施工工期是否延误。承包商对开工前和施工中编制的施工进度表都应妥善保存，作为施工索赔的依据。

(2) 各种业务记录

1) 定期与业主代表的谈话记录资料。业主代表(主要是驻工地的代表)对合同和工程实际情况掌握的第一手资料，与他们交谈的目的是摸清施工中可能发生的意外情况，以便做到事前心中有数，一旦发生进度延误，承包商即可提出延误原因，且说明原因是业主造成的，为索赔埋下伏笔，奠定基础。

2) 会议记录。业主与承包商、承包商与分包商之间定期或临时召开现场会议，讨论工程情况的会议记录，从记录中可以查阅业主签发工程变动通知的背景和签发通知的日期，也能查阅在施工中最早发现某一重大情况的确切时间。另外，这些记录也能反映承包商对有关情况采取的行动、措施。

3) 来往信函。这些信函内容一般反映工程进展情况，以及出现的各种需要解

决或者需要双方解决的问题，与工程有关的当事人等。这些信函的签发日期对计算工程延时具有很大参考价值，所以必须全部妥善保存。

4）施工备忘录。施工中发生影响工期或工程资金的所有重大事情，均应写入备忘录存档，备忘录应按年、月、日顺序编写，以便查阅。

5）工程照片或录像。保存完整的工程照片或录像，能有效、真实地反映工程的实际情况，是最具说服力的资料。因此，除标书中规定需要定期拍摄的工程照片外，承包商也应注意自己拍摄一些必要的工程照片或录像。特别是涉及变更、修改和隐蔽部分的工程，既可以作为施工索赔的资料，又可以作为证明施工质量合格的凭据，还可以作为工程验收的依据。所有工程照片或录像都应表明日期、地点和内容简介。

（3）工程进度记录

1）各种施工进度表。开工前和施工中编制的所有工程进度表，都应妥善保存。业主代表和分包商编制的进度表亦应收集入档。

2）施工日志。这是业主的驻工地代表和承包商都必须按日填写的工作记录。业主的责任是检查工程质量、工程进度，提供关于气候、施工人数、设备使用和部分工程局部竣工情况。承包商也应对上述情况做详尽的业务记录，以便用它来调整、平衡或纠正业主作为正式文件所提出的各项资料和数据。

3）进度日记。它是项目经理应当保存的一份准确无误的记录资料，用简明扼要的文字记录每天工作进度情况，例行公事和发生的异常事件。其中，还应包括有业主代表参加的所有工程会议，以及与分包商、材料商召开的会议。工程进展情况记录应尽可能详实，以备检查和发出函件的依据。对于工地的气候条件、工作条件、设备性能和运转情况也要简明记载。如有可能，应由项目工程师、质量控制、劳工代表等复核进度日记，以保证记录的质量和完整。

4）工程检查和验收报告。由监理工程师签证的工程检查和验收报告，反映某一单项工程在某一特定阶段施工进度和质量，并记载了该单项工程竣工和验收的具体时间、人员，有效地利用这些资料是办理索赔的依据。

5）施工用料及设备报表。

（4）工程会计资料

承包商应建立一套科学、完整的会计制度，加强财务管理，及时提供有价值的成本资料，以便及时发现索赔的机会，准确地计算索赔的款额，没有完整的工程会计资料，就无法有效地提出索赔。需要收集、保存的工程会计资料包括工人或雇用人员的工资单据，收款票据，各种购买材料设备的发票，经会计师核证的财务决算表、工程预算、工程成本报告书等。

（5）其他有关资料

除以上所述的在施工过程中应搜集的资料外，还有许多需要搜集的其他资料，例如：监理工程师填制的施工汇录表，施工过程中的原始气象资料，工程所在地官方物价指数和工资指数，国家有关法律和政策文件等。

8.5.4 索赔的程序

建筑装饰工程在施工过程中如果发生了索赔事项，一般可按下列步骤进行索赔。

1. 意向通知

索赔事件发生时或发生后，承包商应首先向监理工程师通话或洽谈，表明索赔意见，使监理工程师先有思想准备。

2. 提出索赔申请

索赔事件发生后的有效期内(一般为 28 天)，承包商要向监理工程师提出书面索赔申请，并抄送业主。其内容主要包括索赔事件发生的时间、实际情况及影响程度，同时提出索赔依据的合同条款等。

3. 编写索赔报告

索赔事件发生后，承包商应立即搜集证据，寻找合同依据，进行责任分析，计算索赔金额，最后编写索赔报告，在规定期限内报送监理工程师，抄送业主。

4. 索赔处理

监理工程师接到索赔报告后，应认真审查，了解和分析合同实施情况，考察其索赔依据和证据是否完整可靠，索赔值计算是否准确。经审查并签名后，即可签发付款证明，由业主支付赔款事项，索赔即告结束。

在审核索赔文件中，如果监理工程师有疑异，施工承包单位应作出解释，必要时应补充凭证资料，直到监理工程师承认索赔有理。对争议较大的索赔问题，可由中间人调解解决，或进而由仲裁诉讼解决。

8.5.5 索赔报告

索赔报告是承包商向业主提出索赔要求的书面文件，由承包商编写。索赔报告编写得好坏，是索赔成败的关键，以下对索赔报告的基本要求、编写格式和内容作一简单介绍。

1. 索赔报告的基本要求

(1) 索赔事件应真实

这是索赔的基本要求，索赔的处理原则即是赔偿实际损失。所以，索赔事件是否真实，直接关系到承包商的信誉和索赔能否成功。如果承包商提出不真实、不合情理、缺乏根据的索赔要求，工程师应予以拒绝或者要求承包商进行修改。同时，这可能会影响工程师对承包商的信任程度，造成在今后工作中即使承包商提出的索赔合情合理，也会因缺乏信任而导致索赔失败。所以，索赔报告中所指出的干扰事件，必须具备充分有效的证据予以证明。

(2) 原因责任划分应清楚、准确

一般来说，索赔是针对对方责任所引起的干扰事件而作出的，所以索赔时，对干扰事件产生的原因应作出客观分析，以及承包商和业主应承担的责任，只有这样，索赔才公正合理。

(3) 索赔应有合同文件的支持

承包商应在索赔报告中直接引用相应的合同条款，同时，应强调干扰事件、对方责任、对工程的影响以及与索赔值之间的直接的因果关系。

(4) 索赔报告应简明扼要、责任清晰、条理清楚，各种结论、定义准确，有逻辑性，索赔证据和索赔值的计算应详细准确。

2. 索赔报告的格式和内容

索赔文件一般包括三个部分：

(1) 承包商致工程师的信件

在信中简要介绍索赔要求、干扰事件的经过以及索赔的理由等。

(2) 索赔报告正文

索赔报告的内容一般按常规，承包商可以设计统一格式的索赔报告，使得索赔处理比较方便。对于单项索赔，通常要写入的内容包括：题目、事件陈述、合同依据、事件影响、结论、成本增加、工期拖延、各种证据材料等。对于综合索赔，一般较为灵活，其内容包括：

1) 题目。简要说明针对什么提出索赔。

2) 索赔事件陈述。叙述干扰事件的起因、事件经过、事件过程中双方的活动及行为，特别强调对方不符合约定的行为，或没有履行合同义务的情况。这里要提出事件的时间、地点和事件的结果。

3) 索赔理由。总结上述事件，同时引用合同条款或合同变更及补充协议条款，以证明对方的行为违反合同。或者指出对方的要求超出合同规定，造成干扰事件的发生，有责任对由此造成的损失进行补偿。

4) 影响。简要说明事件对承包商的施工过程的影响，重点围绕由于上述干扰事件而造成成本增加及工期延误。需要注意的是，成本增加及工期延误必须与上述干扰事件之间有着直接的因果关系。

5) 结论。由于上述索赔事件的影响，造成承包商的工期延长和费用增加，通过详细的索赔值的计算，提出索赔要求。

(3)附件

即该报告所列举事实、理由、影响的证明文件和各种计算基础，以及计算依据的证明文件。

8.6 施工合同示范文本

现行建筑装饰工程施工合同示范文本如下：

编号：

建筑装饰工程施工合同

工　程　名　称________________
发包方（甲方）________________
承包方（乙方）________________
资　质　等　级________________

中华人民共和国建设部
国家工商行政管理局 发布

建筑装饰工程施工合同

发包方(甲方):

承包方(乙方):

按照《中华人民共和国合同法》和《建筑安装工程承包合同条例》的规定,结合本工程具体情况,双方达成如下协议。

第一条 工程概况

1.1 工程名称:

1.2 工程地点:

1.3 承包范围:

1.4 承包方式:

1.5 工期:本工程自 年 月 日开工,于 月 日竣工。

1.6 工程质量:

1.7 合同价款(人民币大写):

第二条 甲方工作

2.1 开工前 天,向乙方提供经确认的施工图纸或作法说明 份,并向乙方进行现场交底。全部腾空或部分腾空房屋,清除影响施工的障碍物。对只能部分腾空的房屋中所滞留的家具、陈设等采取保护措施。向乙方提供施工所需的水、电、气及电讯等设备,并说明使用注意事项。办理施工所涉及的各种申请、批件等手续,

2.2 指派 为甲方驻工地代表,负责合同履行。对工程质量、进度进行监督检查,办理验收、变更、登记手续和其他事宜。

2.3 委托 监理公司进行工程监理,监理公司任命 为总监理工程师,其职责在监理合同中应明确,并将合同副本交乙方 份。

2.4 负责保护好周围建筑物及装修、设备管线,古树名木、绿地等不受损坏,并承担相应费用。

2.5 如确实需要拆除原建筑物结构及装修、设备管线,负责有关部门办理相应审批手续。

2.6 协调有关部门做好现场保卫、消防、垃圾处理等工作,并承担相应费用。

第三条 乙方工作

3.1 参加甲方组织的施工图纸或作法说明的现场交底,拟定施工方案和进度计划,交甲方审定。

3.2 指派 为乙方驻工地代表,负责合同履行。按要求组织施工,保质、保量、按期完成施工任务,解决由乙方负责的各项事宜。

3.3 严格执行施工规范、安全操作规程、防火安全规定、环境保护规定。严格

按照图纸或说明进行施工,做好各项质量检查记录。参加竣工验收,编制工程结算。

3.4　遵守国家或地方政府及有关部门对施工现场管理的规定,妥善保护好施工现场周围建筑物、设备管线、古树名木不受损坏。做好施工现场保卫和垃圾等工作,处理好由于施工带来的扰民问题及周围单位(住户)的关系。

3.5　施工中未经甲方同意或有关部门批准,不得随意拆改原建筑物结构及各种设备管线。

3.6　工程竣工未移交甲方之前,负责对现场的一切设施和工程成品进行保护。

第四条　关于工期的约定

4.1　甲方要求比合同约定的工期提前竣工时,应征得乙方同意,并支付乙方因赶工采取的措施费用。

4.2　因甲方未按约定规定完成工作,影响工期,工期顺延。

4.3　因乙方责任,不能按期开工或中途无故停工,影响工期,工期不顺延。

4.4　因设计变更或非乙方原因造成的停电、停水、停气及不可抗力因素影响导致停工 8 小时以上(一周内累计计算),工期相应顺延。

第五条　关于工程质量及验收的约定

5.1　本工程以施工图纸、作法说明、设计变更和《建筑装饰工程施工及验收规范》(JGJ73-91)、《建筑安装工程质量检验评定统一标准》(GBJ300-88)等国家制订的施工及验收规范为质量评定验收标准。

5.2　本工程质量应达到国家质量评定合格标准。甲方要求部分或全部工程项目达到优良标准时,应向乙方支付由此增加的费用。

5.3　甲、乙双方应及时办理隐蔽工程和中间工程的检查与验收手续,甲方不按时参加隐蔽工程和中间工程验收,乙方可自行验收,甲方应予承认。若甲方要求复验时,乙方应按要求办理复验。若复验合格,甲应承担复验费用,由此造成停工,工期顺延;若复验不合格,其复验及返工费用由乙方承担,但工期也予顺延。

5.4　由于甲方提供的材料、设备质量不合格而影响工程质量,其返工费用由甲方承担,工期顺延。

5.5　工程竣工后,乙方应通知甲方验收,甲方自接到验收通知　　日内组织验收,并办理验收、移交手续。如甲方在规定时间内未能组织验收,需及时通知乙方,另定验收日期。但甲方应承认竣工日期,并承担乙方的看管费用和相关费用。

第六条　关于工程价款及结算的约定

6.1　双方商定本合同价款采用第　种;

(1) 固定价格。

(2) 固定价格加　%包干风险系数计算。包干风险包括　内容。

(3) 可调价格:按照国家有关工程计价规定计算造价,并按有关规定进行调整和竣工结算。

6.2　本合同生效后，甲方分　次，按下表约定支付工程款，尾款竣工结算时一次结清。

拨款分　次进行	拨款　%	金　额

6.3　工程竣工验收后，乙方提出工程结算并将有关材料送交甲方。甲方自接到上述资料　天内审查完毕，到期未提出异议，视为同意。并在　　天内，结清尾款。

第七条　关于材料供应的约定

7.1　本工程甲方负责采购供应的材料、设备(见附表一)，应为符合设计要求的合格产品，并应按时供应到现场。凡约定由乙方提货的，甲方应将提货手续移交给乙方，由乙方承担运输费用。由甲方供应的材料、设备发生了质量问题或规格差异，对工程造成损失，责任由甲方承担。甲方供应的材料，经乙方验收后，由乙方负责保管，甲方应支付材料价值　%的保管费。由于乙方保管不当造成损失，由乙方负责赔偿。

7.2　凡由乙方采购的材料、设备，如不符合质量要求或规格有差异，应禁止使用。若已使用，对工程造成的损失由乙方负责。

第八条　有关安全生产和防火的约定

8.1　甲方提供的施工图纸或作法说明，应符合《中华人民共和国消防条例》和有关防火设计规范。

8.2　乙方在施工期间应严格遵守《建筑安装工程安全技术规程》、《建筑安装工人安全操作规程》、《中华人民共和国消防条例》和其他相关的法规、规范。

8.3　由于甲方确认的图纸或作法说明，违反有关安全操作规程、消防条例和防火设计规范，导致发生安全或火灾事故，甲方应承担由此产生的一切经济损失。

8.4　由于乙方在施工生产过程中违反有关安全操作规程、消防条例，导致发生安全或火灾事故，乙方应承担由此引发的一切经济损失。

第九条　奖励和违约责任

9.1　由于甲方原因导致延期开工或中途停工，甲方应补偿乙方因停工、窝工所造成的损失。每停工或窝工一天，甲方支付乙方　元。甲方不按合同的约定拨付款，每延期一天，按付款额的　%支付滞纳金。

9.2　乙方按照甲方原因，逾期竣工，每逾期一天，乙方支付甲方　元违约金。甲方要求提前竣工，除支付赶工措施费外，每提前一天，甲方支付乙方　元，作为奖励。

9.3 乙方按照甲方要求，全部或部分工程项目达到优良标准时，除按本合同5.2款增加优质价款外，甲方支付乙方　　元，作为奖励。

9.4 乙方应妥善保护甲方提供的设备及现场堆放的家具、陈设和工程成品，如造成损失，应照价赔偿。

9.5 甲方未办理任何手续，擅自同意拆改原有建筑物结构或设备管线，由此发生的损失或事故(包括罚款)，由甲方负责并承担损失。

9.6 未经甲方同意，乙方擅自拆改原建筑物结构或设备管线，由此发生的损失或事故(包括罚款)，由乙方负责并承担损失。

9.7 未办理验收手续，甲方提前使用或擅自动用，造成损失由甲方负责。

9.8 因一方原因，合同无法继续履行时，应通知对方，办理合同终止协议，并由责任方赔偿对方由此造成的经济损失。

第十条　争议或纠纷处理

10.1 本合同在履行期间，双方发生争议时，在不影响工程进度的前提下，双方可采取协商解决或请有关部门进行调解。

10.2 当事人不愿通过协商、调解解决或者协商、调解不成时，本合同在执行中发生的争议双方同意由　　仲裁委员会仲裁(当事人不在本合同约定仲裁协议范围的，可向人民法院起诉)。

第十一条　其他约定

第十二条　附则

12.1 本合同需要进行保修或保险时，应另订协议。

12.2 本合同正本两份，双方各执一份。副本　　份，甲方执　　份，乙方执　　份。

12.3 本合同履行完成后自动终止。

12.4 附件

(1) 施工图纸或作法说明

(2) 工程项目一览表

(3) 工程预算书

(4) 甲方提供货物清单

(5) 会议纪要

(6) 设计变更

(7) 其他

甲方(盖章)：	乙方(盖章)：
法定代表人：	法定代表人：
代理人：	代理人：

单位地址：	单位地址：
电　　话：	电　　话：
传　　真：	传　　真：
邮　　码：	邮　　码：
开户银行：	开户银行：
户　　名：	户　　名：
帐　　号：	帐　　号：
年　　月　　日	年　　月　　日

附表：

甲方供应材料设备一览表

序号	材料或设备名称	规格型号	单位	数量	单价	供应时间	送达地点	备注

思　考　题

8.1　简述合同、合同法、建筑工程合同的概念。

8.2　装饰工程合同按其计价方式不同可分哪几种？

8.3　简述在合同管理中承包商如何进行合同管理。

8.4　试述装饰工程承包合同协议书的主要内容。

8.5　FIDIC 土木工程施工合同条件的主要特点是什么？

8.6　装饰工程合同谈判前，应做好哪些准备工作？

8.7　装饰工程合同签订的基本原则是什么？合同签订时应注意哪些事项？

8.8　装饰工程施工合同履行的原则是什么？

8.9　简述在合同履行中业主及承包商的职责。

参 考 文 献

丛培经.1999.实用工程项目管理手册.北京:中国建筑工业出版社
顾国华.1999.实用建筑装饰施工手册.北京:中国建筑工业出版社
广州市建工集团有限公司.1999.实用建筑施工安全手册.北京:中国建筑工业出版社
《建筑施工手册》(第四版)编写组.2003.《建筑施工手册》(第四版)第五分册.北京:中国建筑工业出版社
雷胜强,刘桦.2000.建筑装饰工程招标投标手册.北京:中国建筑工业出版社
李继业.2001.建筑施工组织与管理.北京:科学出版社
李启明等.2001.工程建设合同与索赔管理.北京:科学出版社
毛成泉.200.建筑工程施工质量检查与验收手册.北京:中国建筑工业出版社
彭纪俊.2001.装饰工程施工组织设计实例应用手册.北京:中国建筑工业出版社
曲格平.1999.环境保护知识读本.北京:求实出版社
徐伟,李建伟.2001.土木工程项目管理.上海:同济大学出版社
严薇.1999.土木工程项目管理与施工组织.北京:人民交通出版社
中华人民共和国行业标准.1999.工程网络计划技术规程.北京:中国建筑工业出版社
中华人民共和国国家标准.2001.建筑装饰装修工程质量验收规范.北京:中国建筑工业出版社
中华人民共和国国家标准.2001.建筑工程施工质量验收统一标准.北京:中国建筑工业出版社
朱治安.2000.建筑装饰施工组织与管理.天津:天津科学技术出版社